はじめに

　ITパスポート試験は，出題傾向を知って対策をすれば誰にでも合格のチャンスがある資格です。しかし出題範囲が広く，ポイントが絞りにくいのも事実。ITの知識に自信がない受験生の中には，どこから手をつけたらいいのかわからず途方に暮れる方も多いようです。

　そこで本書は，「知識ゼロでもわかりやすく」「勉強を続けやすく」を最大のコンセプトに，まったく新しい対策書を目指しました。カラフルな紙面には要所に「板書」を配置し，学習のポイントがビジュアルで理解できるように工夫しています。用語の解説には可能な限りやさしい言葉を選び，「スマホは使えるけど，ITの知識はサッパリ」というレベルの方でも着実に理解を積み重ねられるよう配慮しています。

　また，試験勉強はどうしてもナーバスになりがちです。そこで，2匹のこぐま「ぱす男」と「ぽー子」が登場するイラストで，楽しく飽きずに勉強できる環境を整えました。

　もちろん学習効率の面でも手は抜きません。赤シートを利用しながら本書を繰り返し読むことで，重要ポイントの理解と記憶を定着させることができます。さらに，250問という豊富な過去問題も自慢の一つです。まず教科書を読んで知識をインプットしてから多彩な問題を解くことで，合格に必要な実践的な知識がスムーズに身につきます。2022年度改訂版では，2022年4月試験から適用されるシラバス6.0に対応し，教科書本文や問題集に掲載する過去問の数をさらに充実させ，よりパワーアップしました。

　この1冊でITパスポート試験はコンプリートできると言っても過言ではないでしょう。

　本書を活用した先に，念願の「ITパスポート合格」が待っています。栄光のゴールを信じて，一緒に頑張りましょう！

2021年12月

TAC出版情報処理試験研究会

本書に記載されている会社名または製品名は，一般に各社の商標または登録商標です。なお，本書では，各商標または登録商標については®およびTMを明記していません。

CONTENTS

本書の特長・活用法 ・・・・・・・・・・・・・・・・・・・・・・・・・・・・・・・・・・・ (7)
はじめてのITパスポート試験 スタートアップ講座 ・・・・・・・・・・・・・・・・ (10)

ストラテジ系

教科書編　問題集編

Chapter 1　企業活動

1 企業の経営と責任 ・・・・・・・・・・・・・・・・・・・・・・・・・ 2　　2
2 経営資源と組織形態 ・・・・・・・・・・・・・・・・・・・・・・ 5　　6
3 社会におけるIT利活用の動向 ・・・・・・・・・・・・ 11　　10
4 業務分析とデータ利活用 ・・・・・・・・・・・・・・・ 13　　10
5 会計・財務 ・・・・・・・・・・・・・・・・・・・・・・・・・・・・・ 29　　16

Chapter 2　法務

1 知的財産権 ・・・・・・・・・・・・・・・・・・・・・・・・・・・・ 38　　20
2 セキュリティ関連法規 ・・・・・・・・・・・・・・・・・・ 45　　22
3 労働・取引関連法規 ・・・・・・・・・・・・・・・・・・・ 53　　26
4 その他の法律 ・・・・・・・・・・・・・・・・・・・・・・・・・ 60　　30
5 標準化に関する規格 ・・・・・・・・・・・・・・・・・・ 66　　34

Chapter 3　経営戦略マネジメント

1 経営戦略 ・・・・・・・・・・・・・・・・・・・・・・・・・・・・・ 72　　38
2 マーケティング ・・・・・・・・・・・・・・・・・・・・・・・ 78　　40
3 ビジネス戦略と目標 ・・・・・・・・・・・・・・・・・・・ 86　　46
4 経営管理システム ・・・・・・・・・・・・・・・・・・・・ 89　　48

Chapter 4　技術戦略マネジメント

1 技術開発戦略の立案 ・・・・・・・・・・・・・・・・・・ 94　　50
2 ビジネスシステム ・・・・・・・・・・・・・・・・・・・・・ 98　　52
3 エンジニアリングシステム ・・・・・・・・・・・・・ 104　　56
4 e-ビジネス ・・・・・・・・・・・・・・・・・・・・・・・・・ 108　　58
5 IoT・組込みシステム ・・・・・・・・・・・・・・・・・ 113　　60

Chapter 5　システム戦略

1 情報システム戦略 ・・・・・・・・・・・・・・・・・・・・ 118　　62
2 業務プロセス ・・・・・・・・・・・・・・・・・・・・・・・・ 121　　64
3 ソリューションビジネス ・・・・・・・・・・・・・・・ 127　　68
4 システムの活用と促進 ・・・・・・・・・・・・・・・・ 132　　70

	教科書編	問題集編
5 システム化計画	134	72
6 企画と要件定義	137	74
7 調達の計画と実施	141	76

マネジメント系

Chapter 6　システム開発技術

	教科書編	問題集編
1 システム開発	148	-
2 システム要件定義とシステム設計・プログラミング	150	78
3 テスト・受入れ・保守	154	80
4 システム開発の進め方	158	82

Chapter 7　プロジェクトマネジメントとサービスマネジメント

	教科書編	問題集編
1 プロジェクトマネジメント	166	88
2 プロジェクトタイムマネジメント	173	94
3 サービスマネジメント	182	96

Chapter 8　システム監査

	教科書編	問題集編
1 システム監査	188	98
2 内部統制	193	102

テクノロジ系

Chapter 9　基礎理論

	教科書編	問題集編
1 数の表現	198	106
2 集合	208	106
3 論理演算	210	-
4 統計の概要とAI技術	214	108

Chapter 10　アルゴリズムとプログラミング

	教科書編	問題集編
1 データ構造	222	110
2 アルゴリズム	226	110
3 プログラム言語	233	110

Chapter 11　システム

	教科書編	問題集編
1 システムの処理形態	240	112
2 システムの利用形態	247	114

		教科書編	問題集編

③ 性能と信頼性 ・・・・・・・・・・・・・・・・・・・・・・・・・・・・・・・・・・ 252　116

Chapter 12 ハードウェア

① コンピュータの種類 ・・・・・・・・・・・・・・・・・・・・・・・・・ 260　118
② 記憶装置 ・・・・・・・・・・・・・・・・・・・・・・・・・・・・・・・・・・・・ 265　120
③ 入出力装置 ・・・・・・・・・・・・・・・・・・・・・・・・・・・・・・・・・ 270　122

Chapter 13 ソフトウェア

① OSの役割 ・・・・・・・・・・・・・・・・・・・・・・・・・・・・・・・・・・・ 280　126
② ファイル管理 ・・・・・・・・・・・・・・・・・・・・・・・・・・・・・・・・ 283　126
③ オフィスツール ・・・・・・・・・・・・・・・・・・・・・・・・・・・・・ 291　128
④ オープンソースソフトウェア ・・・・・・・・・・・・・・・ 300　130
⑤ 情報デザインとインタフェース設計 ・・・・・・・・ 303　132
⑥ マルチメディア技術 ・・・・・・・・・・・・・・・・・・・・・・・・ 308　132

Chapter 14 データベース

① データベース ・・・・・・・・・・・・・・・・・・・・・・・・・・・・・・ 312　136
② データベースの設計 ・・・・・・・・・・・・・・・・・・・・・・・ 316　136
③ データベース管理システムの機能 ・・・・・・・・・・ 327　140

Chapter 15 ネットワーク

① ネットワークの基本 ・・・・・・・・・・・・・・・・・・・・・・・ 334　142
② 通信プロトコル ・・・・・・・・・・・・・・・・・・・・・・・・・・・ 344　146
③ インターネットとIPアドレス ・・・・・・・・・・・・・ 351　148
④ インターネットに関するサービス ・・・・・・・・・・ 359　154

Chapter 16 セキュリティ

① 脅威と脆弱性，IoTのセキュリティ ・・・・・・・・・ 368　160
② リスクマネジメント ・・・・・・・・・・・・・・・・・・・・・・・ 378　168
③ 情報セキュリティマネジメントシステム (ISMS) ・・・・・・・ 383　170
④ 脅威への対策 ・・・・・・・・・・・・・・・・・・・・・・・・・・・・・ 389　174
⑤ 暗号化技術 ・・・・・・・・・・・・・・・・・・・・・・・・・・・・・・・ 399　178
⑥ ディジタル署名 ・・・・・・・・・・・・・・・・・・・・・・・・・・・ 404　180

(6)

本書の特長・活用法

1. スタートアップ講座

本書の最初に，ITパスポート試験の概要と勉強方法がわかる「スタートアップ講座」を用意しました。まずはここを読んで，学習準備をしましょう。

2. 教科書編の学習

ITパスポート試験は，ストラテジ系，マネジメント系，テクノロジ系の3分野から出題されます。本書では，ストラテジ系はオレンジ，マネジメント系はグリーン，テクノロジ系はパープルで色分けしています。

教科書の見方

Section●はこんな話
これから学んでいくお話のイメージをつかみましょう。

赤文字
試験で大事なキーワードなどは，付属の赤シートで隠せるようになっています。

試験によく出る内容には，マーカーで印がついています。

板書
複雑な内容もカラーの図でわかりやすく示しています。

(7)

ぱす男のアドバイス

試験対策上大事なことや，ちょっとした補足知識などをコメントしています。

表

暗記すべき用語は，表形式でスッキリとまとめています。

新用語

このマークがついている語句は，2021年4月試験から適用されるシラバスver.5.0，2022年4月試験から適用されるシラバスver.6.0に加わった新用語です。今後試験で出題される可能性が高い用語ですので，しっかり意味を覚えましょう。

ぽー子のひとこと

得点アップにつながる内容をまとめています。

例題

教科書で学んだらすぐに例題を見ることで，試験でどんなふうに出題されるのか，確認できます。

このようなバイアスが生じることを念頭に置いて，データを利活用する必要があります。

Ⅶ トロッコ問題 新用語

ある人を助けるために別の人を犠牲にしなければならないという状況において，人の道徳観・倫理観が問われる思考実験を**トロッコ問題**といいます。自動車の自動運転などにおいて同様の状況が生じた際，AIはどのように判断するのが正しいのかが世界中で議論されています。

Ⅷ その他の用語

その他の関連用語は次のとおりです。

AIアシスタント 新用語	iPhoneに搭載されている「Siri」やGoogle製のスピーカなどに搭載されている「Googleアシスタント」のように，音声を認識して質問などに応えてくれるAI技術
AIサービスの責任論 新用語	仮にAIが暴走して人や物を傷つけた場合に，誰がどのような責任を負うのかという問題に関する議論

回し，業務の成果を上げる」と言い換えることもできます（PDCAサイクルの詳細はChapter16 Section2を参照）。

BPRとBPMは混同しやすい用語ですが，BPRの「R（Reengineering）」には「再構築（抜本から見直す）」という意味があるので，覚えておくとよいでしょう。BPRで業務プロセスを再構築したら，日々，改善（BPM）を行っていくイメージです。

ひとこと ワークフロー

ワークフローは，一般的には「業務の流れ」という意味で使われる言葉です。一方で，業務の手続きを電子化し，業務負担を軽減することもワークフローといい，稟議書の承認や経費精算などの手続きをネットワークを介して実現するシステムを**ワークフローシステム**といいます。

例題 共通フレーム R1秋-問39

共通フレームの定義に含まれているものとして，適切なものはどれか。
ア 各工程で作成する成果物の文書化に関する詳細な規定
イ システムの開発や保守の各工程の作業項目
ウ システムを構成するソフトウェアの信頼性レベルや保守性レベルなどの尺度の規定
エ システムを構成するハードウェアの開発に関する詳細な作業項目

解説 共通フレームは，**ソフトウェアライフサイクルの各工程における作業内容や用語を規定したガイドライン**です。よって正解はイです。 **解答** イ

シラバスとは，ITパスポート試験の実施団体である独立行政法人　情報処理推進機構（IPA）が公開しているもので，合格に必要となる知識・技能の幅と深さを体系的に整理，明確化したものです。

ITパスポート試験　シラバス（ver 6.0）
https://www.jitec.ipa.go.jp/1_13download/syllabus_ip_ver6_0.pdf

3. 問題集編の学習

　ITパスポート試験の合格のためには，とにかく問題演習の量をこなすことが大事です。本書は，「独立行政法人　情報処理推進機構（IPA）」が公表している過去問題から，とくに重要な問題をピックアップして，教科書の並びにあわせて問題を解けるようにしました。

問題集の見方

過去問番号の見方
- R2秋→令和2年度10月分の問題
- R1秋→令和元年度秋期分の問題
- H31春→平成31年度春期分の問題

解説
なぜこの正解になるのかがスッキリわかる解説になっています。

チェック欄
解いた日付を記入しましょう。3回は解きましょう。

リンク
教科書の参照リンクです。解けなかった問題は教科書に戻って確認しましょう。

IPAが公開している過去問題
https://www3.jitec.ipa.go.jp/JitesCbt/html/openinfo/questions.html

---

問題集アプリも活用しましょう！

本書の問題集編は，スマートフォン等で使えるアプリもご用意しています。アプリ上で簡単なユーザ登録をしていただくと，本書をご利用中の方は無料でアプリをご利用いただくことができます。
無料ダウンロードの方法については，弊社書籍販売サイト『サイバーブックストア』の書籍連動ダウンロードサービスページでご案内しています。ぜひご活用ください。

TAC出版の書籍販売サイト　Cyber Book Store
https://bookstore.tac-school.co.jp/

このQRコードから書籍連動ダウンロードサービスページにアクセスできます！

はじめての ITパスポート試験 スタートアップ講座

ここは，これから勉強を始める方のためのガイダンスページです。ITパスポート試験ってどんなもの？　どうやって勉強していけばいいの？　という素朴な疑問から，ITパスポート試験合格までの道筋をレクチャーしていきます。

ITパスポート試験ってどんな試験？

　今やITの知識は，どんな業種・職種でも不可欠です。文系・理系を問わず，ITスキルを高めようとする方も増えています。
　ITパスポート試験は，ITに関する基礎的な知識を習得したことを客観的に証明できる国家試験として，今，とても人気のある試験です。

ITパスポート試験の応募者
（令和3年4月度〜令和3年10月度）

社会人	78,399人	71.2%
学生	31,679人	28.8%

→社会人内訳

IT系	20,301人	25.9%
非IT系	58,098人	74.1%

（独立行政法人　情報処理推進機構発表資料より）

　ITというと，どうしても理系のイメージが強いですが，ITパスポート試験は，仕事に役立つITや経営に関する知識を，幅広く身につけることができますので，事務系の方も日々の仕事に役立つ知識を学ぶことができます。就職を控えた学生の方や，社会人など，幅広い層の方が受験している国家試験です。

(10)

ITパスポート試験の受験メリットは？

ITパスポート試験合格のメリット

◆ 国家試験合格者として一目置かれる存在に！
◆ 就職・転職に有利！
◆ 業種を問わず、幅広い業界で活きる知識が身につく！

ITパスポート試験に合格すると、国家試験合格者として、ITの基礎知識があるという証明になりますので、「履歴書に書ける資格」として、就職、転職の際にとても有利です。

また、ITや経営に関する基礎を学ぶことで、社会人として日々仕事をするうえで役立つ知識をたくさん学ぶことができ、キャリアアップにも役立ちます。

なお、ITパスポート試験は、CBT（Computer Based Testing）方式という、コンピュータで実施される試験です。

試験はすべての都道府県で毎月実施されており、試験会場ごとに実施日が設定されています。自分の都合のいい日、場所を選んで受験することができるので、とても受験しやすい試験です。

※身体の不自由等によりCBT方式で受験できない方のために、春期（4月）と秋期（10月）の年2回、筆記による方式の試験も実施されています。

ITパスポート試験Webサイトにて、CBTの試験会場で操作する受験画面を体験できる疑似体験用ソフトウェアが公開されています。受験前に一度確認しておくとよいでしょう。
- **ITパスポート試験Webサイトのトップページ**
  https://www3.jitec.ipa.go.jp/JitesCbt/index.html

試験概要を教えて！

　ITパスポート試験の試験概要を紹介します。いつでも誰でも，気軽に受験できるのが特徴です。

受験資格	特になし（どなたでも受験できます）
受験手数料	5,700円（税込）※2022年4月から7,500円（税込）に改定
実施時期	CBT方式により随時（試験会場ごとに実施日，試験時間が異なります）
試験時間	120分

　試験問題の形式や試験科目についても見ていきましょう。

出題形式，出題数	四肢択一式　100問（小問形式）
出題分野	ストラテジ系（経営全般）：35問程度 マネジメント系（IT管理）：20問程度 テクノロジ系（IT技術）：45問程度
合格基準	次の①，②の両方基準を満たすこと ①総合評価点が600点以上（60％以上） ②分野別評価点がそれぞれ300点以上（30％以上） 　・ストラテジ系　300点以上（30％以上） 　・マネジメント系　300点以上（30％以上） 　・テクノロジ系　300点以上（30％以上）

　なお，ITパスポート試験では，問題ごとの配点は明らかにされていません。CBT試験終了後に「試験結果レポート」で自分の得点が確認できます。また，最終的な合格者には，後日合格証書が送られてきます。

試験結果レポートのサンプル

（ITパスポート試験Webサイトより）

試験申込み方法

申込みは**すべてインターネット**で行います。ITパスポート試験Webサイトの手順に従って申込みをしていきましょう。

●ITパスポート試験Webサイトのトップページ
https://www3.jitec.ipa.go.jp/JitesCbt/index.html

大まかな申込みの流れ

① ITパスポート試験Webサイトで利用者IDを登録する
② ITパスポート試験Webサイトから受験申込を行う
③ 受験申込完了後、確認票をダウンロード
　↓
　受験番号、利用者ID、確認コードが表示されているもの

スマホでも申込みできちゃうなんて便利！

受験者数，合格率

近年のITパスポート試験の受験者数，合格率を紹介します。年々受験者数が増えているので，注目度の高い試験ということがわかります。また，合格率も**50%前後**ですので，結果も出しやすい試験といえますね。

直近5年間の統計情報

	平成28年度	平成29年度	平成30年度	令和元年度	令和2年度
応募者数	86,305人	94,298人	107,172人	117,923人	146,971人
受験者数	77,765人	84,235人	95,187人	103,812人	131,788人
合格者数	37,570人	42,432人	49,221人	56,323人	77,512人
合格率	48.3%	50.4%	51.7%	54.3%	58.8%

（独立行政法人　情報処理推進機構の発表資料より）

試験科目の概要

●ストラテジ系

ストラテジ系からは，**35問**が出題されます。

ITと経営は切り離せないもので，一見ITに関係なさそうな知識でも，ITパスポート試験においては重要度の高い項目です。試験では，すべてのChapterからまんべんなく出題されるので，苦手分野を作らずしっかり勉強しましょう。

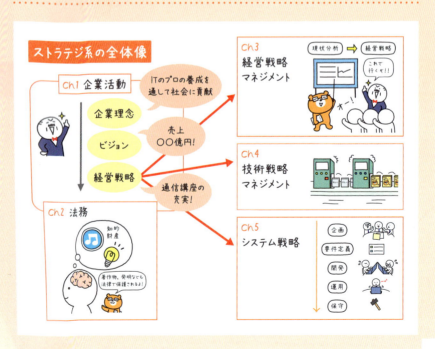

(14)

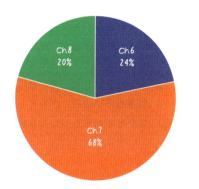

(直近4年間の過去問題から集計)

●マネジメント系

　マネジメント系からは，**20問**が出題されます。システム開発からシステム運用まで，どのような工程で進んでいくのかを見ていきます。ここではシステム開発において大切な「**プロジェクトマネジメント**」が学習の中心です。システム開発をマネジメントするために必要な知識を学んでいきます。

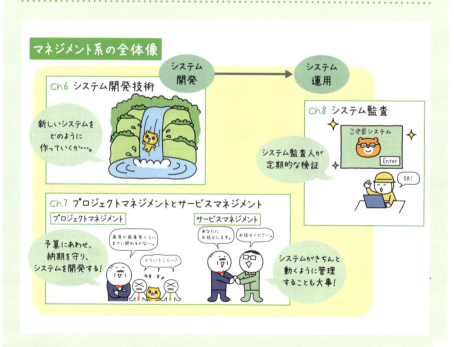

テクノロジ系のChapterごとの出題数

- Ch9 4%
- Ch10 2%
- Ch11 6%
- Ch12 9%
- Ch13 9%
- Ch14 7%
- Ch15 21%
- Ch16 42%

（直近5年間の過去問題から集計）

●テクノロジ系

テクノロジ系からは、**45問**が出題されます。コンピュータの内部の構造やシステムの詳細について学んでいきます。専門的な用語も数多く出てくるところですが、語句の意味を覚えていれば解ける問題も多いので、赤シートを使いながら教科書をじっくり読みこんでいきましょう。

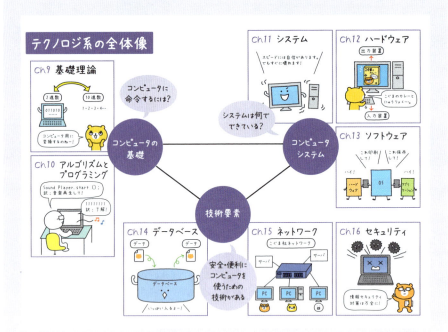

勉強の進め方

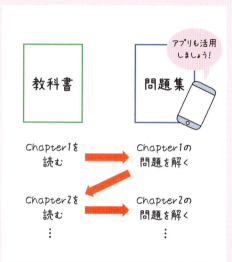

まずは教科書を読み，知識をインプットしていきましょう。1Chapterずつ進め，**教科書と問題集をこまめに往復しながら進める**とよいでしょう。こうすると，教科書で学んだことが試験でどのように問われるのかをすぐに確認できるので，**合格に必要な知識**がスムーズに身についていきます。問題集は何度も繰り返すようにしてください。

合格までの勉強法

ITパスポート試験の平均的な学習期間は**1〜3か月程度**です。

まずは試験をどのくらいの時期に受験するかを定め，そこから逆算してスケジュールを組んでいきましょう。スケジュールは詰めすぎず，無理なく進められるペースで組み立てていきましょう。

執筆・編集	リブロワークス
本文デザイン・DTP	リブロワークス・デザイン室
本文イラスト	小林　由枝（熊アート）
装丁デザイン	渡邉　雄哉（LIKE A DESIGN）

2022年度版　みんなが欲しかった！
ITパスポートの教科書＆問題集

（2021年度版　2021年2月25日　初　版　第1刷発行）

2021年12月15日　初　版　第1刷発行
2022年　3 月30日　　　　　第3刷発行

編　著　者	TAC出版情報処理試験研究会
発　行　者	多　　田　　敏　　男
発　行　所	TAC株式会社　出版事業部
	（TAC出版）

〒101-8383
東京都千代田区神田三崎町3-2-18
電　話 03（5276）9492（営業）
FAX 03（5276）9674
https://shuppan.tac-school.co.jp

印　　刷	株式会社　光　　　邦
製　　本	株式会社　常川製本

© TAC 2021　　　Printed in Japan

ISBN 978-4-8132-9991-2
N.D.C. 007

本書は，「著作権法」によって，著作権等の権利が保護されている著作物です。本書の全部または一部につき，無断で転載，複写されると，著作権等の権利侵害となります。上記のような使い方をされる場合，および本書を使用して講義・セミナー等を実施する場合には，小社宛許諾を求めてください。

乱丁・落丁による交換，および正誤のお問合せ対応は，該当書籍の改訂版刊行月末日までといたします。なお，交換につきましては，書籍の在庫状況等により，お受けできない場合もございます。また，各種本試験の実施の延期，中止を理由とした本書の返品はお受けいたしません。返金もいたしかねますので，あらかじめご了承くださいますようお願い申し上げます。

情報処理講座

選べる5つの学習メディア

豊富な5つの学習メディアから、あなたのご都合に合わせてお選びいただけます。一人ひとりが学習しやすい、充実した学習環境をご用意しております。

通信［自宅で学ぶ学習メディア］

📺 Web通信講座　［eラーニングで時間・場所を選ばず学習効果抜群！］　DLフォロー付き

インターネットを使って講義動画を視聴する学習メディア。
いつでも、どこでも何度でも学習ができます。
また、スマートフォンやタブレット端末があれば、移動時間も映像による学習が可能です。

おすすめポイント
- ◆動画・音声配信により、教室講義を自宅で再現できる
- ◆講義録(板書)がダウンロードできるので、ノートに写す手間が省ける
- ◆専用アプリで講義動画のダウンロードが可能
- ◆インターネット学習サポートシステム「i-support」を利用できる

💿 DVD通信講座　［教室講義をいつでも自宅で再現！］　Webフォロー付き

デジタルによるハイクオリティなDVD映像を視聴しながらご自宅で学習するスタイルです。
スリムでコンパクトなため、収納スペースも取りません。
高画質・高音質の講義を受講できるので学習効果もバツグンです。

おすすめポイント
- ◆場所を取らずにスリムに収納・保管ができる
- ◆デジタル収録だから何度見てもクリアな画像
- ◆大画面テレビにも対応する高画質・高音質で受講できるから、迫力満点

📄 資料通信講座　［TACのノウハウ満載のオリジナル教材と丁寧な添削指導で合格を目指す！］

配付教材はTACのノウハウ満載のオリジナル教材。
テキスト、問題集に加え、添削課題、公開模試まで用意。
合格者に定評のある「丁寧な添削指導」で記述式対策も万全です。

おすすめポイント
- ◆TACオリジナル教材を配付
- ◆添削指導のプロがあなたの答案を丁寧に指導するので記述式対策も万全
- ◆質問メールで24時間いつでも質問対応

通学［TAC校舎で学ぶ学習メディア］

🎬 ビデオブース講座　［受講日程は自由自在！忙しい方でも自分のペースに合わせて学習ができる！］　Webフォロー付き

都合の良い日を事前に予約して、TACのビデオブースで受講する学習スタイルです。教室講座の講義を収録した映像を視聴しながら学習するので、教室講座と同じ進度で、日程はご自身の都合に合わせて快適に学習できます。

おすすめポイント
- ◆自分のスケジュールに合わせて学習できる
- ◆早送り・早戻しなど教室講座にはない融通性がある
- ◆講義録(板書)付きでノートを取る手間がいらずに講義に集中できる
- ◆校舎間で自由に振り替えて受講できる

🏫 教室講座　［講師による迫力ある生講義で、あなたのやる気をアップ！］　Webフォロー付き

講義日程に沿って、TACの教室で受講するスタイルです。受験指導のプロである講師から、直に講義を受けることができ、疑問点もすぐに質問できます。
自宅で一人では勉強がはかどらないという方におすすめです。

おすすめポイント
- ◆講師に直接質問できるから、疑問点をすぐに解決できる
- ◆スケジュールが決まっているから、学習ペースがつかみやすい
- ◆同じ立場の受講生が身近にいて、モチベーションもアップ！

資格の学校 TAC

TAC開講コースのご案内

TACは情報処理技術者試験全区分および情報処理安全確保支援士試験の対策コースを開講しています!

■ITパスポート 試験対策コース 【CBT対応!】
- 開講月：毎月開講
- 通常受講料：¥23,500～

■情報セキュリティマネジメント 試験対策コース 【CBT対応!】
- 開講月：上期 1月～・下期 7月～
- 通常受講料：¥21,000～

■基本情報技術者 試験対策コース 【CBT対応!】
- 開講月：上期 10月～・下期 4月～
- 通常受講料：¥43,000～

■応用情報技術者 試験対策コース
- 開講月：春期 10月～・秋期 4月～
- 通常受講料：¥67,000～

■データベーススペシャリスト 試験対策コース
- 開講月：秋期 6月～
- 通常受講料：¥33,000～

■プロジェクトマネージャ 試験対策コース
- 開講月：秋期 6月～
- 通常受講料：¥41,000～

■システム監査技術者 試験対策コース
- 開講月：秋期 6月～
- 通常受講料：¥41,000～

■ネットワークスペシャリスト 試験対策コース
- 開講月：春期 12月～
- 通常受講料：¥33,000～

■ITストラテジスト 試験対策コース
- 開講月：春期 12月～
- 通常受講料：¥41,000～

■システムアーキテクト 試験対策コース
- 開講月：春期 12月～
- 通常受講料：¥41,000～

■ITサービスマネージャ 試験対策コース
- 開講月：春期 12月～
- 通常受講料：¥41,000～

■エンベデッドシステムスペシャリスト試験対策コース
- 開講月：秋期 6月～
- 通常受講料：¥42,000～

■情報処理安全確保支援士 試験対策コース
- 開講月：春期 12月～・秋期 6月～
- 通常受講料：¥33,000～

※開講月、学習メディア、受講料は変更になる場合がございます。あらかじめご了承ください。　※受講期間はコースにより異なります。　※学習経験者、受験経験者用の対策コースも開講しております。
※受講料はすべて消費税率10％で計算しています。

TAC動画チャンネル しかも全て無料！

TACの講座説明会・セミナー・体験講義がWebで見られる！

TAC動画チャンネルは、TACの校舎で行われている講座説明会や体験講義などをWebで見られる動画サイトです。
初めて資格に興味を持った方から、実際の講義を見てみたい方、資格を取って就・転職されたい方まで必見の動画を用意しています。

【まずはTACホームページへ！】

TAC動画チャンネルの動画ラインアップ
- **講座説明会**：資格制度や講座の内容など、まずは資格の講座説明会をご覧ください。
- **解答解説会**：TAC自慢の講師陣が本試験を分析し、解答予想を解説します。
- **セミナー**：実務家の話や講師による試験攻略法など、これから学習する人も必見です。
- **就・転職サポート**：TACは派遣や紹介など、就・転職のサポートも充実しています！
- **無料体験講義**：実際の講義を配信しています。TACの講義の質の高さを実感してください。
- **TACのイベント【合格祝賀会など】**：TACの様々なイベントや特別セミナーなど、配信しています！

詳細は、TACホームページをご覧ください。

案内書でご確認ください。詳しい案内書の請求は⇨

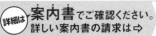

通話無料 **0120-509-117** ゴウカク イイナ
[受付時間] 月～金 9:30～19:00 / 土・日・祝 9:30～18:00

■TACホームページからも資料請求できます。
　TAC 検索
　https://www.tac-school.co.jp

情報処理講座

2022年4月合格目標
TAC公開模試

TACの公開模試で本試験を
疑似体験し弱点分野を克服！

合格のために必要なのは「身に付けた知識の総整理」と「直前期に克服すべき弱点分野の把握」。TACの公開模試は、詳細な個人成績表とわかりやすい解答解説で、本試験直前の学習効果を飛躍的にアップさせます。

全6試験区分に対応！

2022年	会場受験 3/20㊐	自宅受験 2/24㊍より問題発送

○応用情報技術者
○ITストラテジスト
○ネットワークスペシャリスト
○システムアーキテクト
●ITサービスマネージャ
●情報処理安全確保支援士

※実施日は変更になる場合がございます。

チェックポイント　厳選された予想問題

★出題傾向を徹底的に分析した「厳選問題」！

業界先鋭のTAC講師陣が試験傾向を分析し、厳選してできあがった本試験予想問題を出題します。選択問題・記述式問題をはじめとして、試験制度に完全対応しています。
本試験と同一形式の出題を行いますので、まさに本試験を疑似体験できます。

同一形式

本試験と同一形式での出題なので、本試験を見据えた時間配分を試すことができます。

〈応用情報技術者試験 公開模試 午後問題〉より一部抜粋

〈情報処理安全確保支援士試験 公開模試 午後Ⅰ問題〉より一部抜粋

チェックポイント　解答・解説

★公開模試受験後からさらなるレベルアップ！

公開模試受験で明確になった弱点分野をしっかり克服するためには、短期間でレベルアップできる教材が必要です。
復習に役立つ情報を掲載したTAC自慢の解答解説冊子を申込者全員に配付します。

詳細な解説

特に午後問題では重要となる「解答を導くアプローチ」について、図表を用いて丁寧に解説します。

〈応用情報技術者試験 公開模試 午後問題解説〉より一部抜粋
〈情報処理安全確保支援士試験 公開模試 午後Ⅱ問題解説〉より一部抜粋

公開模試 申込者全員に 無料進呈!!
2022年5月中旬送付予定

特典1
本試験終了後に、TACの「本試験分析資料」を無料で送付します。全6試験区分における出題のポイントに加えて、今後の対策も掲載しています。
(A4版・80ページ程度)

特典2
応用情報技術者をはじめとする全6試験区分の本試験解答例を申込者全員に無料で送付します。
(B5版・30ページ程度)

資格の学校 TAC

本試験と同一形式の直前予想問題!!

★全国14会場（予定）＆自宅で受験可能!
★インターネットからの申込みも可能!
★「午前Ⅰ試験免除」での受験も可能!
★本試験後に「本試験分析資料」「本試験解答例」を申込者全員に無料進呈!

独学で学習されている方にも『公開模試』をおすすめします!!

独学で受験した方から「最新の出題傾向を知らなかった」「本試験で緊張してしまった」などの声を多く聞きます。本番前にTACの公開模試で「本試験を疑似体験」しておくことは、合格に向けた大きなアドバンテージになります。

チェックポイント　個人成績表

★「合格」のために強化すべき分野が一目瞭然!

コンピュータ診断による「個人成績表」で全国順位に加えて、5段階の実力判定ができます。
また、総合成績はもちろん、午前問題・午後問題別の成績、テーマ別の得点もわかるので、本試験直前の弱点把握に大いに役立ちます。

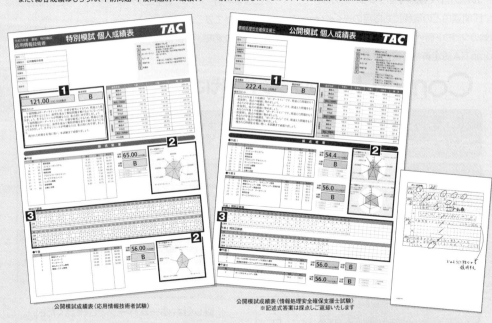

公開模試成績表〈応用情報技術者試験〉　　公開模試成績表〈情報処理安全確保支援士試験〉
※記述式答案は採点しご返却いたします

1 総合判定
「現時点での実力が受験者の中でどの位置になるのか」を判定します。

2 得点チャート
分野別の得点を一目でわかるようにチャートで表示。得意分野と不得意分野が明確に把握できます。

3 問別正答率
設問毎に受験生全体の正答率を表示。自分の解答を照らし合わせることで弱点分野が明確になります。

Web模試解説　公開模試は受験するだけでなく、しっかり復習することが重要です。公開模試受験者に大好評の「Web模試解説」を復習にご活用ください。

 2022年1月完成予定の**案内書**でご確認ください。詳しい案内書の請求は⇨

通話無料 **0120-509-117** ゴウカク イイナ
［受付時間］月〜金 9:30〜19:00／土・日・祝 9:30〜18:00

■TACホームページからも資料請求できます
　TAC　検索
　https://www.tac-school.co.jp

TAC CompTIA講座のご案内

実務で役立つIT資格 CompTIA シリーズ

激動のクラウド時代
Transferrable Skill がキャリアを作る!
(応用のきくスキル)

大規模システム開発から、クラウド時代へ——

IT業界の流れが大きく変わりつつあります。

求められるのは、いくつかの専門分野・スキルレベルにまたがった **≪マルチスキル≫**

IT業界はクラウド化に伴い、必要とされる人材とスキルが大きく転換しています。

運用をする側も、また依頼をする側も、IT環境を網羅的・横断的に理解し、システムライフサイクル全般を理解している「マルチスキルな人材」が必要であると言われています。

ワールドワイドで進展するクラウド化のなかで、ベースとなるネットワーク・セキュリティ・サーバーなどの基盤技術は、IT関連のどの職種にも応用のきく≪Transferrable Skill≫です。

激動のクラウド時代、社会の変化に対応できるキャリアを作るために、Transferrable Skill を習得し、CompTIA認定資格で証明することはとても重要です。

CompTIA® がクラウド時代にあっているワケ

ワールドワイド ベンダーニュートラル	全世界のITベンダーが出資して参加する団体のため、1つのベンダーに偏らない技術、用語で作成されています。そのため、オープンなクラウド時代に最適です。
実務家による タイムリーなスキル定義	各企業の現場の実務家が集まって作成される認定資格のため、過不足なく現在必要とされるスキルを証明することができます。また、定期的な見直しが行われているため、タイムリーな技術や必要なスキルが採用されています。そのため、多くの企業で人材育成指標として採用されています。
網羅的・横断的	PCクライアント環境からサーバー環境まで、必要とされるほぼ全てのITを横断的に評価できる認定資格です。また、これらの環境を運用、または利用する上でも必要となるセキュリティやプロジェクト管理の分野の認定資格も提供しています。

OS	アプリケーション	アプリケーション	Security+ セキュリティ	Project+ プロジェクト管理
サーバー環境：Server+				
ネットワーク環境：Network+				
クライアント環境：A+				

詳しくは、ホームページでご確認ください。
- ▼TAC
  https://www.tac-school.co.jp/kouza_it.html
- ▼CompTIA日本支局
  https://www.comptia.jp/

『実務で役立つIT資格CompTIA』シリーズは、学習に最適な教材です

資格の学校 TAC

お問い合わせは

通話無料 0120-000-876 携帯・PHSからもご利用になれます

平日 ▶▶12：00〜19：00　　土曜・日曜・祝日 ▶▶9：30〜17：00

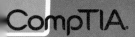

専用教材のご案内
TACだからできるCompTIAの専用教材

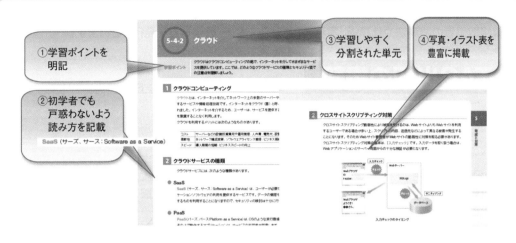

① 学習ポイントを明記
② 初学者でも戸惑わないよう読み方を記載
③ 学習しやすく分割された単元
④ 写真・イラスト表を豊富に掲載

ジャンル	タイトル	サイズ	定価(本体価格+税)
ネットワーク技術	Network+ テキスト N10-007 対応版	B5変形 680頁	¥6,050-
	Network+ 問題集 N10-007 対応版	A5 228頁	¥2,750-
サーバー	Server+ テキスト SK0-004 対応版	B5変形 436頁	¥6,050-
	Server+ 問題集 SK0-004 対応版	A5 180頁	¥2,750-
プロジェクトマネジメント	Project+ テキスト PK0-004 対応版	B5変形 324頁	¥4,400-
	Project+ 問題集 PK0-004 対応版	A5 168頁	¥2,750-
クラウド コンピューティング	Cloud+ テキスト CV0-002 対応	B5変形 520頁	¥6,050-
	Cloud+ 問題集 CV0-002 対応	A5 168頁	¥2,750-

※通信講座や模擬試験も取り扱っております。
※TACは、CompTIA認定プラチナパートナーです。

TAC CompTIA ホームページ　https://www.tac-school.co.jp/kouza_it.html

TAC出版 書籍のご案内

TAC出版では、資格の学校TAC各講座の定評ある執筆陣による資格試験の参考書をはじめ、資格取得者の開業法や仕事術、実務書、ビジネス書、一般書などを発行しています！

TAC出版の書籍

*一部書籍は、早稲田経営出版のブランドにて刊行しております。

資格・検定試験の受験対策書籍

- 日商簿記検定
- 建設業経理士
- 全経簿記上級
- 税理士
- 公認会計士
- 社会保険労務士
- 中小企業診断士
- 証券アナリスト

- ファイナンシャルプランナー(FP)
- 証券外務員
- 貸金業務取扱主任者
- 不動産鑑定士
- 宅地建物取引士
- 賃貸不動産経営管理士
- マンション管理士
- 管理業務主任者

- 司法書士
- 行政書士
- 司法試験
- 弁理士
- 公務員試験(大卒程度・高卒者)
- 情報処理試験
- 介護福祉士
- ケアマネジャー
- 社会福祉士　ほか

実務書・ビジネス書

- 会計実務、税法、税務、経理
- 総務、労務、人事
- ビジネススキル、マナー、就職、自己啓発
- 資格取得者の開業法、仕事術、営業術
- 翻訳ビジネス書

一般書・エンタメ書

- ファッション
- エッセイ、レシピ
- スポーツ
- 旅行ガイド (おとな旅プレミアム/ハルカナ)
- 翻訳小説

本書は、教科書編と、問題集編で、2冊に分解できる「セパレートBOOK形式」を採用しています。

★セパレートBOOKの作りかた★

白い厚紙から、表紙のついた冊子を抜き取ります。
※表紙と白い厚紙は、のりで接着されています。乱暴に扱いますと、破損する危険性がありますので、ていねいに抜き取るようにしてください。

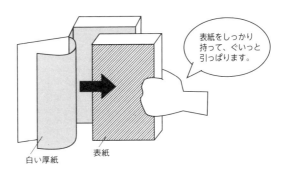

※抜き取るさいの損傷についてのお取替えはご遠慮願います。

書籍の正誤についてのお問合わせ

万一誤りと疑われる箇所がございましたら、以下の方法にてご確認いただきますよう、お願いいたします。

なお、正誤のお問合わせ以外の書籍内容に関する解説・受験指導等は、**一切行っておりません。**
そのようなお問合わせにつきましては、お答えいたしかねますので、あらかじめご了承ください。

1 正誤表の確認方法

TAC出版書籍販売サイト「Cyber Book Store」の
トップページ内「正誤表」コーナーにて、正誤表をご確認ください。

CYBER TAC出版書籍販売サイト
BOOK STORE

URL:https://bookstore.tac-school.co.jp/

2 正誤のお問合わせ方法

正誤表がない場合、あるいは該当箇所が掲載されていない場合は、書名、発行年月日、お客様のお名前、ご連絡先を明記の上、下記の方法でお問合わせください。
なお、回答までに1週間前後を要する場合もございます。あらかじめご了承ください。

文書にて問合わせる
●郵送先　〒101-8383 東京都千代田区神田三崎町3-2-18 TAC株式会社 出版事業部 正誤問合わせ係

FAXにて問合わせる
●FAX番号　**03-5276-9674**

e-mailにて問合わせる
●お問い合わせ先アドレス　**syuppan-h@tac-school.co.jp**

※お電話でのお問合わせは、お受けできません。また、土日祝日はお問合わせ対応をおこなっておりません。
※正誤のお問合わせ対応は、該当書籍の改訂版刊行月末日までといたします。

乱丁・落丁による交換は、該当書籍の改訂版刊行月末日までといたします。なお、書籍の在庫状況等により、お受けできない場合もございます。
また、各種本試験の実施の延期、中止を理由とした本書の返品はお受けいたしません。返金もいたしかねますので、あらかじめご了承くださいますようお願い申し上げます。

TACにおける個人情報の取り扱いについて
■お預かりした個人情報は、TAC(株)で管理させていただき、お問い合わせへの対応、当社の記録保管および当社商品・サービスの向上にのみ利用いたします。お客様の同意なしに業務委託先以外の第三者に開示、提供することはございません(法令等により開示を求められた場合を除く)。その他、個人情報保護管理者、お預かりした個人情報の開示等及びTAC(株)への個人情報の提供の任意性については、当社ホームページ(https://www.tac-school.co.jp)をご覧いただくか、個人情報に関するお問い合わせ窓口(E-mail:privacy@tac-school.co.jp)までお問合せください。

(2020年10月現在)

TAC出版

(2021年7月現在)

書籍のご購入は

1 全国の書店、大学生協、ネット書店で

2 TAC各校の書籍コーナーで

資格の学校TACの校舎は全国に展開！
校舎のご確認はホームページにて

資格の学校TAC ホームページ
https://www.tac-school.co.jp

3 TAC出版書籍販売サイトで

24時間ご注文受付中

「TAC出版」で検索

https://bookstore.tac-school.co.jp/

- 新刊情報をいち早くチェック！
- たっぷり読める立ち読み機能
- 学習お役立ちの特設ページも充実！

TAC出版書籍販売サイト「サイバーブックストア」では、TAC出版および早稲田経営出版から刊行されている、すべての最新書籍をお取り扱いしています。
また、無料の会員登録をしていただくことで、会員様限定キャンペーンのほか、送料無料サービス、メールマガジン配信サービス、マイページのご利用など、うれしい特典がたくさん受けられます。

サイバーブックストア会員は、特典がいっぱい！(一部抜粋)

 通常、1万円（税込）未満のご注文につきましては、送料・手数料として500円（全国一律・税込）頂戴しておりますが、1冊から無料となります。

 専用の「マイページ」は、「購入履歴・配送状況の確認」のほか、「ほしいものリスト」や「マイフォルダ」など、便利な機能が満載です。

 メールマガジンでは、キャンペーンやおすすめ書籍、新刊情報のほか、「電子ブック版TACNEWS（ダイジェスト版）」をお届けします。

 書籍の発売を、販売開始当日にメールにてお知らせします。これなら買い忘れの心配もありません。

2022年度版
みんなが欲しかった！ ITパスポートの教科書&問題集

教科書編

教科書編
CONTENTS

ストラテジ系

Chapter 1　企業活動

1. 企業の経営と責任・・・・・・・・・・ 2
2. 経営資源と組織形態・・・・・・・・・ 5
3. 社会におけるIT利活用の動向・・・ 11
4. 業務分析とデータ利活用・・・・・・ 13
5. 会計・財務・・・・・・・・・・・・・ 29

Chapter 2　法務

1. 知的財産権・・・・・・・・・・・・・ 38
2. セキュリティ関連法規・・・・・・・・ 45
3. 労働・取引関連法規・・・・・・・・・ 53
4. その他の法律・・・・・・・・・・・・ 60
5. 標準化に関する規格・・・・・・・・・ 66

Chapter 3　経営戦略マネジメント

1. 経営戦略・・・・・・・・・・・・・・ 72
2. マーケティング・・・・・・・・・・・ 78
3. ビジネス戦略と目標・・・・・・・・・ 86
4. 経営管理システム・・・・・・・・・・ 89

Chapter 4　技術戦略マネジメント

1. 技術開発戦略の立案・・・・・・・・・ 94
2. ビジネスシステム・・・・・・・・・・ 98
3. エンジニアリングシステム・・・・ 104
4. e-ビジネス・・・・・・・・・・・・ 108
5. IoT・組込みシステム・・・・・・・ 113

Chapter 5　システム戦略

1. 情報システム戦略・・・・・・・・・ 118
2. 業務プロセス・・・・・・・・・・・ 121
3. ソリューションビジネス・・・・・ 127
4. システムの活用と促進・・・・・・ 132
5. システム化計画・・・・・・・・・・ 134
6. 企画と要件定義・・・・・・・・・・ 137
7. 調達の計画と実施・・・・・・・・・ 141

マネジメント系

Chapter 6　システム開発技術

1. システム開発・・・・・・・・・・・ 148
2. システム要件定義とシステム設計・プログラミング・・・・・・・・・・ 150
3. テスト・受入れ・保守・・・・・・ 154
4. システム開発の進め方・・・・・・ 158

Chapter 7　プロジェクトマネジメントとサービスマネジメント

1. プロジェクトマネジメント・・・・ 166
2. プロジェクトタイムマネジメント・・・・・・・・・・・・・・・・・ 173
3. サービスマネジメント・・・・・・ 182

Chapter 8　システム監査

1. システム監査・・・・・・・・・・・ 188
2. 内部統制・・・・・・・・・・・・・ 193

(i)

テクノロジ系

Chapter 9 基礎理論

1 数の表現 · · · · · · · · · · · · · · · 198
2 集合 · · · · · · · · · · · · · · · · · · · 208
3 論理演算 · · · · · · · · · · · · · · · 210
4 統計の概要とAI技術 · · · · · · 214

Chapter 10 アルゴリズムと プログラミング

1 データ構造 · · · · · · · · · · · · · 222
2 アルゴリズム · · · · · · · · · · · · 226
3 プログラム言語 · · · · · · · · · · 233

Chapter 11 システム

1 システムの処理形態 · · · · · · · 240
2 システムの利用形態 · · · · · · · 247
3 性能と信頼性 · · · · · · · · · · · · 252

Chapter 12 ハードウェア

1 コンピュータの種類 · · · · · · · 260
2 記憶装置 · · · · · · · · · · · · · · · 265
3 入出力装置 · · · · · · · · · · · · · 270

Chapter 13 ソフトウェア

1 OSの役割 · · · · · · · · · · · · · · 280
2 ファイル管理 · · · · · · · · · · · · 283
3 オフィスツール · · · · · · · · · · 291
4 オープンソースソフトウェア · · · 300
5 情報デザインとインタフェース
設計 · · · · · · · · · · · · · · · · · · · 303
6 マルチメディア技術 · · · · · · · 308

Chapter 14 データベース

1 データベース · · · · · · · · · · · · 312
2 データベースの設計 · · · · · · · 316
3 データベース管理システムの機能
· 327

Chapter 15 ネットワーク

1 ネットワークの基本 · · · · · · · 334
2 通信プロトコル · · · · · · · · · · 344
3 インターネットと
IPアドレス · · · · · · · · · · · · · 351
4 インターネットに関するサービス
· 359

Chapter 16 セキュリティ

1 脅威と脆弱性，IoTのセキュリティ
· 368
2 リスクマネジメント · · · · · · · 378
3 情報セキュリティマネジメント
システム（ISMS） · · · · · · · · · · 383
4 脅威への対策 · · · · · · · · · · · · 389
5 暗号化技術 · · · · · · · · · · · · · 399
6 ディジタル署名 · · · · · · · · · · 404

(ii)

ストラテジ系

Chapter 1

企業活動

直近5年間の出題数

R3	4問
R2秋	4問
R1秋	4問
H31春	8問
H30秋	7問
H30春	5問
H29秋	8問
H29春	9問

● 企業や組織の考え方などを学習します。企業活動の全体像を意識して理解しましょう。

● 用語の定義を正確に覚えましょう。グラフの読み取り問題が出ることもあります。

Section 1

■ストラテジ系

Chapter 1 企業活動

企業の経営と責任

Section 1はこんな話

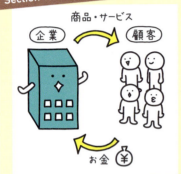

企業は商品やサービスを提供し，対価としてお金を受け取ります。企業を存続させるには，顧客のニーズを満たし，顧客から必要とされ続けなければなりません。そのためには，中心となる考え方が必要です。

経営理念・ビジョン・経営戦略の関係と株式会社の仕組みを押さえましょう。

1 企業活動

　企業は商品やサービスを顧客に提供し，その対価としてお金を受け取っています。企業がその存続のために日々行う活動を企業活動といいます。

　企業を運営することを「経営」といい，それぞれの企業が最も大切にする基本的な考え方を経営理念（企業理念）といいます。経営理念は「なぜその企業が存在するのか」や，「何のために経営するのか」という方向性を定めるものです。

　企業が経営理念に基づいた活動を行うには，経営理念をもとにしたビジョン，さらには経営戦略が不可欠です。ビジョンは「企業が目指す将来の姿」のことで，経営戦略はビジョンを実現するために必要な具体的な方法を表したものです。

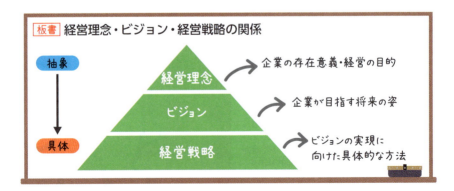

板書 経営理念・ビジョン・経営戦略の関係

② 株式会社の仕組み

日本の企業の多くは株式会社であり，株式会社は，株式を発行して出資者からお金を集め，会社を運営します。株式を購入した出資者は「株主」となります。

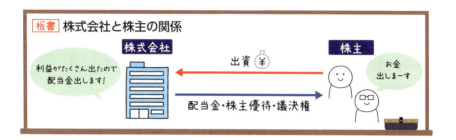

会社の実質的な所有者は株主であり，経営者は株主の意向に沿って会社を運営しなければなりません。そのため，会社の重要な事柄は株主総会で決定します。株主総会は，会社の最高意思決定機関で，取締役・監査役の選任，会社の解散・合併などの重要な事柄の決議を行います。

また，ある一定の規模以上の企業では監査役を置くことが義務づけられています。監査役は取締役の職務執行や，株主に損害を与えていないかなどを監査し，企業の公正かつ健全な運営を支える役割を担っています。

③ 企業の社会的な責任

🐻 CSR

企業が「利益を得ること」は企業活動の目的の1つですが，各企業が自社の利益だけを追い求めると，違法行為や公害など，社会に悪影響を及ぼす可能性があります。企業にはこのようなことが起こらないよう法令遵守，環境保護などの社会的責任があり，これを果たすことが企業価値の向上につながっていきます。これを社会的責任（CSR：Corporate Social Responsibility）といいます。

CSRの具体例には，次のようなものがあります。

グリーンIT	地球に対する環境負荷を，ITを通じて低減しようとする考え方。IT機器を使う際の省エネや資源の有効活用，エネルギー消費量の削減などに取り組むことを指す
ダイバーシティ	年齢，性別，国籍，経験などが個人ごとに異なる多様性のこと。多様な価値観を受け入れ，組織の活性化を図ることをダイバーシティマネジメントという
ディスクロージャ	企業が投資家や取引先などに対し，経営状況や活動成果などの情報を開示（情報公開）すること
社会的責任投資 (SRI：Socially Responsible Investment) 新用語	投資先を選定する際，企業の財務的な側面だけではなく，CSR（社会的責任）を果たしているかどうかも考慮すること

ステークホルダ

顧客や株主，社員をはじめとした企業活動を行う上で関わるすべての人（利害関係者）のことを，ステークホルダといいます。CSR活動の推進のためには，ステークホルダとのコミュニケーションも重要です。

SDGs 新用語

持続可能な世界を実現するために国連が採択した，2030年までに達成されるべき開発目標を示す言葉を，SDGsといいます。「Sustainable Development Goals（持続可能な開発目標）」の略称で，17の大きな目標と，それらを達成するための具体的な169のターゲットで構成されています。

Section 2　■ストラテジ系
Chapter 1　企業活動

経営資源と組織形態

Section 2はこんな話

企業は、「ヒト」「モノ」「カネ」「情報」という経営資源を、どのように活用していくか判断していかなければなりません。また、企業の組織形態は、経営者をトップに、さまざまな形態があります。

企業の組織形態を問う問題がよく出題されます。

1　経営資源

1　経営資源の4要素

　企業が企業理念に基づいた経営活動を行うには、「ヒト」「モノ」「カネ」「情報」という4つの経営資源が不可欠です。企業は経営資源を活用し、競合企業との競争に挑みます。

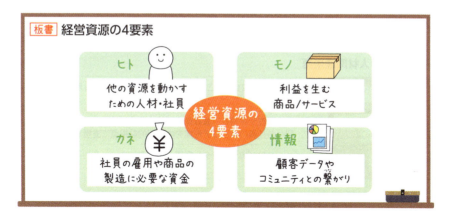

Ⅱ ヒューマンリソースマネジメント

経営資源のうち「ヒト」，つまり社員などの人材は，とくに重要な資源です。人材を有効に活用し育成することを目的とした HRM（Human Resource Management）という考え方があります。

🐻 OJTとOff-JT

人材を育成する代表的な方法として，OJT（On the Job training）と Off-JT（Off the Job Training）があります。OJT とは，「オン・ザ・ジョブ」という言葉が表すように，実際の業務を通じて，仕事で必要な知識や技術を習得させる教育訓練です。一方の Off-JT は，「オフ」という言葉が表すように，通常の業務から離れた場所で行われる教育訓練を指し，通信教育や研修，社外セミナーなどがあります。

🐻 ワークエンゲージメント 新用語

仕事に対するポジティブで充実した心理状態をワークエンゲージメントといいます。熱意，活力，没頭の3つがそろった状態で，ワークエンゲージメントが高い人は，仕事に誇りとやりがいを感じ，熱心に取り組み，仕事から活力を得て，いきいきとしています。

🐻 HRテック（HRTech）

HRテック（HRTech）は HR（Human Resource：人的資源）とテクノロジーを組み合わせた造語で，ビッグデータ，IoT，AIなど最先端のIT技術を活用する新しい人事・組織サービスです。導入により採用・人材育成などの人事業務の効率化が期待できます。

🐻 その他の人材関連用語

ワークライフバランス	「仕事と生活の調和」と訳され，多様な生き方が選択・実現できる社会を目指す考え方
CDP（Career Development Program）	社員本人の適性や希望と，会社側の期待する人材イメージの両面を考慮して，個々の社員のキャリア形成を中長期的な視点で支援する仕組み
e-ラーニング	コンピュータなどのディジタル機器とインターネットを利用した学習や研修

コーチング	指導者（コーチ）が育成対象者との対話を通じて，考え，行動するとともにスキルを身につけさせ，成果を出させる人材育成手法。課題の解決や目標の達成を主な目的とする
メンタリング	指導者（メンター）が育成対象者に対して継続的かつ定期的に対話や助言を行うことによって育成対象者を支援する人材育成手法。特定の目標を持って行うコーチングと比べ広い範囲の能力開発を目指すのが特徴で，育成対象者の支援を行う中で指導者自身の成長も目的とする
タレントマネジメント	社員のもつ才能や能力を活用すること。社員の業務経験やスキル，ポテンシャルなどのデータを一元的に管理して可視化し，分析することによって採用や配属，育成，評価といった人材戦略に活用する
テレワーク	情報通信技術（ICT）を活用した，場所や時間にとらわれない柔軟な働き方のこと。tele（離れたところ）とwork（働く）を組み合わせた造語

2 経営管理

Ⅰ BCP（事業継続計画）とBCM（事業継続管理）

BCP（Business Continuity Plan）は「事業継続計画」と訳される重要用語です。災害やシステム障害などの非常事態において，損害を最小限に抑えつつ，事業の継続・迅速な復旧ができるようにするための計画のことです。非常時の対応マニュアルや復旧マニュアルなどが含まれます。

関連する用語として，BCM（Business Continuity Management）があります。BCMは「事業継続管理」と訳され，BCPを策定し，その運用・見直し（マネジメント）を継続的に行うことを指します。BCMの例として，BCPへの切り替えがスムーズにできるよう，定期的にBCPの試験運用を見直すといったことが挙げられます。

Ⅱ リスクアセスメント

リスクアセスメントとは，企業が職場にある危険性や有害性を特定し，リスクを分析し，対応すべき事柄に優先度を設定するまでの一連の手順のことをいいます。

リスクアセスメントを行うと企業のリスクが明確になり，それを企業全体で共有できるというメリットがあります。

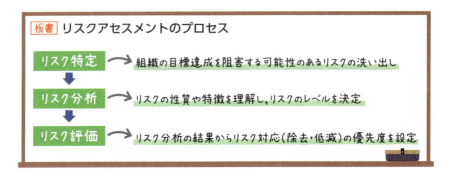

3 経営組織

　企業の運営は，大勢の社員がさまざまな業務を分担して行われます。組織の考え方にはいくつかの種類があります。試験では，各組織の定義がよく出題されます。

Ⅰ 事業部制組織

　事業部制組織は地域ごとや製品ごとに1つの事業部とされた組織で，1つひとつの事業部が意思決定権をもち，業務を行います。責任の所在が明確で意思決定が容易である一方，縦割りになるため事業部間の連携が困難であるという欠点があります。

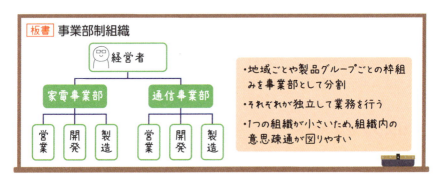

II 職能別組織（機能別組織）

職能別組織は職種ごとに1つの組織を構成します。規模が小さく，市場の変化が少ない安定した顧客をもつ企業に適しています。社員のスキルを生かし，スペシャリストを育てやすい一方で，トラブルが起きた際の責任の所在がわかりづらいという欠点があります。

III マトリックス組織

マトリックス組織はプロジェクトと事業部など，異なる組織形態を組み合わせた組織形態のことです。2つの異なる組織に社員が所属するため，指揮系統が複雑になる場合があります。

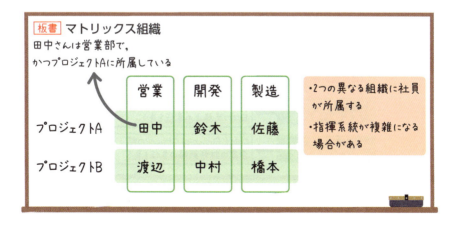

IV その他の組織形態

I～IIIのほかにも,「プロジェクト組織」「カンパニ制組織」「社内ベンチャ組織」「ネットワーク組織」という組織形態があります。先に解説した3つの組織形態よりは出題頻度が下がりますが,それぞれの特徴は確認しておきましょう。

プロジェクト組織	一定期間実施されるプロジェクトの遂行のために,各部門から横断的に人材を選び出して組織を編成する形態。プロジェクトが終了するとこの組織は解散する
カンパニ制組織	事業部制組織における事業部よりもさらに自立性,独立性を強めた組織形態。各事業部門に広範な裁量が与えられ,あたかも独立した会社のように経営が行われる
社内ベンチャ組織	新規プロジェクトを行うにあたり,社内から選出された人材を中心に既存の事業部門から独立した社内企業を運営する組織形態。カンパニ制組織よりは小規模になることが多い
ネットワーク組織	組織の構成員が対等な関係にあり,企業や部門の壁を越えて構成されることもある組織形態

V CEOとCIO

試験では,企業の責任者の呼称を問う問題もよく出題されます。

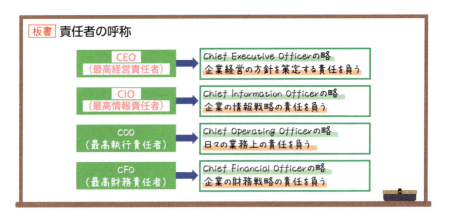

とくにCEO(最高経営責任者)とCIO(最高情報責任者)は必ず覚えておきましょう。

Section 3　■ストラテジ系
Chapter 1　企業活動

社会における IT利活用の動向

Section 3はこんな話

近年はコンピュータの処理能力の向上などにより，高度なデータ分析や膨大なデータ量の処理が行えるようになりました。こうした進化に伴い，社会にも変化が起こっています。

第4次産業革命とDXの内容を押さえておきましょう。

1 企業・社会でのIT利活用の動向

I 第4次産業革命（インダストリー4.0）新用語

　第4次産業革命（インダストリー4.0）とは，ドイツ政府が進める製造業の革新に関する国家プロジェクトです。理想形の1つとして，「スマートファクトリーの実現」を挙げています。スマートファクトリーとは，工場内のあらゆる機器やシステムをインターネットに接続することで，業務プロセスの改善や品質・生産性を向上させる仕組みのことです。日本の経済産業省とドイツの経済エネルギー省の間では，協力に係る共同声明への署名も行われています。

II デジタルトランスフォーメーション（DX）新用語

　ITの浸透によって，ビジネスや人々の生活があらゆる面でよい方向に変化することをデジタルトランスフォーメーション（DX：Digital Transformation）といいます。
　経済産業省では，2018年12月に，DXの実現やその基盤となるITシステムの構築を行っていくうえで経営者が押さえるべき事項を明確にすること，取締役会や株主がDXの取組みをチェックするうえで活用できるものとすることを目的として，

「デジタルトランスフォーメーションを推進するためのガイドライン（DX推進ガイドライン）」を策定しています。

III Society5.0

サイバー（仮想）空間とフィジカル（現実）空間を融合させたシステムによって，経済の発展と社会的課題の解決を両立させる，「人間中心」の社会（Society）をSociety5.0といいます。Society1.0の「狩猟」，2.0の「農耕」，3.0の「工業」，4.0の「情報」に続く「新たな社会」を指します。

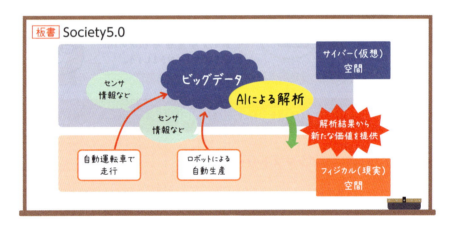

IV その他の関連用語

その他，IT利活用の動向に関する用語は次のとおりです。

データ駆動型社会 新用語	データがあらゆるものごとのベースとなる社会のこと。Society5.0を支える仕組みの1つ
国家戦略特区法（スーパーシティ法）新用語	国家戦略特区に関する法律。国家戦略特区とは，"世界で一番ビジネスをしやすい環境"を作ることを目的に，地域や分野を限定し，規制・制度の緩和や税制面での優遇を行う制度
官民データ活用推進基本法 新用語	官民データ（国や地方公共団体で管理・利用・提供される電子データ）の活用を推進することにより，国民が安全で安心して暮らせる社会及び快適な生活環境の実現に寄与することを目的とする
デジタル社会形成基本法 新用語	デジタル社会の形成に関する施策を迅速かつ重点的に推進するために定められた法律

Section 4 業務分析とデータ利活用

■ストラテジ系
Chapter 1 企業活動

Section 4はこんな話

経営者が適切な意思決定を行うには，現状の分析が欠かせません。そのために使われるのが，各種のグラフです。ほかにも，さまざまな分析ツールや問題解決手法も合理的な意思決定に活用されています。

パレート図をはじめとする分析ツールの使い分けに関する問題がよく出題されます。

1 問題分析手法

I OR

OR（Operations Research）はあらゆる事柄を合理的・科学的に解決するための手法です。「オペレーション」は作戦，「リサーチ」は検証を意味します。数学的モデルや統計的モデル，アルゴリズムなどを活用することによって，複雑な問題の意思決定をサポートします。

新しいことを始める際に，統計や科学技術を使ってうまくいくかどうかを分析する「シミュレーション」は，ORを利用した方法論の1つです。

II IE

IE（Industrial Engineering）は生産現場における工程や作業を分析する手法です。「産業工学」や「生産工学」と訳されます。数字や自然科学などを用いて無駄やロスなどの事実を定量的に分析し，適切に対処することで，人や機械，材料などの効率化を図ります。

2 業務分析手法

I パレート図

パレート図は棒グラフと折れ線グラフを組み合わせたものです。棒グラフは値が大きい項目から順に並べ，折れ線グラフはそれぞれの値が全体の中で占める割合を累計していきます。

試験では，パレート図を用いて重要度を分析するABC分析という分析方法がよく出題されます。ABC分析は，全体の中でその項目の値が占める割合をA・B・Cのランクに分け，重要度を分析します。例えば，不良品として検出される件数の多い原因（ランクAの原因）を重点的に減らしたり，業務の優先度をつけたりしたいときに役立ちます。

「棒グラフ」「折れ線グラフ」というキーワードが出てきたら，ほぼ間違いなくパレート図の説明と考えて問題ありません。

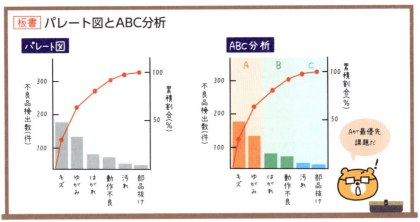

板書 パレート図とABC分析

II 管理図

異常なデータを見つけるために使われる折れ線グラフを管理図といいます。「上方管理限界」と「下方管理限界」という管理上の限界値から外れたデータを異常値

とみなして，異常なデータを見つけます。例えば，工場において異常値の有無から製品の製造工程が安定しているか否かを確認するために使用します。

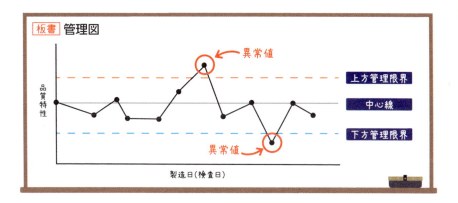

Ⅲ 特性要因図

特性（結果）に影響を与えた要因（原因）を書き出した図を**特性要因図**といいます。魚の骨の形に似ていることから，**フィッシュボーンチャート**ともいいます。製品やサービスの品質を上げるために，要因を書き出して整理するときなどに使用します。

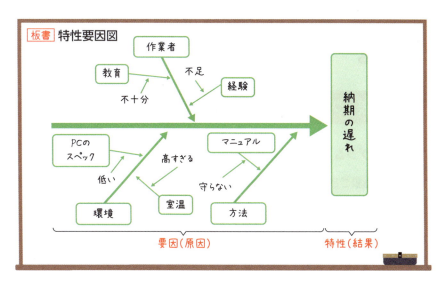

Ⅳ 相関と因果 新用語

データの関係を表す言葉に,「相関」と「因果」があります。

2つの事柄が密接にかかわりあっているものを相関といいます。例えば,「英語が好きな学生は英語の成績がよい」などが相関関係です。

一方,原因とそれによって生じる結果を因果といいます。例えば,「食べすぎると体重が増える」などが因果関係です。

擬似相関 新用語

2つの事柄に因果関係がないにもかかわらず,あるように見えることを擬似相関といいます。

擬似相関を本当の相関と取り違えてビジネスの戦略を立てると,誤った意思決定を下してしまうリスクが高まります。

3 図表・グラフによるデータ可視化

Ⅰ ヒストグラム／レーダチャート

データを階級ごとに分け,分布を棒グラフにして視覚化したものをヒストグラムといいます。ヒストグラムを使えば,大量のデータでもばらつきが一目でわかります。

また,複数の項目のデータを1つのグラフで表したものをレーダチャートといいます。項目間のバランスを評価するときに用いるものです。

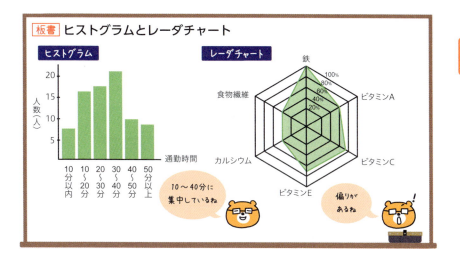

Ⅱ 散布図

2つの項目を縦軸と横軸に取り，データを点で表した図を散布図といいます。2つの項目の分布や相関関係を知るために使用されます。
点が右肩上がりにまとまっている場合は「正の相関」，右肩下がりにまとまっている場合は「負の相関」，規則性が見られない場合は「相関なし」です。

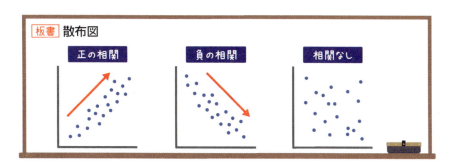

Ⅲ 箱ひげ図 新用語

箱ひげ図とは，データの分布を「箱」と「ひげ」で表し，データのばらつきを一目で捉えられるようにしたグラフです。

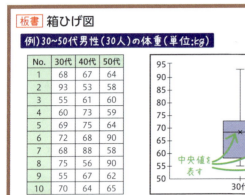
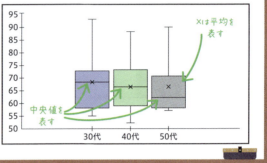

IV 複合グラフ 新用語

棒グラフと折れ線グラフのように，異なる種類のグラフを組み合わせて作成したグラフを複合グラフといいます。量と比率のように単位が違うデータを1つのグラフに示すことで，よりわかりやすくなる効果が期待できます。

上図のように，左側の軸と右側の軸の単位が異なるグラフを2軸グラフといいます。 新用語

例題 複合グラフの読み方 H22春-問2

A社，B社の売上高及び営業利益のグラフの説明として，適切なものはどれか。

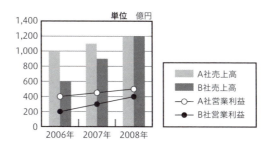

- ア　A社はB社より売上高の伸び率が高いが，2008年の売上高営業利益率は低い。
- イ　A社はB社より売上高の伸び率が低いが，2008年の売上高営業利益率は高い。
- ウ　A社はB社より売上高の伸び率も2008年の売上高営業利益率も高い。
- エ　A社はB社より売上高の伸び率も2008年の売上高営業利益率も低い。

解説 年ごとの売上高の推移に着目すると，A社はB社よりも売上高の伸び率が低いことがわかります。また，2008年のA社とB社の売上高は同じですが，営業利益はA社のほうが高いです。売上高営業利益率とは，売上高に対する営業利益の割合のことです。売上高が同じ場合，営業利益が高いほうが売上高営業利益率が高いため，A社はB社よりも売上高営業利益率が高いことがわかります。

解答 イ

◉ その他のチャート

ヒートマップ 新用語	数値の強弱を色の濃淡で可視化したもの
クロス集計表 新用語	2つの項目間の相関関係を分析・把握するための表

4 データ利活用

業務の問題を把握し改善するためには，データの収集・分析が欠かせません。ここからはデータの種類を解説していきます。

1 データの種類

🐻 量的データと質的データ 新用語

年齢や時刻，身長などの数量として測定できる数値データを量的データといいます。これに対して性別や血液型などのように，名前や種類，分類などを区別するためのデータを質的データといいます。

🐻 1次データと2次データ 新用語

調査目的にあった方法で，自ら集めたデータのことを1次データ，官公庁や調査機関が公表・販売しているデータのことを2次データといいます。

1次データは自分たちで集めた情報なので自社独自の情報ですが，取得するのに費用や時間がかかります。一方で2次データは競合他社も使える情報ですが，お金を払えばすぐにデータが手に入ります（無料のデータもあります）。

🐻 メタデータ 新用語

メタデータとは，データそのものではなく，データを表す属性や関連する情報を記載したデータのことです。例えば，デジカメで撮影した写真には，データそのもの（写真）のほかに，撮影日時や撮影場所，使用機材などのデータも記録されます。これらのデータがメタデータです。

🐻 構造化データと非構造化データ 新用語

列と行の表で管理できるデータを構造化データといいます。リレーショナルデータベース（Ch14 Sec1参照）に格納されるデータです。契約書や見積書，表計算ソフトで作成したファイル，画像，動画など表で管理することが難しいデータを非構造化データといいます。

構造化データと非構造化データの管理と有効活用が企業における課題となっています。

Ⅱ 統計情報の活用 新用語

ある集団を時間，地域などの一定の条件下で調べ，結果を集計，加工して得られた数値のことを統計といいます。

統計学では，調査対象となる数値や属性などの集合のことを母集団といいます。母集団をすべて調査対象とする全数調査に対し，母集団の一部を抜き取り（標本抽出），抜き取ったデータ（標本）を調査することで母集団の性質を統計学的に推定することを標本調査といいます。

5年に一度，日本国内の外国籍を含むすべての人に対して実施される，日本で最も重要な統計調査として国勢調査がありますが，これは全数調査の1つです。

A/Bテスト 新用語

A/BテストはWebマーケティングの手法の1つで，Webサイトなどを最適化するために実施されるテストです。パターンA，パターンBのように2つ以上のWebページを用意し，それぞれのページへサイトの訪問者を振り分け，どちらのページがよい結果を残すかを検証します。

Ⅲ データサイエンス，ビッグデータ分析

🐻 BI

日々の業務の中で企業に蓄積された大量のデータを，収集・分析・加工し，経営戦略のための意思決定に役立てることをBI（Business Intelligence：ビジネスインテリジェンス）といい，BIのために使用するツールをBIツールといいます。

🐻 データウェアハウス

データウェアハウスは，企業がもつデータを時系列に蓄積した管理システムやデータベースを指します。

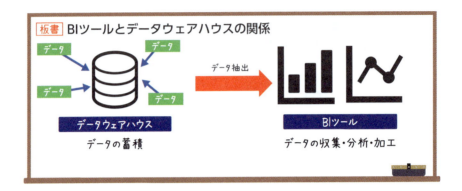

蓄積したデータが**データウェアハウス**で、そのデータを使って収集・分析・加工するのがBIツールの役割と覚えておくとよいでしょう。

● ビッグデータ

　従来のデータベース管理システムで扱うのが困難なほど巨大で，多種多様なデータのことを，ビッグデータといいます。これには文字・音声・動画などが含まれます。ビッグデータの分析は統計学的な分析手法に加え，大量のデータを学習することでパターンや法則を見つける機械学習（Ch9 Sec4 ❷参照）を用いた分析も有効です。

　ビッグデータの分析によって得られる知見をビジネスの意思決定に役立てることで，従来の分析方法では得られなかった競争優位性が手に入ることが期待されています。ビッグデータにはさまざまな分類方法がありますが，個人・企業・政府が生成するデータに着目すると，以下の4つに分類することができます。

❶オープンデータ	政府や地方公共団体などが保有する公共情報。「官民データ活用推進基本法」という法律により，開示することが推進されている
❷知のデジタル化	産業や企業がもつパーソナルデータ以外のノウハウをデジタル化したデータ
❸M2Mデータ	M2MはMachine to Machineの略で，人が介在することなく，機械同士が相互に情報をやり取りすることを指す。M2Mデータとは，例えば工場等の生産現場におけるIoT機器から収集されるデータなど，M2Mから吐き出されるストリーミングデータのこと
❹パーソナルデータ	個人の名前などの情報や行動履歴，購買履歴，ウェアラブル機器から収集された個人情報のこと。パーソナルデータには，特定の個人を判別できないように加工された「匿名加工情報」も含まれる

🐻 データマイニング

データマイニングとは，大量のデータから統計学や人工知能などを駆使して**データ間の関連性や規則性などの有用な情報を見つけ出す手法**のことです。

例えば，商品の販売データなどから天候と売れる商品の関連性を見つけ出し，次回の商品発注に役立てるといった形で使われています。

例題 **データマイニングの事例**　　　　　　　　　　　　H23特別-問9

　データマイニングの事例として，適切なものはどれか。
ア　ある商品と一緒に買われることの多い商品を調べた。
イ　ある商品の過去3年間の月間平均売上高を調べた。
ウ　ある製造番号の商品を売った販売店を調べた。
エ　売上高が最大の商品と利益が最大の商品を調べた。

解説 データマイニングは**大量のデータから傾向やパターンを見つけ出す手法**です。ある商品と一緒に買われることの多い商品を調べることは，「**マーケットバスケット分析**」というデータマイニングの解析手法の1つです。

解答 ア

🐻 テキストマイニング

文字列（テキスト）を対象としたデータマイニングを，**テキストマイニング**といいます。特定の単語の出現頻度や，複数の単語間の出現の相関などを分析することで，有益な情報を取り出します。

🐻 データサイエンス

データ分析を行う学問を**データサイエンス**といい，それを**専門的に行う人材**を**データサイエンティスト**といいます。

データの活用は企業が競争優位性を得るのに重要であるため，**データサイエンティスト**の需要が高まっています。

5 効率的な意思決定

Ⅰ 在庫回転率

　問題を解決するためには，企業は置かれた状況から効率的に意思決定をしなければなりません。

　資本の効率を分析する指標の1つに，在庫回転率があります。これは，一定期間に商品が何回入れ替わっているかを示すものです。在庫回転率が高いということは，商品の仕入れから実際の販売期間が短い，すなわち在庫の管理が効率よく行われていることを表します。

　在庫回転率は次の式で求められます。

板書 **在庫回転率の求め方**

$$在庫回転率 = \frac{期間中の売上高}{期間中の平均在庫高}$$

Ⅱ 発注方式

　在庫の管理をする上で重要なことは，発注の量とタイミングです。代表的な発注方法に「定期発注方式」と「定量発注方式（発注点方式）」があります。

🐻 定期発注方式

　一定期間ごとにその時点の必要量を発注する方法を定期発注方式といいます。定期発注方式で発注量を決定するときに重要なのは，需要に対して，在庫量が不足しないようにすること，すなわち在庫切れを起こさないようにすることです。

🐻 定量発注方式（発注点方式）

　発注点を下回ったら発注する方法を定量発注方式（発注点方式）といいます。発注点とは，その数量を下回ったら新たに発注するとあらかじめ決めた数値です。在庫の保管にも費用がかかるため，定量発注方式では保管費用と発注処理に要する費用が最小になるよう，1回の発注量を定める必要があります。

例題 発注量の求め方（定期発注方式）

製品Aを1個生産するためには，部品Bを1個必要とする。部品Bは，毎月の第1営業日に発注し，その月の最終営業日に納品され，翌月以降の生産に使用される。

製品Aの4月から3か月間の生産計画が表のとおりであるとき，5月の第1営業日に部品Bを最低何個発注する必要があるか。

	3月	4月	5月	6月
製品Aの生産計画		50	60	70
部品Bの発注量		60		
部品Bの月末在庫	60			

※網掛けの部分は表示していない

解説

部品Bは製品Aの生産計画に応じて，在庫量が変動します。問題で与えられた在庫量の関係を，4月の在庫量を例に整理すると，次のようになります。

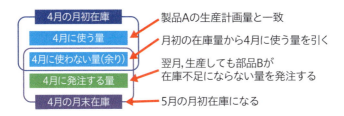

部品Bの月末在庫は，月初の在庫から製品Aの生産で使用した量を引き，さらに発注量を足せば求められるため，次のように表すことができます。

当月の部品Bの月末在庫
＝前月の月末在庫 − 製品Aの生産での当月の使用量 ＋ 当月の発注量

この式で4月の部品Bの月末在庫を求めると，次のようになります。

4月の部品Bの月末在庫
＝3月の月末在庫（60）− 製品Aの生産での4月の使用量（50）＋ 4月の発注量（60）
＝70個

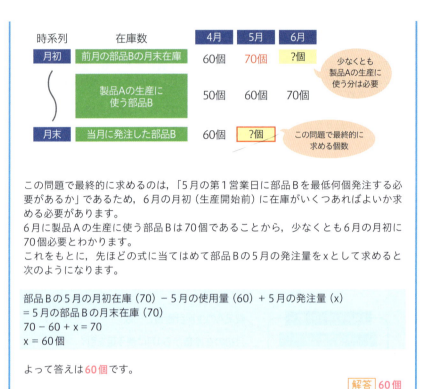

この問題で最終的に求めるのは、「5月の第1営業日に部品Bを最低何個発注する必要があるか」であるため、6月の月初（生産開始前）に在庫がいくつあればよいか求める必要があります。
6月に製品Aの生産に使う部品Bは70個であることから、少なくとも6月の月初に70個必要とわかります。
これをもとに、先ほどの式に当てはめて部品Bの5月の発注量をxとして求めると次のようになります。

部品Bの5月の月初在庫（70）－ 5月の使用量（60）＋ 5月の発注量（x）
＝ 5月の部品Bの月末在庫（70）
70 － 60 ＋ x ＝ 70
x ＝ 60個

よって答えは60個です。

解答 60個

6 問題解決手法

　企業の運営においては、さまざまな問題が起こりうるものです。そこで、問題を解決するために考案された手法を活用し、合理的な意思決定を行います。ここでは代表的な問題解決手法を順に確認していきましょう。

1 親和図法

　親和図法は、関連する情報をグループ化して整理する方法です。漠然とした問題や複雑に見える問題をシンプルに捉えることができるようになります。

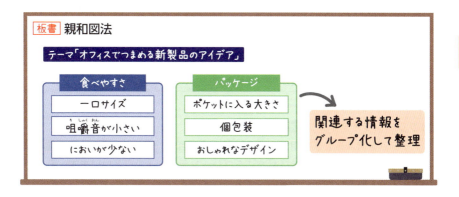

II デシジョンツリー

　デシジョンツリーは，意思決定の際に，取りうる選択肢と，これから起こりうるできごとなどの条件を樹形（ツリー）状に表した図のことです。それぞれの選択肢を比較・検討し，これから取るべき行動を決定する助けになります。

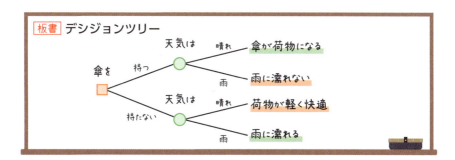

III ブレーンストーミング

　ブレーンストーミング（ブレスト）は，意見やアイデアが欲しいときに，複数人が集まって自由に意見を出す議論の方法です。ブレーンストーミングには次に示す4つのルールがあります。

①批判しない	他者の意見を批判，否定しない
②質より量	意見の質を求めずに，できるだけ多くの意見を出すようにする
③自由に発言	テーマから外れる内容を発言してもかまわない
④意見の結合	他者の意見と自分の意見を結合したり，便乗したりしてよい

🐻 ブレーンライティング 新用語

　アイデアを書き込む紙を用意して参加者に順に回し，他の人の意見を参考にしながらアイデアをシートに書き込む方法をブレーンライティングといいます。発言が苦手な人でも気軽に参加しやすい点がメリットです。

会計・財務

Section 5はこんな話

利益を得ることは，企業を運営する上で重要な目的の1つです。企業の継続・発展のためには，出ていくお金（費用）と入ってくるお金（売上）の関係や，今いくらお金が残っているかなどのお金の流れを正しく管理することが欠かせません。

損益分岐点・営業利益・経常利益を求められるようになりましょう。

1 売上と利益の関係

　商品を製造し，販売して得られるお金を「売上高」といいます。商品を販売するまでには，材料費のほかにも運送費，広告費などさまざまな費用がかかっています。これらの費用のうち，売上高にかかわらず発生する一定の費用を固定費といい，売上高に応じて増減する費用を変動費といいます。
　利益は，売上高から固定費と変動費を引いて求めます。また，変動費率は，変動費を売上高で割って求めます。

板書 利益と変動費率の求め方

家賃，機械のリース料など ↓　　　　　　費用

利益 ＝ 売上高 －（固定費＋変動費）

　　　　　　　　　　↑ 材料費，運送費など

$$変動費率 = \frac{変動費}{売上高}$$

1 損益分岐点

　かかった費用より売上高が多くなってはじめて，利益が出ます。商品が売れたのに利益が出ない事態を避けるには，いくらで何個売れればどれだけ利益が出るのかをあらかじめ計算しておく必要があります。そのために必要なのが損益分岐点です。

　損益分岐点とは，売上と費用が一致し，利益と損失が0になる点のことです。

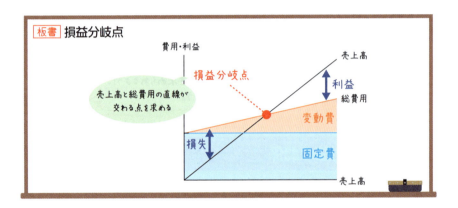

　試験では，計算問題として損益分岐点の売上高を求める問題がよく出題されます。損益分岐点売上高は次の公式で求められます。

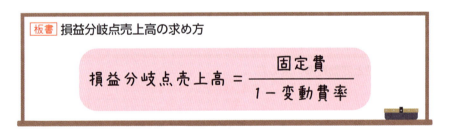

例題 損益分岐点の求め方

とあるカフェの営業に必要な固定費は100万円である。コーヒー1杯当たりの販売価格が400円で、1杯当たりの変動費が80円のとき、このカフェの損益分岐点におけるコーヒーの販売数量を求めなさい。

解説 この問題で問われている値、すなわち損益分岐点におけるコーヒーの販売数量をxとします。
xを求めるには、先に損益分岐点の売上高を求める必要があります。損益分岐点を求めるには、変動費率が必要なため、最初に変動費率を求めます。

$$変動費率 = \frac{変動費}{売上高} = \frac{コーヒー1杯の変動費 \times 販売数量}{コーヒー1杯の単価 \times 販売数量} = \frac{80x}{400x} = 0.2$$

求めた変動費率を公式に当てはめて損益分岐点を計算します。

$$損益分岐点売上高 = \frac{固定費}{1-変動費率} = \frac{100万}{1-0.2} = 125万$$

損益分岐点売上高は125万円と計算できたので、125万円をコーヒーの単価(400円)で割り、xを求めます。
x = 1,250,000 ÷ 400
x = 3,125
よって、コーヒーを3,125杯が損益分岐点であることがわかります。

解答 3,125杯

2 財務諸表の種類と役割

企業は、一定期間ごとに自社の経営状況を表す書類を作成します。この書類を**財務諸表**といいます。

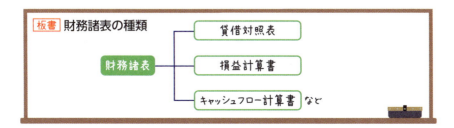

板書 財務諸表の種類

試験では、財務諸表のうち、**貸借対照表**、**損益計算書**、**キャッシュフロー計算書**に関する問題がよく出題されます。

Ⅰ 貸借対照表（バランスシート）

ある時点（決算時など）における企業の財政状態を表す書類を、**貸借対照表**といいます。貸借対照表では会社の**資産**、**負債**、**純資産**がわかります。

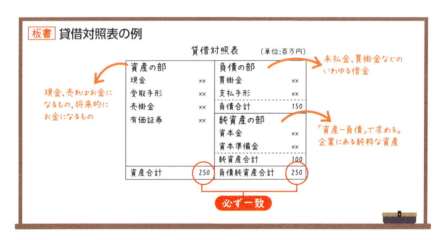

板書　貸借対照表の例

左に資産、右に負債と純資産が記載され、同じ金額になる（バランスが取れている）ことから、貸借対照表は**バランスシート（B/S：Balance Sheet）**ともいいます。

Ⅱ 損益計算書

損益計算書（P/L：Profit and Loss statement）は、**一定期間（会計期間）に会社に入ってきた収益と費用をまとめた書類**で、経営の成績表とも呼ばれます。損益計算書は、利益の大きさだけでなく、その内訳を細かく計算し、明らかにします。とくに試験でよく問われる**営業利益**や**経常利益**の求め方は、必ず覚えておきましょう。

売上高に占める営業利益の割合を営業利益率といいます。

損益計算書の各項目

売上高以外の，損益計算書に記載される各項目の内容は次のとおりです。

売上原価	商品やサービスの販売に必要な費用。原材料費など
販売費及び一般管理費	商品の販売や管理のために生じた費用。広告宣伝費や水道光熱費，人件費など
営業外収益	企業の本業以外で得られる収益。預金や株券の利息など
営業外費用	企業の本業以外で発生する費用。借りたお金の利息など
特別利益	本業とは無関係に一時的に発生した利益。土地や株式の売却益など
特別損失	本業とは無関係に一時的に発生した損失。火災，自然災害で発生した損失や株式の売却損など
法人税等	会社の利益に対して課される税金。法人税など

| 例題 | 経常利益の求め方 | R3-問28 |

次の当期末損益計算資料から求められる経常利益は何百万円か。

単位 百万円

売上高	3,000
売上原価	1,500
販売費及び一般管理費	500
営業外費用	15
特別損失	300
法人税	300

ア 385   イ 685   ウ 985   エ 1,000

解説 経常利益は，次の式で求められます。
経常利益 ＝ 営業利益 ＋ 営業外収益 － 営業外費用…①

営業利益は，次の式で求められます。
営業利益 ＝ 売上総利益 － 販売費及び一般管理費…②

売上総利益は，次の式で求められます。
売上総利益 ＝ 売上高 － 売上原価…③

③→②→①の順に計算すれば，経常利益が求められます。

③売上総利益 ＝ 3,000 － 1,500 ＝ 1,500
②営業利益 ＝ 1,500 － 500 ＝ 1,000
①経常利益 ＝ 1,000 － 15 ＝ 985

解答 ウ

Ⅲ キャッシュフロー計算書

キャッシュフロー計算書（C/F：Cash Flow statement）は，一定期間のお金の流れ（現金収支）を表したものです。「本当のお金の流れを表す計算書」ともいえます。

「本当のお金の流れ」とはどのような意味でしょうか。雑貨を製造する会社を例に考えてみましょう。会社が取引先に製品を納品すると，売上が計上されます。しかし，多くの場合，代金は後日まとめて支払われるため，この時点では会社にお金

は入ってきません。

　このように，会社としては黒字，すなわち損益計算書で売上（利益）が計上されていても，実際にはまだその代金を回収していないということはよくあるのです。未回収の代金は売掛金といいます。

　キャッシュフロー計算書を使えば，会社にいくらお金があるかを把握できます。以下にキャッシュフロー計算書の一例を示します。キャッシュフロー計算書は，営業活動・投資活動・財務活動の3つに分けてお金の流れを表します。

板書　キャッシュフロー計算書の例

キャッシュフロー計算書
単位:百万円

Ⅰ 営業活動によるキャッシュフロー	
税引前当期純利益	15
減価償却費	5
売上債権の減少	2
Ⅰの合計(①)	22
Ⅱ 投資活動によるキャッシュフロー	
有価証券の取得	-3
有価証券の売却	5
固定資産の取得	-5
Ⅱの合計(②)	-3
Ⅲ 財務活動によるキャッシュフロー	
借入金の借り入れ	10
借入金の返済	-3
Ⅲの合計(③)	7
Ⅳ 現金及び現金同等物の増減額(①+②+③=④)	26
Ⅴ 現金及び現金同等物の期首残高(⑤)	52
Ⅵ 現金及び現金同等物の期末残高(④+⑤)	78

営業活動 ➡ 本業による収入と支出の差額（残高）
この差額がプラスなら本業が好調，マイナスなら不調と判断できる

投資活動 ➡ 設備投資や株，債券などの取得や売却をしたあとの残高
営業活動を行うために設備投資などが必要なため，優良企業は残高がマイナスであることが多い

財務活動 ➡ 不足したお金をどのように調達したかを表す
借入金などで資金を調達した場合は残高がプラスになり，借入金の返済，株主への配当支払いなどを行った場合は残高がマイナスになる

減価償却

減価償却とは，金額の高い電化製品や機械設備などの購入代金を，購入した年にいっぺんに費用として計上するのではなく，耐用年数で分割して1年ずつ計上することをいいます。減価償却費を算出する方法は複数ありますが，中でも一般的な「定額法」と「定率法」を理解しておきましょう。

定額法とは，毎年同じ金額で費用計上する方法です。資産の購入費用を耐用年数で割って求めます。例えば，1,000万円の資産で，耐用年数が5年なら，1,000÷5=200で1年の減価償却費は200万円になります。

定率法とは，毎年同じ割合で減価償却する方法です。1年の減価償却費は，まだ費用として計上していない金額（購入費用から前年度までの償却金額を引いた金額）に一定の割合（償却率）をかけて求めます。例えば，上と同じ例で償却率が0.4とすると，次のように計算できます。

1年目　1,000 × 0.4 = 400
2年目　(1,000 − 400) × 0.4 = 240
3年目　(1,000 − 400 − 240) × 0.4 = 144
4年目　(1,000 − 400 − 240 − 144) × 0.4 = 86.4
5年目　(1,000 − 400 − 240 − 144 − 86.4) × 0.4 = 51.84

3 財務分析

財務諸表などの数値を用いて，企業の経営状況を分析し，会社の「収益性」「安全性」「生産性」「成長性」を測ることを「**財務分析**」といいます。

財務分析を行うための指標（財務指標）には次のものがあります。

自己資本比率	総資本のうち，どのくらい自己資本（返済が不要な費用）でまかなわれているかの割合。大きいほど財務の安定性が高い
流動比率	流動資産と流動負債の比率を表すもので，1年以内に回収できる資産が1年以内に返済すべき負債をどれだけ上回っているかの割合。大きいほど支払い能力が高い
総資本回転率	投資した総資本が1年に何回売上高として回転したかを示す指標。この数値が大きいほど資本が効率的に活用されている（総資本の回転期間が短い）

ROE（自己資本利益率）

自己資本に対する収益の割合を表した指標を，ROE（Return On Equity：自己資本利益率）といいます。ROEが高いということは，投下した資本に対して効率的に利益を上げられていると判断できます。

ストラテジ系

Chapter 2

法務

直近5年間の出題数

R3	7問
R2秋	7問
R1秋	8問
H31春	7問
H30秋	9問
H30春	12問
H29秋	8問
H29春	8問

- 知的財産権，セキュリティ関連，労働・取引関連などの法律について学習します。
- 法律の保護対象などを具体的に問う問題も出ています。過去問を解きながら理解すると効果的です。

Section 1

Chapter 2 法務

知的財産権

Section 1はこんな話

財産というと，お金や家など目に見えるものを連想しがちですが，目に見えない，人の知恵から生み出されたものも，立派な財産です。これらのものは，知的財産として法律でその権利が保護されています。

著作権，産業財産権をはじめとした知的財産権を理解しましょう。

1 知的財産権の分類

発明や音楽，データなど，人の知恵から生み出された形のない財産を**知的財産**といいます。

知的財産権は，知的財産を守るための制度で，「**著作権**」「**産業財産権**」「**その他の権利**」の3つに分類できます。

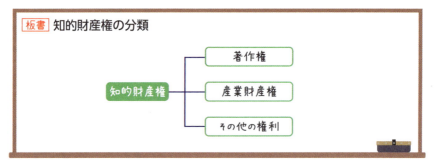

板書 知的財産権の分類

試験では，3つすべて出題される可能性があります。

2 著作権

著作権は，音楽や小説，映画，絵画などの著作物を創作した人がもつ権利です。著作権を取得するための特別な手続きは必要なく，著作物を創作した時点で権利が発生します。著作権は，著作権法によって保護されます。

1 保護の対象となるもの／ならないもの

著作権法で保護されるものと，保護されないものは次のとおりです。

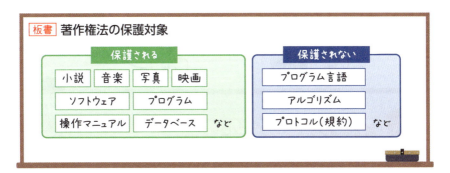

板書 著作権法の保護対象

ソフトウェアについては，プログラムやソフトウェアパッケージに同梱された操作マニュアルは保護の対象になりますが，プログラム言語そのものやアルゴリズム（処理手順を表したもの）は保護されません。

例題 著作権法　　　　　　　　　　　　　　　　　　　　　H31春-問9

著作権法の保護対象として，適切なものはどれか。
ア　プログラム内の情報検索機能に関するアルゴリズム
イ　プログラムの処理内容を記述したプログラム仕様書
ウ　プログラムを作成するためのコーディングルール
エ　SFAプログラムをほかのシステムが使うためのインタフェース規約

解説　プログラムは著作権の保護対象となるため，イの「プログラムの処理内容を記述したプログラム仕様書」が正解です。なお，ウのコーディングルールは規約に該当するため，保護対象外です。

解答　イ

2 著作権の帰属先

著作権は著作物を創作した者に与えられる権利です。プログラムの開発をA社が請負契約でB社に委託する場合と、C社から派遣契約に基づきA社に派遣されたD氏が行う場合では、著作権の帰属先が異なります（請負契約と派遣契約の詳細はSec 3参照）。

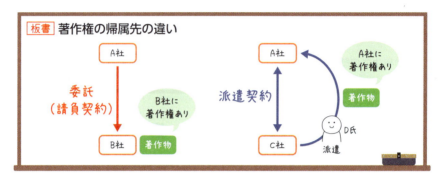

違法なコンテンツのダウンロード

他人の著作物を許可なくインターネット上にアップロードする行為は違法ですが、それだけでなく、違法にアップロードされたコンテンツと知りながらダウンロードする行為も違法行為です。

著作物の特例的な利用

教員が他人の著作物をもとに作成した教材を生徒の端末に送信したり、サーバにアップロードしたりすることなどは、授業で必要と認められる限度において、権利者の許諾を得ることなく行うことができます。なお、一部に補償金の支払いが必要な場合があります。

3 産業財産権

知的財産権の1つである産業財産権には、特許権、実用新案権、意匠権、商標権の4種類があります。個人ではなく、主に企業が開発した発明やブランドを対象とした権利です。

手続きのいらない著作権とは異なり、これらの権利を取得するには特許庁への申請が必要です。また、権利ごとにその権利を行使できる存続期間が定められています。商標権のみ、存続期間の更新が可能です。

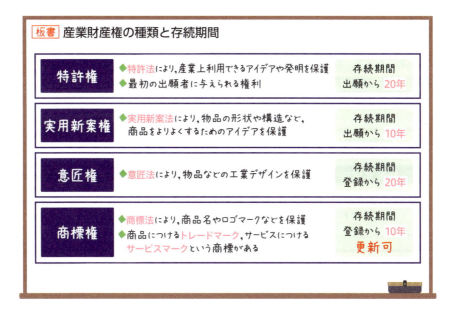

特許権と実用新案権は似ていますが、特許権は発明であれば登録できるのに対し、実用新案権は物品の形状、構造、または組み合わせに関わるものに限定されているという違いがあります。

1 ビジネスモデル特許

ビジネス上のアイデアをコンピュータやインターネットを使って実現した新しいビジネスモデルを、ビジネスモデル特許といいます。ビジネスモデル特許は、「特許法」で保護されます。

ビジネスモデル特許の例に、「ショッピングカート」があります。インターネットで買い物するとき、欲しい商品を1つずつ会計するのは手間がかかります。そこで、複数の商品をカートに入れ、最後に支払い情報を登録すれば商品を一括購入できるという仕組みが考えられました。今では当たり前の仕組みも、ビジネスモデル

特許の1つです。

4 不正競争防止法

事業者間の公正な競争を促進するための法律を，不正競争防止法といいます。この法律によって，他社が保有する営業秘密（トレードシークレット）やドメイン名などを不正に取得することなどが禁止されています。
営業秘密とは，次の3つの要件を満たすものをいいます。

板書 営業秘密（トレードシークレット）の3つの要件

秘密管理性	有用性	非公知性
その情報が秘密として管理されていること	事業活動に有用な情報であること	一般に知られている情報ではないこと

例題 不正競争防止法　　　　　　　　　　　　H30秋-問32

　不適切な行為に関する記述a～cのうち，不正競争防止法で規制されている行為はどれか。
a. 営業秘密となっている他社の技術情報を，第三者から不正に入手した。
b. 会社がライセンス購入したソフトウェアパッケージを，不正に個人のPCにインストールした。
c. キャンペーン応募者の個人情報を，本人に無断で他の目的に利用した。

ア　a　　イ　a, b　　ウ　a, b, c　　エ　b, c

解説　aは不正競争防止法で規制されている「他者が保有する営業秘密を不正に入手する行為」です。
bは著作権法違反になる可能性がありますが，不正競争防止法で規制されている行為ではありません。
cは個人情報保護法に違反する行為ですが，不正競争防止法で規制されている行為ではありません。
よって答えはアです。

解答　ア

5 ソフトウェアライセンス

I 使用許諾契約

　使用許諾契約（ライセンス）とは，ソフトウェアの使用範囲などに関する契約です。ソフトウェアはハードウェアとは異なり実体をもたないため，ソフトウェアの購入は「使用権の購入」，つまり「製作者が指定した条件の中で使用することができる権利」＝「ライセンス」を購入しているということになります。購入後，使用許諾契約に同意しなければなりません。

　また，ソフトウェアの不正使用を防止する目的で，アクティベーションという仕組みもあります。アクティベーションとは，ソフトウェアをインストールしたPCがもつ固有の情報やプロダクトキーなどを製作者側に登録することで，ソフトウェアを使用できるようにする仕組みです。

II シェアウェアとフリーソフトウェア

　店頭で販売されるソフトウェアの多くは最初にライセンスを購入・所有しますが，ネットワークを介して配布・販売されるソフトウェアには，次のようなものがあります。

シェアウェア	一定期間は無償で試用できるが，その期間を超えて使用する場合には料金を支払わなければならないソフトウェアのライセンス形態
フリーソフトウェア（フリーソフト）	誰もが無償で入手・利用できるソフトウェアのライセンス形態。ライセンスに違反しない範囲であれば複製や配布も自由に行うことができる

フリーウェアはあくまでも「無償」なだけであり，著作権まで放棄しているわけではないので注意しましょう。

III サブスクリプション

　サブスクリプションとは，永続的な使用権ではなく，1ヵ月や1年などの一定期間内での利用権を購入する形態をいいます。継続して使用するときは，その都度契

約を更新します。

Ⅳ その他のライセンス形態

その他，ソフトウェアのライセンス形態に関する用語は次のとおりです。

ボリュームライセンス契約 新用語	1つのソフトウェア製品に複数台分のソフトウェアライセンスが含まれる契約。1つずつ個別に購入するより1ライセンス当たりの価格が安くなる場合が多く，ライセンスの管理も容易になる点がメリット
サイトライセンス契約 新用語	1つのソフトウェア製品に1台利用を許可するのではなく，指定された特定の団体，部門，施設，場所であれば台数に関係なくインストールできる契約
CAL（Client Access License）新用語	クライアントPCがサーバにアクセスして，サーバ機能を利用するときに必要なライセンス。「デバイスCAL」と「ユーザCAL」がある

6 その他の用語

その他，知的財産権に関連する用語は次のとおりです。それぞれの内容を押さえておきましょう。

クロスライセンス	特許権などの知的財産権をもつ複数の企業が，お互いにそれぞれがもつ特許を利用できるようにすること
オープンソースソフトウェア	ソースコードが公開されているソフトウェアのこと。ソースコードの改変・再配布が可能（Ch6 Sec2参照）
パブリックドメインソフトウェア	著作権が放棄されているソフトウェアのこと。コピー・改変が可能

セキュリティ関連法規

Section 2はこんな話

インターネットは便利な一方，常に危険と隣り合わせです。いつ自分や自分の会社が被害にあうかわかりません。こうした危険を少しでも減らし，取り締まるために，さまざまな法律が定められています。

サイバーセキュリティ基本法・不正アクセス禁止法と，個人情報保護法は必ず押さえておきましょう。

1 サイバーセキュリティ基本法

　インターネットは私たちの生活に密接に関わっています。インターネット上では，さまざまな情報がやり取りされ，その情報を使って経済活動が行われています。インターネットを活用して生活を豊かにしたり，不便を解消したりできる一方で，当然ながらリスクもあります。個人の情報ばかりか，企業や国家の機密などの重要な情報までもが漏えいしたり，悪用されたりするおそれがあるのです。
　コンピュータへの不正侵入やデータの改ざんといったサイバー攻撃に対する防御を，サイバーセキュリティといいます。2015年には，サイバーセキュリティに関する国の責務などを定めたサイバーセキュリティ基本法が施行されました。サイバーセキュリティ基本法のポイントは次のとおりです。

> **板書** サイバーセキュリティ基本法のポイント
>
> **法の目的**
> サイバーセキュリティに関して、
> ◆ 基本理念を定める
> ◆ 国や地方公共団体がすべき責務を明らかにする
> ◆ 戦略を策定し、施策の基本事項を定める
> ◆ サイバーセキュリティ戦略本部の設置等により施策を
>   総合的かつ効果的に推進
>
> **基本的施策**
> ◆ 国の行政機関等におけるサイバーセキュリティの確保
> ◆ サイバーセキュリティ関連産業の振興／国際競争力の強化
> ◆ サイバーセキュリティ関連犯罪の取締り／被害拡大の防止
> ◆ サイバーセキュリティに係る人材の確保

> サイバーセキュリティ基本法には、このほかサイバーセキュリティに関して国民が努力すべきことも記載されています。

2 サイバーセキュリティ経営ガイドライン

企業の経営者向けにサイバーセキュリティの基本的な考え方を示したものを**サイバーセキュリティ経営ガイドライン**といいます。

> サイバー攻撃から企業を守るために取り組むべき項目などが記載されています。

3 不正アクセス禁止法

不正アクセスへの罰則を定めた法律を不正アクセス禁止法といいます。不正アクセスとは，他人のID・パスワードを使用してシステムにログインするなど，本来権限をもたない人がネットワークを介して不正にアクセスする，またはアクセスしようとすることです。不正アクセスの種類には次のようなものがあります。

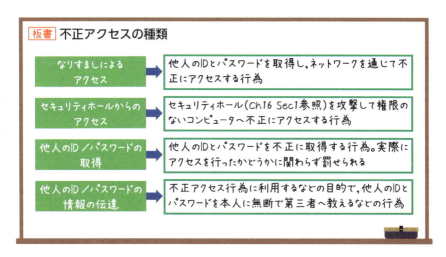

なお，不正アクセス禁止法はネットワークを通じたアクセスのみを対象としている点に注意が必要です。

不正アクセスでクレジットカードを不正に使われてしまったというような実際の被害がなくても，不正アクセス行為をするだけで不正アクセス禁止法違反となります。

| 例題 | **不正アクセス** | | H30秋-問1 |

　表はコンピュータa～dのネットワーク接続（インターネットなどのオープンネットワークに接続，又はローカルエリアネットワークに接続）の有無及びアクセス制御機能の有無を示したものである。コンピュータa～dのうち，不正アクセス禁止法における不正アクセス行為の対象になり得るものはどれか。

	ネットワーク接続	アクセス制御機能
コンピュータa	有	有
コンピュータb	有	無
コンピュータc	無	有
コンピュータd	無	無

ア　コンピュータa　　　**イ**　コンピュータb
ウ　コンピュータc　　　**エ**　コンピュータd

解説 不正アクセス禁止法はネットワークを通じたアクセス以外は対象としないため，選択肢のうち，ネットワークに接続していないコンピュータcとdが除外されます。さらに，不正アクセス禁止法では「本来権限をもたない人」が不正にアクセスすることに対する罰則を定めているため，コンピュータbのようにそもそもアクセス制御を行っていないコンピュータは対象になりません。よって，正解はアです。

解答 ア

🐻 防御側の対策

　不正アクセスからコンピュータを防御する役割を担う管理者を，「アクセス管理者」といいます。不正アクセス禁止法では，不正行為への罰則だけでなく，アクセス管理者に求められる役割も定められていて，具体的には，ID・パスワードの適切な管理や，アクセス制御機能の有効性を検証することなどが求められます。

4 個人情報保護法とその他の法規

I 個人情報保護法

　個人情報とは，氏名や生年月日，住所などにより，特定の個人を識別することができるものをいいます。文字の情報だけでなく，画像や音声なども，個人が特定できれば個人情報に該当します。また，単体では個人情報にならない「社員コード」

なども，ほかの情報と照らし合わせることで個人が特定できれば，個人情報になります。

個人情報の取扱いについて定めた法律を個人情報保護法といいます。個人情報を取り扱うときは利用目的を明確にする必要があり，利用目的外に利用することはできません。また，本人の同意を得ずに第三者に個人情報のデータを提供することもできません（第三者提供 新用語 の制限）。

ただし，次に示すケースでは本人の同意なく個人情報を第三者に提供しても問題ありません。

板書 **本人の同意なく個人情報を提供してもよいケース**
- 警察へ捜査協力する場合
- 急病や災害，事故のときに本人の連絡先を医師に伝える場合
- 児童虐待などのおそれがある場合
- 暴力団などの反社会的勢力の情報を共有するとき

また，個人情報保護法では個人識別符号 新用語 を含む情報も個人情報に含まれると定めています。個人識別符号とは，マイナンバーや運転免許証の番号など個々人に割り当てられる公的な番号のことです。

例題 **個人情報保護法**

個人情報取扱事業者が個人情報を第三者に渡した事例のうち，個人情報保護法において，本人の同意が必要なものはどれか。
ア　警察から捜査令状に基づく情報提供を求められたので，従業員の個人情報を渡した。
イ　児童虐待のおそれのある家庭の情報を，児童相談所，警察，学校などで共有した。
ウ　フランチャイズ組織の本部から要請を受けたので，加盟店側が収集した顧客の個人情報を渡した。
エ　暴力団などの反社会的勢力情報や業務妨害行為を行う悪質者の情報を企業間で共有した。

解説　本人の同意なく個人情報を提供してもよいのは，アの警察へ捜査協力する場合，イの児童虐待などのおそれがある場合，エの暴力団などの反社会的勢力の情報を共有する場合，急病人の情報を医師に伝える場合です。ウは本人の同意なく個人情報を提供してもよいケースに該当しないため，ウが正解です。

解答　ウ

🐻 個人情報の保護に関する用語

要配慮個人情報	本人の人種，信条，社会的身分，病歴，犯罪の経歴などによって不利益が生じないよう，取扱いに特に配慮が必要な個人情報
匿名加工情報	特定の個人を識別できないように個人情報を加工して得られる情報で，元の個人情報に復元することができないようにしたもの
個人情報保護委員会	個人情報の適正な取扱いを確保するために設置された行政機関
オプトイン 新用語	事前に同意を得た相手だけに，広告宣伝メールの送付や個人情報の取得を行う手法
オプトアウト 新用語	事前に同意を得ていない相手に対し，広告宣伝メールの送付などを行う手法。受信者から受信拒否を通知する

🐻 個人情報取扱事業者

　個人情報を事業活動に利用している者を，個人情報取扱事業者といいます。ただし，国の機関や地方公共団体，独立行政法人などは除かれます。

　個人情報保護法では，個人情報取扱事業者に対して，安全管理措置を講じることを求めています。安全管理措置は次の4つに分類されます。

技術的安全管理措置	情報システムへのアクセス制御など
組織的安全管理措置	安全管理に関する規程と組織体制の整備など
人的安全管理措置	個人情報の取扱いに関する従業員教育など
物理的安全管理措置	個人情報が記載された書類やデータなどの施錠管理など

　ただし，報道活動，著述活動，学術研究，宗教活動，政治活動を目的とする場合など，個人情報取扱事業者の義務が適用されないこともあります。

Ⅱ マイナンバー法

　マイナンバー（個人番号）は，日本に住民票をもつすべての人に割り当てられた番号で，その取扱いはマイナンバー法で定められています。マイナンバーは，「社会保障」「税」「災害対策」の分野で複数の機関に存在する個人の情報が同一人の情報であることを確認する目的に限って使われ，目的外の利用は認められていません。例えば，社員の管理番号にマイナンバーを使うというような使い方はできないということです。

パーソナルデータの保護に関する国際的な動向

　ビッグデータ（Ch1 Sec4参照）の活用は日本の成長戦略に欠かせないものであり，中でもとくにパーソナルデータ（Ch1 Sec4参照）に有用性があると考えられています。しかしパーソナルデータは有用性がある一方，個人情報であるため取扱いには十分注意しなければならないという側面があります。

　日本ではWeb上にあるパーソナルデータに関して大きく問題視されることはありませんが，海外では，数年前からWeb上にあるパーソナルデータ（IPアドレス，Cookieなど）などが問題視され始めました。この流れから，2018年にEUでは一般データ保護規則（GDPR：General Data Protection Regulation） 新用語 が施行されました。GDPRでは，IPアドレスやCookieのようなオンライン識別子も個人情報とみなし，取得する際はユーザに同意を得る必要があると定められています。

　その他，パーソナルデータに関する権利やデータの加工方法には次のものがあります。

消去権 新用語	インターネット上の個人情報や誹謗中傷を削除してもらう権利のこと。「忘れられる権利」ともいう
仮名化 新用語	仮名となる別の識別情報を付与するなどして，追加情報を使用しないと個人が特定できないよう，情報を加工すること
匿名化 新用語	個人を特定できる情報を削除，または変更するなどして，特定の個人を識別できないようにデータを加工すること

不正指令電磁的記録に関する罪（ウイルス作成罪）

　コンピュータウイルスとは，使用者の意図に関係なく実行されるプログラムのことです。昨今ではコンピュータウイルスを悪用したサイバー犯罪が増えており，これらの行為を取り締まるために不正指令電磁的記録に関する罪（ウイルス作成罪）

が刑法に設けられました。コンピュータウイルスの作成，提供，供用，取得，保管などの行為が罰せられます。この法律では，他人のコンピュータにコンピュータウイルスを仕掛けるのはもちろんですが，コンピュータウイルスを作成して自分のパソコンに保管しただけでも罰せられます。

Ⅳ 特定電子メール法

特定電子メール法は広告・宣伝を目的とした電子メールの送信を規制する法律です。正式名称は「特定電子メールの送信の適正化等に関する法律」といいます。
　具体的には，次のような規制が盛り込まれています。

板書　特定電子メール法の規制内容

◆事前に特定電子メールの送信に同意した者に対してのみ，送信を認める
◆架空のメールアドレスを宛先として送信してはならない
◆送信元情報を偽って送信してはならない　など

Ⅴ システム管理基準

システム管理基準は経済産業省によって策定された文書です。組織が経営戦略に沿って効果的な情報システム戦略を立案し，その戦略に基づき情報システムの企画・開発・運用・保守というライフサイクルの中で，効果的な情報システム投資のための，またリスクを低減するためのコントロールを適切に整備・運用するための実践規範です。

Ⅵ サイバー・フィジカル・セキュリティ対策フレームワーク

Society5.0（Ch1 Sec3参照）を実現するには，産業構造・社会環境の変化に伴うサイバー攻撃の脅威の増大への対応が必要になります。サイバー・フィジカル・セキュリティ対策フレームワークは，こうした脅威に対して産業界が自らの対策に活用できるセキュリティ対策例をまとめたフレームワークです。

Section 3 労働・取引関連法規

■ストラテジ系
Chapter 2 法務

Section 3はこんな話

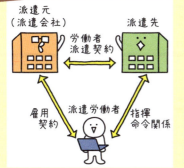

企業が存続するためにはお金が必要ですが,お金を稼ぐには,そこで働く人への配慮が非常に大切です。そのため,企業で働く労働者の権利を守るさまざまな法律が定められています。

派遣契約と請負契約の違いが説明できるようになりましょう。

1 人材の確保と雇用形態

企業が営利活動を行うには,「人材」を確保しなければなりません。ここでは人材の雇用形態をみていきます。

とくに派遣契約と請負契約の違いは試験で問われるので,両者の違いを理解しましょう。

I 雇用契約

雇用主（企業）が労働者と直接雇用関係を結ぶことを,雇用契約といいます。一般的な企業の正社員や,パート,アルバイトなどは,入社時に会社と雇用契約を締結します。

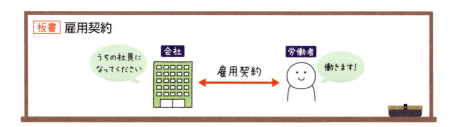

II 派遣契約

人材を派遣する企業（派遣元企業）と人材を派遣してもらう企業（派遣先企業）が結ぶ契約を派遣契約といいます。労働者は派遣先企業の指揮命令のもとで仕事を行いますが，雇用契約は派遣元企業と結んでいるため，労働者への給料は実際の雇い主である派遣元企業が支払います。

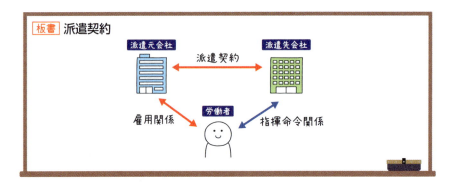

III 請負契約

ユーザ（ある仕事を発注し，仕事の結果にお金を払う会社）とベンダ（仕事の完成を約束する会社）の間で結ぶ契約を請負契約といいます。ベンダに雇われた労働者は，ベンダから指揮命令を受けて仕事を行います。

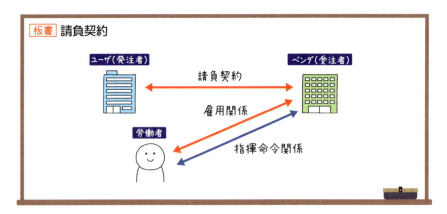

再委託はベンダの裁量で可能

ユーザから仕事の依頼を受けたベンダは，特別な取決めのない限り，ほかの企業へ業務を依頼する（再委託する）ことが可能です。

2 労働基準法

　労働者が働くときの基準を定めた法律を，労働基準法といいます。賃金（給与）や就業時間，休暇などの労働条件の最低基準を定めており，企業にはこの法律を守る義務があります。

　企業は就業規則などで独自のルールを定めていますが，たとえ就業規則に書かれていることであっても，労働基準法の定めに達しない規則は無効になります。

I 労働時間に関する制度

■ フレックスタイム制

　決められた期間における総労働時間の範囲内であれば，始業や終業の時間を社員が自分で決められる働き方のことを，フレックスタイム制といいます。

　月曜日に10時間働いたので火曜日は6時間だけ働く，など，仕事量に応じて勤務時間を調整しやすいというメリットがあります。ただし，勤務時間がずれることで周りの人とコミュニケーションを取りづらいというデメリットもあるため，多くの会社では「コアタイム」という全員が必ず勤務しなければいけない時間帯を設けています。

板書 フレックスタイム制の例

社員ごとに労働時間がばらばらになりがちなので、上司は各社員の労働時間が適正なものになるよう管理する必要があります。

3 労働者派遣法（労働者派遣事業法）

派遣労働者は労働時間や残業の有無など、ライフスタイルにあわせて柔軟に働けるメリットがある一方、派遣契約が終了し次の派遣先が見つかるまで収入がなくなるなど、正社員と比べて不安定な雇用状況にあるといえます。こうした派遣労働者を守るために作られた法律が、労働者派遣法（労働者派遣事業法）です。

I 通常の派遣と紹介予定派遣

労働者派遣は、派遣労働者の能力を派遣元の事業主が判断し、派遣先を決定するのが基本とされています。そのため、派遣先が受け入れる派遣労働者を事前に特定するような行為には注意が必要です。

> 板書 派遣労働者の事前特定にあたる行為（紹介予定派遣を除く）
> ◆個人の指名
> ◆性別や年齢の指定
> ◆候補者の履歴書の派遣先への事前提出
> ◆派遣先による候補者の事前面接

派遣先が、業務を進めるうえで必要なスキルを指定することは認められています。

紹介予定派遣

紹介予定派遣とは，派遣先での将来の雇用を想定した派遣形態をいいます。派遣契約終了後，派遣先に直接雇用されることになります。

Ⅱ 禁止行為

派遣された人をさらに別の企業に派遣する二重派遣は，労働者派遣法で禁止されています。

二重派遣は認められませんが，派遣労働者として働いていた人を，派遣元との契約終了後，派遣先で直接雇用することは問題ありません。

例題 派遣先の適切な行為　　　　　　　　　　　　H29春-問13

派遣先の行為に関する記述a～dのうち，適切なものだけを全て挙げたものはどれか。
a．派遣契約の種類を問わず，特定の個人を指名して派遣を要請した。
b．派遣労働者が派遣元を退職した後に自社で雇用した。
c．派遣労働者を仕事に従事させる際に，自社の従業員の中から派遣先責任者を決めた。
d．派遣労働者を自社とは別の会社に派遣した。

ア a，c　　**イ** a，d　　**ウ** b，c　　**エ** b，d

解説

aは，通常の派遣では特定の個人の指名はできないため不適切です。
bは，派遣労働者が派遣元を退職した後に，派遣先で雇用することは問題ないため適切です。
cは，派遣労働者を仕事に従事させる際は，派遣先の従業員の中から派遣先責任者を選任しなければならないため適切です。
dは，派遣労働者を別の会社に派遣することは，禁止されている二重派遣に該当するため不適切です。
よって，答えはウです。

解答 ウ（b，c）

4 請負契約における責任

請負契約を結んだベンダ（受注者）は，「仕事を完成させる責任」と「瑕疵担保責任」という2つの責任を負います。

I 仕事を完成させる責任

請負契約は，「仕事をしたこと」ではなく，「仕事を完成させたこと」に対してお金を支払う契約形態です。例えば，ビルの建設工事で考えてみましょう。ユーザ（発注者）は，ビルが完成していないのにベンダ（受注者）へお金を支払うことはありませんよね。つまり，事前に取り決めた完成基準，この例ではビルを完成させてはじめて，ベンダにお金が支払われるのです。

II 瑕疵担保責任

瑕疵担保責任とは，請負契約ではユーザ（発注者）が労働者へ直接指示を出せないため，もし納品されたものに欠陥があった場合，責任はベンダ（受注者）が負うという決まりです。

例えば，先に挙げたビルの建築で，完成したビルに入ってみると床が傾いている，ドアが歪んでいて閉まらないというような欠陥があった場合，実際に作業した労働者ではなく，労働者を雇用したベンダが責任を負うということです。

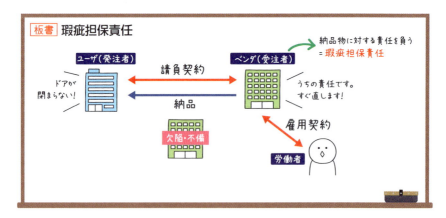

5 取引に関する法律

仕事上の取引では，予期せぬトラブルや問題に見舞われることも少なくありません。取引に関して，労働者や企業や消費者を守るために定められた法律のうち，とくに重要なものを次に示します。

下請法（下請代金支払遅延等防止法）	下請事業者を保護する法律。ある会社が引き受けた仕事の一部や全部をさらに引き受ける会社を下請事業者という。仕事の発注者は，納品日から起算して60日以内に，代金の支払期日を定める義務を負う
PL法（製造物責任法）	製造物に欠陥があり，生命や財産に被害を受けた場合に，被害者が製造会社などに損害賠償を求めることができる法律。損害と製造物の欠陥の間に因果関係が認められる場合に適用され，消費者を保護する目的がある
特定商取引法	事業者による悪質な勧誘行為などを防止し，消費者を守るための法律。消費者による契約解除（クーリングオフ）なども定めている
資金決済法	前払式支払手段と呼ばれるプリペイドカードや商品券，電子マネーなどの利用者を保護するための規制や，銀行以外の事業者による為替取引に対する規制について定めた法律
独占禁止法（私的独占の禁止及び公正取引の確保に関する法律） 新用語	企業が守るべきルールを定め，公正かつ自由な競争を促進するための法律
特定デジタルプラットフォームの透明性及び公正性の向上に関する法律 新用語	SNSやポータルサイト，ECサイトなどデジタルプラットフォームにおける透明性と公平性の向上を図るため，取引条件などの情報開示，運営の公正性確保といった必要な措置を定めた法律

Chapter 2

Section 3

労働・取引関連法規

Section 4 ■ストラテジ系 Chapter 2 法務

その他の法律

Section 4はこんな話

企業を運営する際は，単に法律さえ守ればいいというわけではなく，その他にも，守るべき社会的ルールや決まりごとが多数存在します。そこで，企業は独自のルールを定めたり，経営を監視する仕組みを導入したりしています。

コンプライアンスとコーポレートガバナンスの内容を理解しましょう。

1 コンプライアンス

　企業とそこで働く従業員の，判断や行動の基準を明らかにするための取り組みの1つに，コンプライアンスがあります。直訳すると「法令遵守」ですが，単に法律を守るだけでなく，企業がルールやマニュアルを定め，そのチェック体制を整備し，社会的規範を守るという意味で使われています。

2 情報倫理

I プロバイダ責任制限法

　プロバイダとは，インターネット接続事業者のことです。プロバイダ責任制限法は，インターネット上で権利侵害などが発生した場合に，そのプロバイダが負う責任範囲を示したものです。

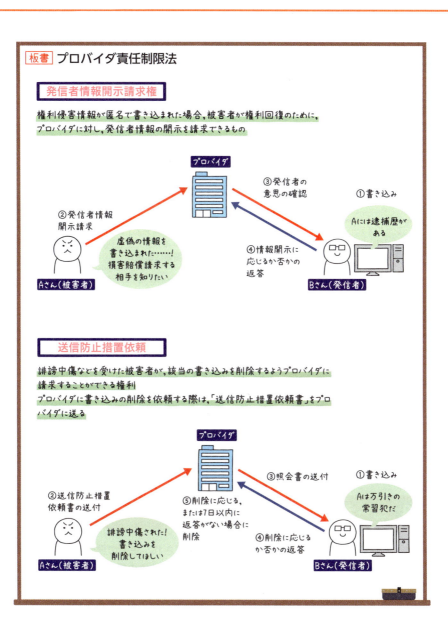

II データのねつ造・改ざん・盗用 [新用語]

ありもしないデータをでっち上げることを**ねつ造**，実際の結果とは異なるものに変えたり，Webサイトの表示結果を勝手に変えたりすることを**改ざん**，他人のデータ等を勝手に流用することを**盗用**といいます。

III その他の用語

情報倫理のその他の重要用語は次のとおりです。

ソーシャルメディアポリシ（ソーシャルメディアガイドライン） [新用語]	企業が社員の**ソーシャルメディア**の利用に関して定めたガイドライン。ソーシャルメディアを利用した情報発信による炎上事案の増加が背景にある
ネチケット [新用語]	「ネットワーク」（network）と「エチケット」（etiquette）を組み合わせた造語。インターネットを利用するときに守るべきマナーのことで，**ネットマナー**ともいう
フェイクニュース [新用語]	主にインターネット上で流れる**嘘**や**デマ**により，現実の世界に**負の影響をもたらす**もの
ファクトチェック [新用語]	情報やニュースが**事実に基づいている**かどうか調べること。ファクトチェックの対象となるのは，社会に広く影響を与える，真偽が不明な情報で，インターネット上の情報とは限らない
ELSI（Ethical, Legal and Social Issues） [新用語]	「**倫理的・法的・社会的な課題**」の頭文字を取ったもので，生命科学・医学の研究を進め，社会に実装する際に生じるさまざまな課題の総称

③ コーポレートガバナンス

コーポレートガバナンスとは，「**企業統治**」と訳され，**企業の健全な運営を監視する仕組み**のことです。経営者の不正行為を防止し，株主の権利を保護することを目的としています。

コーポレートガバナンスを強化する手段は複数ありますが，**社外取締役・社外監査役の登用や執行役員制度の導入**などが一般的です。また，コーポレートガバナンスを実現する制度として，**公益通報者保護法**や**内部統制報告制度**があります。

Ⅰ 公益通報者保護法

　企業の不祥事は，社員の内部告発をきっかけに明らかになることがよくあります。**公益通報者保護法**は，内部告発を行った社員が，解雇や降格，減俸などの不当な処分を受けないよう保護するための法律です。この法律により，企業の不祥事による国民への被害拡大を防ぎます。

　ただし，ここでいう「内部告発」には一定の条件があり，条件を満たす「公益通報」を行った場合のみ，この法律で保護されます。具体的には次のような条件があります。

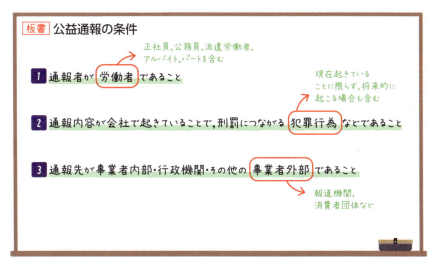

たとえその他の条件を満たしていても，私的な内容に関する通報は公益通報者保護法で保護されません。

Ⅱ 内部統制報告制度

　企業を健全に運営するために社員が守るべきルールや仕組みのことを**内部統制**といい，企業における内部統制が有効に機能していることを経営者自身が評価し，「内部統制報告書」という書類を作成することを義務づけた制度を**内部統制報告制度**といいます。

内部統制の整備を要請している法律は，次の2つです。

会社法	会社の設立から解散，組織，運営，資金調達，管理など会社にまつわるさまざまなルールを定めた法律
金融商品取引法	投資家の保護を目的として，投資判断に必要な経営状況や財政の状況を開示する方法を定めた法律

内部統制報告書は，公認会計士や監査法人の監査を受けなければなりません。

ひとこと
職務分掌

仕事の責任や権限などを明確にし，役割分担をすることを職務分掌（しょくむぶんしょう）といいます。複数人で業務を分担すると各社員が責任をもって仕事を進められるようになるだけでなく，不正が起きにくくなるというメリットがあります。

例題　コーポレートガバナンス　　　　　　　　　　　　　H27春-問30

コーポレートガバナンスの観点から，経営の意思決定プロセスを監視・監督する機能を強化する方法として，最も適切なものはどれか。
ア　社長室への出入りを監視するためのカメラを設置する。
イ　定期的に私立探偵に経営者の素行調査を依頼する。
ウ　取締役の一部を社外取締役にする。
エ　法学部出身者を内部監査部門の社員として雇用する。

解説　「企業統治」と訳され，企業の健全な運営を監視する仕組みをコーポレートガバナンスといいます。社外取締役は外部の視点により企業の運営のチェック機能を果たす役割をもち，コーポレートガバナンスの一環として一部の企業で取り入れられています。よって答えは**ウ**です。

解答　ウ

64

4 行政機関への情報開示請求

I 情報公開法

行政機関や独立行政法人などのWebサイトで，国民へ向けた情報が公開されていますが，これら以外の，公開されていない文書の開示を求めることができる制度を，情報公開法といいます。開示請求は誰でも行うことができ，情報公開法では開示請求の手続き方法なども定められています。

標準化に関する規格

Section 5 はこんな話

世界中で使われているバーコードなど，さまざまな「共通の規格」のおかげで私たちの生活はとても便利になっています。また，製品だけでなく，製品やサービスの品質など，業務に関する「共通の規格」も定められています。

標準化の例と，ISOが定める規格を覚えておきましょう。

1 標準化

製品の形や大きさ，構造などを統一することを標準化といいます。身近な標準化の例として，電池があります。「単3」「単4」のように形や大きさを決めておけば，異なる製品でも同じ種類の電池を利用できるので便利です。

標準化は，製品に限らず業務にも使われています。

I デファクトスタンダード

市場競争の結果，事実上の標準となった規格のことをデファクトスタンダードといいます。デファクト (de facto) はラテン語で「事実上，実際には」を意味します。標準化団体などが公的に標準と定めた規格ではないものの，その使いやすさや価格などが市場で評価され，事実上の標準となったものを指します。

2 ITにおける標準化の例

ITにおける標準化には，**JAN**コード，**QR**コードなどがあり，とくにJANコードは試験でよく出題されます。

Ⅰ JANコード

JANコードとは，線の太さと間隔で情報を表すコードのことです。一般的には「バーコード」と呼ばれており，みなさんも日々目にしているはずです。コードの下部に表示されている数字は，国コードやメーカーコードなどを表しており，コードの重複はありません。POSシステムなどで広く使われています。

Ⅱ 2次元コード（QRコード）

情報を縦横2次元の図形パターンに保存するコードを，2次元コード（**QRコード**）といいます。2次元コードは上下左右どの方向からでも読み取ることができ，漢字やひらがな，カナ，英数字などあらゆる文字と記号を扱えるという特徴があります。

2次元コードは，JANコードの数十倍から数百倍の情報量を扱うことができます。

本を識別する「ISBN」

世界中で出版されている本には，それぞれにISBNという世界標準のコードが使われています。ISBNを含む「書籍JANコード」は書籍の裏表紙に印刷されています。

3 標準化団体と規格

世界にはさまざまな標準化された規格があり，標準化団体が規格策定の役目を担っています。試験によく出題される標準化団体は，ISOです。

1 ISO（国際標準化機構）

工業や技術（IT）に関する国際規格を定めている団体を，ISO（国際標準化機構）といいます。ISOが定める代表的な規格を押さえておきましょう。なお，ISOが定めた各規格は，JIS（日本産業規格）によって日本語化されています。

ISO 9000の日本語版はJIS Q 9000となります。

ISO 9000（品質マネジメントシステム）

製品やサービスの品質を管理し，顧客満足度の向上を図ることを，品質マネジメントシステムといいます。品質マネジメントシステムの国際規格の代表的なものに，ISO 9000があります。

ほかにISO 9001, ISO 9002, ISO 9004などもありますが，試験では，細かな違いまでは問われません。「9000番代は品質マネジメントシステムに関する規格」と覚えておきましょう。

🐻 ISO 14000（環境マネジメントシステム）

環境マネジメントとは，企業活動により環境に与える影響を改善するための活動のことで，そのための仕組みを環境マネジメントシステムと定めています。ISO 14000は，環境マネジメントシステムの国際規格です。

🐻 ISO 26000（社会的責任に関する手引）新用語

組織の社会的責任とは何かを定め，その実施にあたりどのように取り組めばよいか示した手引きをISO 26000といいます。社会的責任に関する国際規格です。

🐻 ISO／IEC 27000（情報セキュリティマネジメントシステム）

情報セキュリティマネジメントシステムの国際規格を，ISO/IEC 27000といいます。ISMS（Ch16 Sec3 参照）に関する規格を定めています。

🐻 JIS Q 38500（ITガバナンス）新用語

組織の経営者のために，組織内のIT利用に関する原則（ITガバナンス）について定めた日本工業規格をJIS Q 38500といいます。ITの効果的，効率的な利用を促進することを目的としています。

Ⅱ その他の標準化団体

その他の標準化団体には次のものがあります。

IEEE（Institute of Electrical and Electronics Engineers）	LANなど通信に関する標準化活動を推進している米国の学会
W3C（World Wide Web Consortium）	インターネットで利用される技術の標準化や規格化を図る団体
ITU（International Telecommunication Union）	国際電気通信連合：電気通信分野の国際標準化機関

ストラテジ系

Chapter 3
経営戦略マネジメント

直近5年間の出題数

R3	5問
R2秋	5問
R1秋	6問
H31春	6問
H30秋	5問
H30春	7問
H29秋	6問
H29春	5問

● 企業が経営戦略をたてる際に重要となる知識を学習します。
● 用語の定義がわかれば解ける問題ばかりです。正確に覚えていきましょう。

Section 1

■ストラテジ系
Chapter 3 経営戦略マネジメント

経営戦略

Section 1はこんな話

企業が競合との競争に勝ち，目的を達成するには，戦略が重要です。そのために必要なのは，自社の現在の状況を俯瞰し，適切な分析を行うことです。

SWOT分析とPPMがよく出題されます。特徴を理解しておきましょう。

1 経営情報分析手法

試験では，経営戦略（Ch1 Sec1参照）を立てる上で必要な，現状分析の手法がよく出題されます。順番に見ていきましょう。

I SWOT分析

SWOT分析とは，企業における**内部環境**の**強み**（Strengths），**弱み**（Weaknesses），企業が直面する**外部環境**の**機会**（Opportunities），**脅威**（Threats）を分析する方法です。

内部環境とは，企業の人材力や営業力，技術力などのことです。**外部環境**とは，政治，経済，社会情勢，市場の動向など，企業を取り巻く環境のことです。

分析結果から，企業は今後取るべき戦略や方針を定めます。

内部環境と外部環境について，それぞれ強み・機会をプラスの要因，弱み・脅威をマイナスの要因と考えましょう。

板書 SWOT分析

	プラス要因	マイナス要因
内部環境	強み(Strengths) 生かせる強みは？	弱み(Weaknesses) 克服すべき弱みは？
外部環境	機会(Opportunities) チャンスはある？	脅威(Threats) 考えられる脅威は？

例題 SWOT分析　　　　　　　　　　　　　　H28春-問30

　自動車メーカA社では，近い将来の戦略を検討するため自社の強みと弱み，そして，外部環境の機会と脅威を整理した。この結果を基に，強みを活用して脅威を克服する対策案として，適切なものはどれか。

内部環境	強み ・強力なブランドイメージ ・多方面にわたる研究開発の蓄積	弱み ・熟練工の大量定年退職
外部環境	機会 ・金利低下による金融緩和	脅威 ・石油価格の高騰 ・環境保護意識の浸透

ア　熟練工の定年を延長，又は再雇用を実施する。
イ　低金利で資金を調達し，石油を大量に備蓄する。
ウ　電気自動車の研究開発を推し進め，商品化する。
エ　ブランドイメージを生かして販売力を強化する。

解説 このメーカの脅威は「石油価格の高騰」と「環境保護意識の浸透」です。この2点を克服するため，内部環境の強みを生かした対策案を選びましょう。
石油を使わない電気自動車の研究開発を進めることは，「石油価格の高騰」への対策になると同時に，「環境保護意識の浸透」への対策にもなります。
よって，ウの「電気自動車の研究開発を推し進め，商品化する。」が正解です。

解答 ウ

Chapter 3　Section 1　経営戦略

II PPM

　PPM（**Product Portfolio Management**）は，「市場の成長性」と「市場における自社のシェア」を軸として，市場における自社の製品や事業の位置づけを分析する手法です。分析結果から，どの事業（製品）へ資金を投入すべきかを明らかにします。

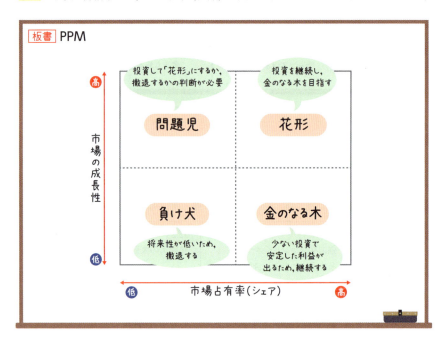

III 3C分析

　顧客・市場（Customer），自社（Company），競合他社（Competitor）という3つの観点から自社を分析する手法を**3C分析**といいます。事業の成功要因を見つけ，今後の戦略を立てるために行われます。

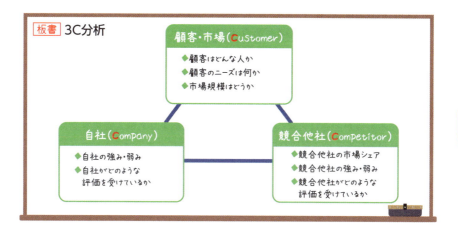

IV VRIO分析 新用語

VRIO分析とは，企業が自社の強みや弱みを把握して，経営戦略を立案するためのフレームワークです。「V：Value（経済価値）」，「R：Rarity（希少性）」，「I：Inimitability（模倣困難性）」，「O：Organization（組織）」という4つの観点から，競争優位の状態を分析します。

2 経営戦略に関する用語

I M&A（企業買収）

企業の合併や買収の総称を **M&A** といいます。合併とは，複数の企業が1つになることです。買収とは，企業の一部，あるいは全部をほかの企業が買い取り吸収することです。M&Aには，売り手と買い手にそれぞれメリットがあります。

	メリット
売り手	従業員や顧客を新会社へ引き継ぐことができ，事業の拡大が期待できる
買い手	企業の弱点を補強でき，人材やノウハウを短期間で獲得できる

🐻 TOB(株式公開買付け)

M&Aの手法の1つに，**TOB**があります。TOBとは，株式公開買付け（Take Over Bid）の略で，あらかじめ期間や株数，価格を公開した上で，市場を通さずに株式を買い取ることを意味します。

通常，株式は株式市場を通して購入しますが，市場を通じて大量の株式を購入すると，株価が予想以上に高騰するおそれがあります。これを避けるために，市場外で取引する手段がとられます。TOBでは，市場価格よりも購入価格を高めに設定する必要がありますが，買取りにかかる費用を事前に把握できるというメリットがあります。

MBO(経営陣による自社買収)

M&A手法の1つに，経営陣が金融支援を受けて自社を買収する**MBO (Management Buyout)** があります。自社の株式の大半を既存の株主から買い取ることで，経営権を取得することができます。MBOを行った上場企業は上場廃止になるため，敵対企業からの買収リスクを回避する手段としても使われます。その他，経営者ではない人物（オーナーから給料をもらって働く社長など）が自社を買収し，経営権をもつ場合もあります。

Ⅱ アライアンス(企業提携)

アライアンスとは，同盟，連合，提携といった意味をもつ英単語で，ビジネスの分野では2つ以上の企業が連携して事業を行うことを意味します。

アライアンスはM&Aとは異なり，連携する各企業の経営権は移転しません。M&Aとアライアンスを比較したメリット・デメリットは次のとおりです。

🐻 フランチャイズ

フランチャイズとは，ブランドを保有する企業（事業本部）が加盟店にそのブランド使用権を与え，ノウハウをマニュアル化して提供するビジネスモデルです。加盟店は，売上のうちいくらかを**ロイヤリティ**として事業本部に支払います。

🐻 ジョイントベンチャ（JV）

アライアンスのうち，2社以上の企業が共同で出資し，新しい会社を立ち上げて経営する企業を**ジョイントベンチャ（JV）**といいます。

Ⅲ その他の関連用語

その他，経営戦略に関するキーワードは次のとおりです。

垂直統合	自社で商品の企画，生産，販売を一貫して行うこと
ベンチマーキング	自社の製品を優れた他社の製品と比較・分析すること
ロジスティクス	日本語では「物流」といい，原料の調達から保管，生産，販売に至るモノの流れと，その管理手法を指す
ブルーオーシャン戦略 新用語	新しい価値を提供することによって，競合のない新たな市場（ブルーオーシャン）を生み出すこと。血で血を洗うような激しい競争市場を表す「レッドオーシャン」の対義語
コアコンピタンス	競合他社より勝っている，自社の強みとなる技術やノウハウのこと。これを核として注力する手法をコアコンピタンス経営という
ニッチ戦略	特定の顧客やニーズに対して商品・サービスを提供することで，豊富な経営資源をもつ競合他社に対抗する戦略
ファブレス	製品を製造するための工場を自社でもたず，他企業に生産を委託すること。自らは企画や販売に徹することで，設備・人員のコストを削減することを目的に行われる
カニバリゼーション	自社の製品・サービスが自社のほかの製品・サービスを侵食してしまい，シェアを奪い合う現象のこと。「cannibalization」は「共食い」という意味をもつ
同質化戦略 新用語	市場シェア1位の企業が，2位以下の企業が差別化を図ってきた際に，相手の差別化を無効にするよう働きかける（＝同質化する）戦略のこと。これによって自社の地位を防衛する
ESG投資 新用語	財務状況だけでなく，環境（Environment）や社会（Social），企業統治（Governance）の観点からも企業を評価し，投資先を選別すること

Section 2 マーケティング

■ストラテジ系
Chapter 3 経営戦略マネジメント

Section 2はこんな話

企業が「よい」と思って作った商品でも，顧客に「欲しい」と思ってもらえなければ売れません。商品・サービスを売るためには，顧客が「欲しい」ものを知ること，すなわちマーケティングが重要です。

4P・4C，RFM分析，オピニオンリーダを理解しましょう。

1 マーケティングの基礎

　消費者の求めている商品・サービスを調査し，どのような商品を作り，どのように宣伝し，販売するかを決定する企業活動をマーケティングといいます。

　マーケティングのうち，消費者が求める商品やサービスを調査することを市場調査といい，市場調査の第一歩となるのがマクロ環境の調査です。マクロ環境とは，事業の外部環境のうち，政治や経済など各企業の活動と無関係に起こっているものをいいます。マクロ環境の内側にある，競合企業の経営戦略や主要仕入先の原材料価格といった企業の周辺環境はミクロ環境といいます。

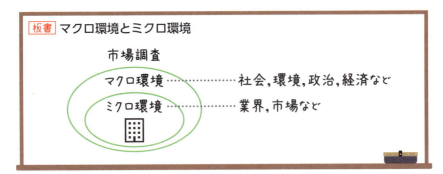

商品の企画・販売促進に関する用語

マーチャンダイジング	消費者のニーズに合った商品を提供するために実施する一連の活動。商品化計画のこと
コモディティ化	以前は高い市場価値をもっていた商品が，競合商品の登場や技術の普及などで価値が低下し，一般的な商品になること

2 マーケティング手法

企業が商品やサービスを提供する際に，ターゲットに働きかけるためにマーケティング手法を組み合わせることをマーケティングミックスといいます。

I 4Pと4C

代表的なマーケティングミックスに4Pがあります。4Pの「P」は製品（Product），価格（Price），流通（Place），プロモーション（Promotion）の頭文字です。売り手（企業）の立場から，市場における商品の立ち位置を4つの領域それぞれに分析し分析結果を組み合わせて全体としての戦略を固める手法です。

最近では，4Pを買い手（消費者）の立場から再定義した4Cという用語も使われています。4Cの「C」は顧客価値（Customer Value），顧客コスト（Cost），利便性（Convenience），コミュニケーション（Communication）の頭文字で，顧客の視点を重視したマーケティング手法です。

競争社会で生き残るには，4P・4C双方の視点からの戦略が必要です。

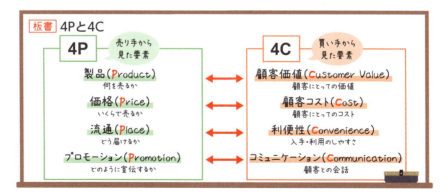

ポジショニング

ポジショニングとは，自社の製品を競合他社の製品と比較して，差別化するポイントを明確にし，顧客に優位性を示すことです。競争市場で自社製品の立ち位置を決定します。

Ⅱ アンゾフの成長マトリクス

アンゾフの成長マトリクスは，事業が伸び悩んでいる企業が今後の戦略を練る際に役立つツールです。「既存製品」「新製品」「既存市場」「新市場」をかけ合わせた4つのセルで，どの戦略を取るか決めます。

例題 アンゾフの成長マトリクス　　　　　　　　　　　　H30春-問1

製品と市場が，それぞれ既存のものか新規のものかで，事業戦略を"市場浸透"，"新製品開発"，"市場開拓"，"多角化"の四つに分類するとき，"市場浸透"の事例に該当するものはどれか。
ア　飲料メーカが，保有技術を生かして新種の花を開発する。
イ　カジュアル衣料品メーカが，ビジネススーツを販売する。
ウ　食品メーカが，販売エリアを地元中心から全国に拡大する。
エ　日用品メーカが，店頭販売員を増員して基幹商品の販売を拡大する。

解説　事業戦略を「市場浸透」，「新製品開発」，「新市場開拓」，「多角化」の4つに分類したものを「アンゾフの成長マトリクス」といいます。

エの「日用品メーカが，店頭販売員を増員して基幹商品の販売を拡大する。」は，既存市場と既存製品の組み合わせなので，市場浸透に分類されます。

	既存製品	新製品
既存市場	市場浸透	新製品開発
新市場	新市場開拓	多角化

アは，飲料メーカにとって新市場となる花の開発と新製品の組み合わせなので，多角化に分類されます。
イは，既存市場と新製品の組み合わせなので，新製品開発に分類されます。
ウは，新市場と既存製品の組み合わせなので，新市場開拓に分類されます。

解答　エ

III UX（User eXperience）

製品やシステム，サービスなどを通じて利用者が得られる体験をUX（User eXperience：顧客体験）といいます。あらゆるサービスのディジタル化に伴い，UXの重要性も高まっています。

3 購買活動の分析

I RFM分析

RFM分析は，優良顧客を見つけるために，顧客の購買行動を分析する手法です。顧客情報を購入履歴の最終購買日 (Recency)，購買頻度 (Frequency)，累計購買金額 (Monetary) という3つの項目に着目して分析し，それぞれの項目をランクづけします。

4 販売促進

I プッシュ戦略とプル戦略

販売を促進するための代表的な戦略に，プッシュ戦略とプル戦略があります。

プッシュ戦略は，メーカが流通業者や販売店などに何らかのインセンティブ（経済的メリット等）を与え，自社の製品を強力に売り出してもらい，消費者に積極的に売り出す戦略です。

プル戦略は，メーカが広告や宣伝などで消費者に直接働きかけて需要を生み出し，流通業者や販売店などに自社の製品を扱ってもらおうとする戦略です。

II 消費者の分類

消費者を5つの分類に分け，新しい製品やサービスが消費者に浸透する過程を分析するマーケティング手法があります。

新商品を比較的早い時期に購入し，友達に伝えたりSNSに投稿したりしてほかの消費者へ商品の情報を広める消費者をアーリーアダプタ (オピニオンリーダ) といいます。

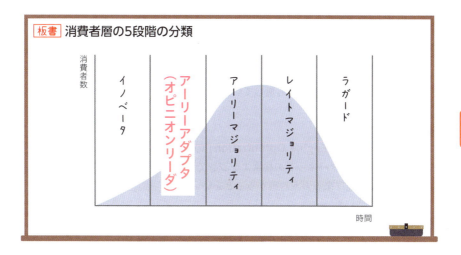

SNSが浸透して自ら情報発信をしやすくなった現代では、アーリーアダプタの存在も重視されています。

Ⅲ プロダクトライフサイクル

商品が市場に投入されてから、次第に売れなくなり市場から撤退するまでの過程を**プロダクトライフサイクル**といいます。一般的には、次の4段階で示されます。PPM（Ch3 Sec1参照）もこの考え方に立脚しています。

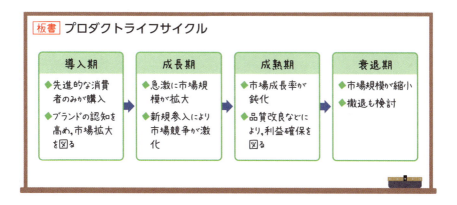

Ⅳ Webマーケティング

インターネット上で行われるマーケティングのことをWebマーケティングといいます。インターネットを使って情報収集するのが当たり前になった現在では，Webマーケティングの重要度も増しています。

🐻 SEO

SEOとは「Search Engine Optimization」の略で，直訳すると「検索エンジン最適化」です。インターネットの検索エンジンで特定のキーワードを検索した際に，自社サイトが上位に来るよう対策することをいいます。

🐻 オプトインメール広告

事前に，広告メールを送ってもよいか受け取る側に確認を取り，承諾（オプトイン）を得られた場合に送られるメールをオプトインメール広告といいます。

よくある例として，インターネットで新規会員登録した際など，「メール配信を希望する」というチェックボックスが表示されていますね。ここにチェックを入れることがオプトインになります。

🐻 バナー広告

広告主が検索ページやブログの運営者に対価を支払い，そのページにバナーと呼ばれる画像やGIFアニメーションを掲載する手法をバナー広告といいます。一定期間掲載することができるため，アクセス数の増加や認知度を上げる目的で使われることが多い広告です。

Ⅴ 価格設定手法

製品の価格戦略にはさまざまな手法があります。ここでは3つの価格戦略を解説します。

スキミングプライシング 新用語	製品の導入期に価格を高く設定する手法。高収益かつ早期に投資を回収できる。スキミングには「すくい取る」という意味がある
ペネトレーションプライシング 新用語	製品の導入期に価格を低く設定する手法。早期に幅広い市場シェアを獲得できる。ペネトレーションには「浸透」という意味がある
ダイナミックプライシング 新用語	製品の価格を消費者の需要と供給の変化に合わせて変動させる手法。収益の最大化，在庫や人的リソースの削減が可能。ダイナミックには「動的なさま」という意味がある

Ⅵ その他の関連用語

その他，販売促進に関連する用語を一覧で解説します。

セグメントマーケティング	市場や消費者をグループ分けし，それぞれのグループに対する戦略を練ること
ダイレクトマーケティング	ダイレクトメールやインターネットなどにより，企業と消費者が直接，双方向のコミュニケーションを行う手法
クロスメディアマーケティング 新用語	Webサイト，テレビCM，新聞，雑誌など，さまざまなメディアを組み合わせることで相乗効果を狙う広告戦略
インバウンドマーケティング 新用語	「インバウンド」は内向きに入ってくるという意味。ホームページやSNSなどで企業が発信した情報を見込客に見つけてもらい，最終的に見込客から顧客に転換させる手法
レコメンデーション	Webページの閲覧履歴や商品の購入履歴から，関連する商品情報を表示して購入を促す手法
リスティング広告	検索エンジンなどで検索した際，検索結果画面に表示される，検索したキーワードに関連した内容の広告
オムニチャネル	実店舗やショッピングサイトなどのあらゆるチャネル（販売経路）を連携させ，顧客との接点をもち売上をアップさせる方法

Chapter 3

Section 2 マーケティング

85

Section 3

■ ストラテジ系
Chapter 3 経営戦略マネジメント

ビジネス戦略と目標

Section 3はこんな話

企業を取り巻く環境は日々変化するため，定期的に業績を評価し，戦略を立て直す必要があります。そのためには，情報の分析が欠かせません。

情報分析の手法がよく出題されます。CSF，BSC，バリューエンジニアリングは頻出です。

1 ビジネス戦略の立案・評価のための情報分析手法

1 業績を評価する指標・手法

🐻 KGI（重要目標達成指標）とKPI（重要業績評価指標）

企業の業績を評価するには，「1年後に売上5,000万円を達成する」というような具体的な指標が必要です。これをKGI（Key Goal Indicator）といい，「重要目標達成指標」と訳されます。

また，KGIの達成に向けたプロセスにおける達成度を把握し，評価するための中間目標をKPI（Key Performance Indicator）といい，「重要業績評価指標」と訳されます。

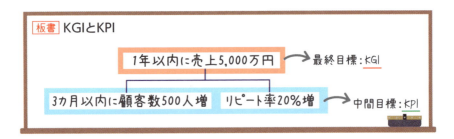

🐻 CSF（重要成功要因）

経営戦略目標を達成するために最も重要な要因を，重要成功要因（CSF：Critical Success Factors）といいます。

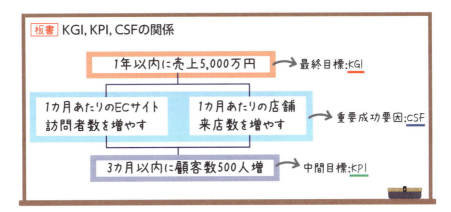

🐻 BSC（バランススコアカード）

企業のビジョン・戦略を実現するために，「財務」「顧客」「業務プロセス」「学習と成長」という4つの視点から，具体的な目標を設定して成果を評価する手法を，BSC（Balanced Scorecard：バランススコアカード）といいます。企業はBSCを用いて戦略を立てる際，4つの視点それぞれでCSFを設定します。

視点	説明
財務	売上，利益などの財務的視点
顧客	商品の信頼性，アフターサポートなど，顧客満足度を得られているかという視点
業務プロセス	製造，流通など業務の各プロセスで目標を達成できているかという視点
学習と成長	社員の働きやすさ，社員教育など，人材への投資ができているか，人材が成長しているかという視点

BSCの最大の特徴は，短期的な財務数値だけでなく，人材や業務プロセスなどの目に見えづらい部分も含めて戦略の策定や業績の評価を行う点です。

> **例題** バランススコアカード　　　　　　　　　　　H26春-問23
>
> 　部品製造会社Aでは製造工程における不良品発生を減らすために，業績評価指標の一つとして歩留り率を設定した。バランススコアカードの四つの視点のうち，歩留り率を設定する視点として，最も適切なものはどれか。
> ア　学習と成長　　　イ　業務プロセス
> ウ　顧客　　　　　　エ　財務
>
> **解説**　歩留り率とは，製造した製品のうち，不良品などを除き，最終的に製品になる割合です（Ch4 Sec1参照）。製造工程の不良品発生を減らすために歩留り率を設定することは，製造のプロセスで目標を達成できているか評価するための視点なので，「業務プロセス」に該当します。
>
> 　　　　　　　　　　　　　　　　　　　　　　　　　　　　**解答** イ

Ⅱ バリューエンジニアリング

　バリューエンジニアリングとは，消費者の立場で商品やサービスの「価値」を，機能とコストの関係から分析，把握する考え方です。バリューエンジニアリングにおける価値は次のような式で表されます。

板書 バリューエンジニアリング

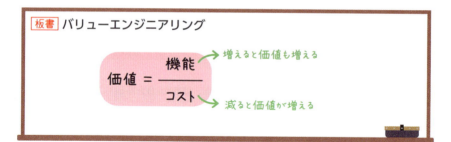

$$価値 = \frac{機能}{コスト}$$

機能 → 増えると価値も増える
コスト → 減ると価値が増える

経営管理システム

Section 4 Chapter 3 経営戦略マネジメント
ストラテジ系

Section 4はこんな話

企業には多岐にわたる業務があります。そのため多くの企業にとって，業務を効率よく進めるための経営管理システムの構築が不可欠です。

1 経営管理システム

　企業経営を効率的に行うために作られるシステムを「経営管理システム」といい，各企業は目的に合ったシステムを導入しています。

Ⅰ CRM

　CRM（Customer Relationship Management：顧客関係管理）とは，企業が顧客と信頼関係を築き，リピーターを増やすような活動を行うことで，企業と顧客双方の利益を向上させることを目指した経営手法です。顧客情報を情報管理システムなどで一元管理することで，顧客と接するすべての部署で情報を共有することができます。

Ⅱ ERP

　ERP（Enterprise Resource Planning：企業資源計画）とは，企業全体の経営資源（ヒト，モノ，カネ，情報）を統合的に管理するための基幹業務システムです。
　各部署が個別に管理するのではなく，経営資源を企業全体で共有することで，部署に関係なくすべての社員が必要なときに必要な経営資源を活用することができます。ERP実現のためのソフトウェア群をパッケージにしたものをERPパッケージといいます。

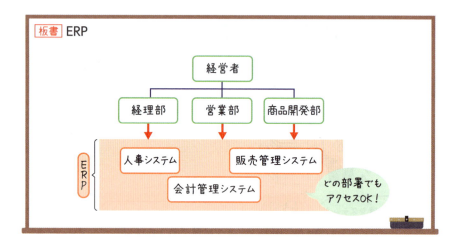

Ⅲ SCM

　SCM（Supply Chain Management：供給連鎖管理）は原材料の調達から製造，販売までの物の流れ（サプライチェーン）を最適化し，経営効率を高めるための経営管理手法です。社内だけでなく他社との連携も含めた全体の最適化・効率化を図る点が特徴です。

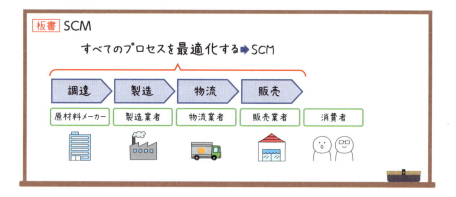

例題 **SCMの導入効果**　　　　　　　　　　　　　　H25秋-問5

　SCMの導入効果として，最も適切なものはどれか。
ア　売掛金に対する顧客の支払状況を迅速に把握できる。
イ　顧客に対するアプローチ方法を営業部門全体で共有できる。
ウ　顧客の要求に合わせてタイムリーに商品を供給できる。
エ　個々の商品への顧客のニーズに対する理解を深めることができる。

解説 SCMは原材料の調達から販売までの一連のプロセスを最適化するため，**ウ**のように需要に合わせて商品を供給することができるようになります。よって答えは**ウ**です。

解答 **ウ**

Ⅳ その他のシステム関連用語

　出題頻度はそれほど高くないものの，システム関連で押さえておきたい用語を解説します。

用語	説明
TOC (Theory Of Constraints)	「制約理論」と訳される。一連のプロセスにおけるボトルネック（＝流れがつまっている部分）を解消し，プロセス全体の最適化を図ろうとする考え方
ナレッジマネジメント	社員の経験やノウハウといった有益な知識を蓄積し，組織全体で共有して業務に活用することにより組織力を高めること
バリューチェーンマネジメント	研究・開発から製品の販売までの一連の業務の流れをバリューチェーン（価値の連鎖）として認識するもの
TQC (Total Quality Control)	「全社的品質管理」と訳される。製品の質の向上に向けて組織的に努力し，品質の向上を図ること。主に製造業などにおいて，製造を担当する製造部門だけでなく，ほかのすべての部門で品質管理に取り組むことを指す
TQM (Total Quality Management)	「総合的品質管理」と訳される。TQCの考え方を経営全般に適用したもの。企業の経営トップが策定した目的をトップダウンで展開し，それを実施計画につなげて，目標達成のために継続的に改善し続けることが重要
シックスシグマ	統計分析手法・品質管理手法を体系的に用いて製品の製造などのプロセスを分析・改善（対策）することで，品質や顧客満足度の向上を目指す経営・品質管理手法

ストラテジ系

Chapter 4
技術戦略マネジメント

直近5年間の出題数

R3	10問
R2秋	12問
R1秋	13問
H31春	4問
H30秋	8問
H30春	4問
H29秋	5問
H29春	3問

- 技術開発戦略とビジネスやエンジニアリング分野のシステムの概要を学習します。
- AIの利活用や，IoTなど，ITにおいて重要なテーマも多いところです。教科書の内容をしっかり理解しましょう。

Section 1 ■ストラテジ系
Chapter 4 技術戦略マネジメント

技術開発戦略の立案

Section 1はこんな話

1年後，3年後，10年後……。どのように企業を発展させたいかを考え，成長戦略を練ることは，企業が存続する上で必須です。ここでは，その中で技術に関する戦略を解説します。

この分野でよく出題される重要なキーワードは，MOTとロードマップです。

1 技術開発戦略

「技術開発戦略」とは，企業の技術に関する方針・計画・戦略のことで，企業が競争優位性を保つために必要です。

1 MOT

MOT（Management of Technology：技術経営）とは，技術革新をビジネスに結びつけようとする経営の考え方のことです。近年，企業の成長戦略において，MOT視点での取組みが重要視されています。

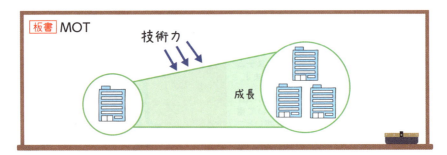

板書 MOT

94

新しい技術が開発されてもすぐに一般化してしまう現代では、イノベーション（技術革新）を起こすために必要かつ有効な考え方としてMOTが位置づけられています。

II プロセスイノベーション・プロダクトイノベーション

イノベーションとは、今までにない技術や考え方から新たなものを生み出し、社会に変化をもたらすことをいいます。技術に限らず、社会的に新たな価値を創造する人や社会、組織の革新的な変化も含まれます。

イノベーションには、開発・製造・販売などの業務プロセスを変革するプロセスイノベーションと、これまで存在しなかった革新的な製品やサービスを生み出すプロダクトイノベーションがあります。

歩留り率
製造した製品のうち、不良品などを除き、最終的に製品になる割合を歩留り率といいます。歩留り率は高いほどよいとされ、一般的にプロセスイノベーションによって向上します。

III イノベーションのジレンマ

業界トップの企業が、顧客のニーズに応えて製品を改良することに注力した結果、後発の企業のイノベーションに後れを取り、やがて市場でのシェアを失うことをイノベーションのジレンマといいます。

例として、日本の老舗メーカの家電があります。顧客の要望を叶えるためにさまざまな機能を追加した結果、「使わない機能」が増え、後発メーカのシンプルかつ安価な家電にシェアを奪われるといったことが起きています。

🐻 技術開発戦略の3つの障壁

技術の開発は、①研究→②開発→③事業化→④産業化の順に進みます。この流れを進めるに当たり、途中で乗り越えるべき障壁を、魔の川【新用語】、死の谷、ダーウィンの海といいます。

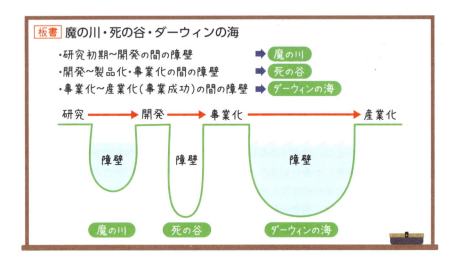

IV ロードマップ

ロードマップは，現在の状況と将来の展望（計画）をまとめた図です。ロードマップのうち，技術開発戦略を進めるときなどに用いられるロードマップを技術ロードマップといい，横軸に時間，縦軸に市場，商品，技術などを示します。

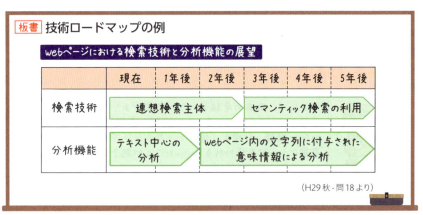

ロードマップは時間軸を考慮して技術投資の予算を計画したり，人員配置の計画を立てたりするときに役立ちます。

Ⓤ APIエコノミー

インターネットで提供されるサービスを他のソフトウェアやWebページで利用する仕組みをAPI（Application Programing Interface）といいます。地図情報を表示するサービスの「Google Map」や配車サービスを提供する「Uber」などがあります。

APIの公開によってビジネスとビジネスがつながり，より付加価値の高いサービスを提供できる仕組みをAPIエコノミー（経済圏）といいます。

Ⓥ その他の用語

その他，技術開発戦略で重要な手法やキーワードは次のとおりです。

ハッカソン	「ハック」と「マラソン」を組み合わせた造語で，ソフトウェアの開発者などが短期間で集中的に開発作業を行い，成果を競い合うイベントのこと
デザイン思考	ユーザが何を求めているかを把握して，その求めているニーズに合わせて製品やサービスをデザインすること
オープンイノベーション	他社や大学，地方自治体などの企業外部との共同研究開発などにより，革新的な新商品やサービスを創出すること
ビジネスモデルキャンバス	ビジネスモデルの構造を可視化したフレームワーク。ビジネスモデルを9つの要素に分類し，1枚の紙に図示する
リーンスタートアップ	無駄がない（lean）と起業（startup）を組み合わせた造語。起業の方法論の1つで，短期間でコストをかけずに試作品を作り，ユーザの反応を観察して次の試作品に反映し，ユーザがより満足できる製品やサービスを開発する手法
ペルソナ法 新用語	ペルソナ（商品やサービスの典型的なユーザ像）が抱える悩みや課題を明確にすることによって，ペルソナのニーズを満たす商品やサービスを開発する手法
バックキャスティング 新用語	未来のあるべき姿（目標）から逆算して，今すべきことを考えていく思考法。既存の方法では解決できない問題に対する解決策を導き出す際に役立つ
VC（Venture Capital）新用語	ベンチャーキャピタルという。ベンチャー企業やスタートアップ企業に投資することやそのための組織。大きなキャピタルゲイン（株式や債券など，保有している資産を売却することによって得られる売買差益）を得ることを目的に行われる
CVC（Corporate Venture Capital）新用語	コーポレートベンチャーキャピタルという。投資を本業としない企業が自社の事業と関連性のあるベンチャー企業に対して投資することやそのための組織。VCの目的とは異なり，本業の成長戦略の一環として行われる

Chapter
4

Section
1

技術開発戦略の立案

97

Section 2 ビジネスシステム

▪ストラテジ系
Chapter 4 技術戦略マネジメント

Section 2はこんな話

ビジネスの分野では、さまざまなシステムを活用して業務が行われています。ここでは、ビジネス分野で使われる代表的なシステム（ビジネスシステム）を解説します。

POSシステムとRFIDの特徴を押さえましょう。

1 ビジネスシステム

I POSシステム

POSはPoint Of Salesの略で、「販売時点情報管理」と訳されます。POSシステムは商品名や売れた時間、売れた数、売れた時点の天気、その買い物の合計金額、買った人の顧客情報などを記録し、集計・分析するシステムです。

IT技術の発展によって、こうした情報をすばやく処理し、業務に生かせるようになりました。

スーパーやコンビニなどでの在庫管理や、マーケティングなどに活用されています。

II ICカード

ICカードは、プラスチックのカードの中に、ICチップ（集積回路）を埋め込んだものです。磁気カードよりも多くの情報を記録でき、ICチップへの情報の格納や情報の暗号化も行っているので偽造されにくいため、交通系ICカード、個人認証カード、図書館カード、ホテルキーなどで広く利用されています。

ICカードには接触型と非接触型があり，電子マネー用のICカードで用いられているのは非接触型ですが，これはICチップを使用して電波による無線通信を行い，認証やデータ記録を行うRFID（Radio Frequency IDentification）という技術が用いられています。

例題 **ICタグの機能**　　　　　　　　　　　　　　　　　　　　H29春-問22

ICタグを使用した機能の事例として，適切なものはどれか。
ア　POSレジにおけるバーコードの読取り
イ　遠隔医療システムの画像配信
ウ　カーナビゲーションシステムにおける現在地の把握
エ　図書館の盗難防止ゲートでの持出しの監視

解説 ICタグは**RFID技術を用いた電子タグ**です。貸出図書にはICタグが貼付され，貸出記録が保存されます。貸出状態になっていない本を図書館外に持ち出そうとすると，盗難防止ゲートで検知される仕組みです。よって答えは**エ**です。

解答 エ

Ⅲ その他のビジネスシステム

その他のビジネスシステムについては，次のとおりです。

SFA (Sales Force Automation)	営業支援システムという。営業活動の効率化を図るためのシステム。情報・業務プロセスを自動化し，営業活動で管理する情報をデータ化して記録・分析する
ICT	「Information and Communication Technology」の略。コンピュータやインターネットなどの情報通信技術を活用した技術全体を指す
スマートシティ	ICTを活用して地域の機能やサービスを効率化し，地域問題の解決，活性化を目指す街づくりのこと
トレーサビリティ	製品の流通経路が生産から廃棄まで追跡できる状態のこと。ICタグの普及などにより向上してきている
デジタルツイン 新用語	現実空間（物理空間）の環境を仮想空間に再現することで，精度の高いシミュレーションを可能にする技術
サイバーフィジカルシステム (CPS) 新用語	現実空間（物理空間）に存在するあらゆるデータを，サイバー空間でコンピュータ技術を活用して解析し，その結果を現実空間にフィードバックする技術

2 AI（人工知能）の利活用

※AIについての技術的な解説は，Chapter9を参照してください。

Ⅰ 人間中心のAI社会原則 新用語

内閣官房が2019年に発表した「人間中心のAI社会原則」では，AIの利用に関して次のように定めています。

板書 **人間中心のAI社会原則（一部抜粋）**

★「AI社会原則」として，7つの原則が掲げられている

1. 人間中心の原則
2. 教育・リテラシーの原則
3. プライバシー確保の原則
4. セキュリティ確保の原則
5. 公正競争確保の原則
6. 公平性，説明責任及び透明性の原則
7. イノベーションの原則

このほか，AIについては，欧州連合（EU）よって発表された「信頼できるAIのための倫理ガイドライン（Ethics guidelines for trustworthy AI）」や，人工知能学会（JSAI）による「人工知能学会倫理指針」などが定められています。2019年には，AIの利用者・提供者がAIを利活用するうえで留意すべきことをまとめたAI利活用ガイドラインが公表されました。

Ⅱ 特化型AIと汎用AI 新用語

限定された課題に特化して学習や処理を行う人工知能を特化型AIといい，人間と同じように考え，行動し，さまざまな課題の処理が可能な人工知能を汎用AIといいます。

私たちが接しているのは特化型AIで，汎用AIは現時点ではまだ実現されていません。

III AIによる認識 新用語

画像認識は，AIがもつ代表的な機能の1つです。画像などの大量の学習データから特徴を学習し，対象物を識別します。

スマートフォンの顔認証システムや工場での不良品検知など，幅広い分野で実用化されています。

その他，音声認識，自然言語処理などでもAIが活用されています。

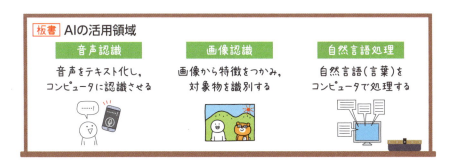

Ⅳ AIによる自動化 新用語

近年，AIによる業務の自動化が進んでいます。代表的な例としてRPA（Robotic Process Automation）があります。RPAとは，ロボットによる業務の自動化のことです。RPAには，定型的な処理を登録しておき，それを繰り返し実行します。データの入力や更新など，これまで人の手で行っていた業務を自動化することにより，業務負担の軽減や人件費の削減などが実現できます。

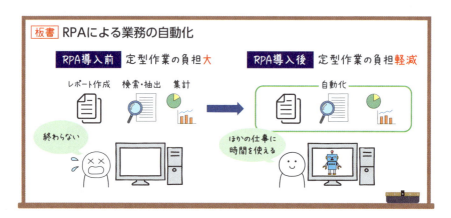

Ⅴ AIを利活用するときの注意点 新用語

AIは常に公正・正確であるとは言い切れません。ここではAIに生じうる主なバイアス（偏り）を4つ紹介します。

統計的バイアス	母集団から抽出した標本の分布と母集団の分布を比較した際に，偶然ではない「ずれ」がある，すなわち母集団の中から標本が平等に選ばれていないこと。いわゆる標本の偏り
社会の様態によって生じるバイアス	人種差別，ジェンダー差別などがデータに反映されてしまうこと
AI利用者の悪意によるバイアス	悪意をもった人が差別用語や不適切な内容をAIに学習させ，それによって処理されたデータに生じるバイアス
アルゴリズムのバイアス	AIシステムの出力から生じる公平性の欠如

このようなバイアスが生じることを念頭に置いて、データを利活用する必要があります。

VI トロッコ問題 新用語

ある人を助けるために別の人を犠牲にしなければならないという状況において、人の道徳観・倫理観が問われる思考実験を<mark>トロッコ問題</mark>といいます。自動車の自動運転などにおいて同様の状況が生じた際、AIはどのように判断するのが正しいのかが世界中で議論されています。

VII その他の用語

その他の関連用語は次のとおりです。

AIアシスタント 新用語	iPhoneに搭載されている「Siri」やGoogle製のスピーカなどに搭載されている「Googleアシスタント」のように、音声を認識して質問などに応えてくれるAI技術
AIサービスの責任論 新用語	仮にAIが暴走して人や物を傷つけた場合に、誰がどのような責任を負うのかという問題に関する議論

3 行政分野のシステム

行政の代表的なシステムとして、電子申請や電子届出などのシステムがあります。代表的なシステムは次のとおりです。

電子入札	ネットワーク経由で行う入札システム
マイナンバー	日本に住民票があるすべての人がもつ12桁の番号。社会保障、税、災害対策の分野で個人の情報を結びつけるために活用されている。マイナンバーが記載されたICチップつきの顔写真つきカードをマイナンバーカードという
マイナポータル 新用語	政府が運営するオンラインサービス。行政手続をワンストップで行うことができたり、行政からのお知らせを確認することができる

Section 3

■ストラテジ系
Chapter 4 技術戦略マネジメント

エンジニアリングシステム

Section 3はこんな話

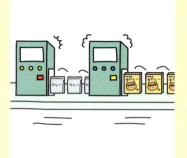

設計や製造，生産管理などを人の手だけで行うには限界があります。効率化を図るさまざまな「エンジニアリングシステム」が広く活用されています。

この分野ではCADに関する問題がよく出題されます。

1 エンジニアリング分野におけるIT活用

　エンジニアリングは「工学技術」と訳され，生産工程の自動化を図るためのシステムのことをエンジニアリングシステムといいます。ここでは，代表的なエンジニアリングシステムの特徴や考え方を確認しましょう。

1 CADとCAM

　この分野でよく出題されるのが，CAD（Computer Aided Design）です。CADとは，コンピュータを利用して，工業製品や建築物などの設計・製図を行うことをいいます。
　CADで作成された設計図に基づき，工作機械を動かすためのデータを生成・出力するためのシステムをCAM（Computer Aided Manufacturing）といいます。

CADを導入すると，手作業と比べ設計・製図にかかる時間を短縮できるだけでなく，過去に利用した設計データを再利用することで作業の効率化も実現します。

2 コンカレントエンジニアリング

製品の企画・設計・生産などの各工程をできるだけ並行して進めることによって，全体の開発期間を短くする手法をコンカレントエンジニアリングといいます。

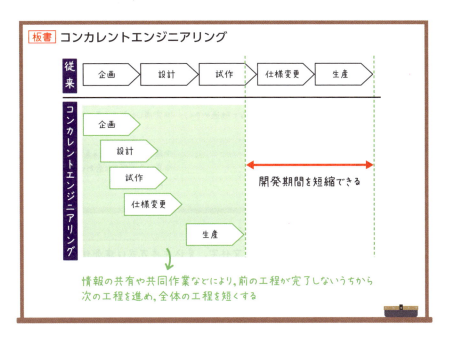

FMS (Flexible Manufacturing System：フレキシブル生産システム)

近年，消費者のニーズが多様化したことにより，1つの製品を大量に作るのではなく，いろいろな種類の製品を少しずつ作ることが求められるようになってきました。工場では基本的に1つのラインで1つの製品を製造しますが，作る製品を固定せず，1つのラインで複数の製品を作れるようにした柔軟性の高いシステムを，FMS（フレキシブル生産システム）といいます。

Ⅲ 生産方式

製品の生産方式には,顧客からの注文を受けてから生産・出荷する受注生産方式と,あらかじめ生産しておいて,注文を受けてから出荷する見込生産方式の2種類があります。それぞれのメリット・デメリットは次に示すとおりです。

板書 受注生産方式と見込生産方式

	メリット	デメリット
受注生産方式	◆店舗は在庫を抱えなくてよい ◆買い手の好みに合わせるなど融通がきく	◆注文から届くまでに時間がかかる ◆完成した製品を見て選べない
見込生産方式	◆注文してすぐ買える ◆完成した製品を見て選べる	◆店舗は在庫を抱えるリスクがある ◆買い手の好みに合わせるなどの融通がきかない

受注生産方式は注文住宅,見込生産方式は建売住宅のようなものと考えておけばよいでしょう。

例題 受注生産方式と見込生産方式　　H28秋-問10

受注生産方式と見込生産方式を比較した場合の受注生産方式の特徴として,適切なものはどれか。
ア　受注時点で製品の出荷はできないが,製品が過剰在庫となるリスクはない。
イ　受注予測の精度を上げて,製品の在庫量を適正に維持することが求められる。
ウ　製品の在庫不足によって,受注機会を損失するリスクを伴う。
エ　製品の受注予測に基づいて立案した生産計画に従って,製品を生産する。

解説　受注生産方式は顧客からの注文を受けてから生産・出荷する生産方式のため,受注時点で製品の出荷はできないものの,製品が過剰在庫となるリスクはありません。イ～エは見込生産方式の特徴です。よって,答えはアです。

解答　ア

Ⅳ JITとかんばん方式

必要なときに，必要なものを，必要なだけ生産または調達する方法をJIT（Just In Time）といいます。

JITの具体的な実現策に，かんばん方式があります。かんばん方式とは，後の工程が必要な分だけ前工程に取りに行くことで，作業量や在庫過多を削減する生産管理方法です。トヨタ自動車によって考案されました。

Ⅴ その他の用語

その他，エンジニアリング分野で重要な用語は次のとおりです。

リーン生産方式	かんばん方式などの管理手法を取り込み，無駄を省いてトータルコストを削減することで，多品種大量生産を効率的に行う生産方式
MRP（Material Requirements Planning）	資材所要量計画と訳される。製品の生産に必要な資材を，適切に発注するために用いられる仕組み。MRPでは，各製品の生産に必要な部品数を洗い出し，在庫量と照らし合わせて発注量を決定する

Section 4 e-ビジネス

■ストラテジ系
Chapter 4 技術戦略マネジメント

Section 4はこんな話

ネットショッピングをはじめとしたインターネット上の取引（電子商取引）は，私たちの生活に欠かせないものになっています。ここでは，電子商取引の特徴や活用例を見ていきましょう。

ロングテールなどの用語がよく出題されます。

1 電子商取引（EC）の特徴

インターネットで契約や決済などの商取引を行うことを，**電子商取引（Electronic Commerce：EC）**といいます。電子商取引による商品販売は，店舗を出して販売する場合と比べ，場所や時間を取らない分コストが大幅に削減できるため，市場へ参入するハードルが下がります。

I ロングテール

マイナー商品の売上総額が売れ筋商品の売上に匹敵する現象を，**ロングテール**といいます。「ロングテール」の語源は英語の「Long Tail（長いしっぽ）」で，販売コストの低いECサイトは，ロングテールが顕著になりやすい傾向があります。

インターネット通販では，ロングテールに基づいた販売戦略により，実店舗（リアル店舗）との差別化を図っています。

インターネット通販では，売れ筋商品だけを見るのではなく，ロングテールの売上も考えてバランスのよい商品展開をすることです。

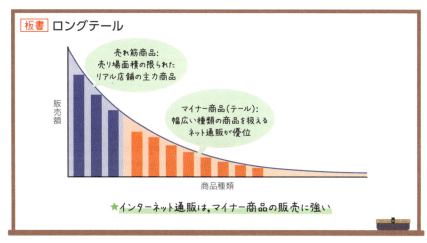

商品を売上順にグラフで並べたとき、売れ筋商品の横で売上の低い商品がしっぽのように見えることからロングテールと名付けられました。

Ⅱ フリーミアム 新用語

　フリーミアムとは、フリー（Free）とプレミアム（Premium）を組み合わせた造語です。基本料金は無料で、料金を支払えば継続利用や機能の追加が可能になる仕組みのビジネスモデルです。

2 電子商取引（EC）に関する用語

　電子商取引（EC）はインターネット通販だけではありません。ここでは、試験で問われる電子商取引の分類に関する用語を解説します。

Ⅰ O2O（Online to Offline）

　インターネット上（オンライン）での活動を、店頭など（オフライン）での購買や集客に生かす仕組みをO2O（Online to Offline）といいます。

例えば，オンラインで配信されたクーポンやポイントを店舗で使うことなどがあります。

II FinTech

FinTech とは，金融（Finance）と技術（Technology）を組み合わせた造語で，銀行などの金融機関においてIT技術を活用し，これまでにない革新的なサービスを開拓することをいいます。

身近な例では，スマートフォンアプリと銀行口座またはクレジットカードを連携させた決済サービスや，銀行口座と連携できる個人向けの家計簿サービスなどがあります。

III EDI

EDI（Electronic Data Interchange：電子データ交換）とは，企業間での受発注や決済などの業務において，書式や通信手段を統一し，電子的に情報交換を行うことです。

IV EFT 新用語

EFT（Electronic Fund Transfer：電子資金移動）とは，銀行券や手形といった「紙」を使わず，コンピュータネットワークを利用して送金や決済を行うことです。

V キャッシュレス決済 新用語

紙幣・硬貨といった現金を使わずに支払いを行う仕組みをキャッシュレス決済といいます。クレジットカードや電子マネー，口座振替のほか，スマートフォンのキャリア決済，非接触IC決済，QRコード決済などが含まれます。

VI クラウドファンディング

クラウドファンディングとは，群衆（crowd）と資金調達（funding）を組み合わ

せた造語で，夢や活動を支援してくれる（資金を出してくれる）人をインターネットで集める仕組みのことです。

3 電子商取引(EC)の利用

I エスクローサービス

商品の売り手と買い手の間に立ち，代金の受け渡しを仲介するサービスをエスクローサービスといいます。

個人対個人の取引では，売り手は買い手が本当に代金を支払ってくれるのか不安です。一方で，買い手は代金を支払っても本当に商品が届くかどうか不安です。こうした両者の不安を解消する仕組みが，エスクローサービスです。

売買が成立すると，買い手は代金をエスクロー事業者に支払い，支払いが完了したことを確認した売り手は商品を発送します。商品が買い手のもとに届き，確認した時点でエスクロー事業者から売り手に代金が支払われ，取引が完了します。

近年利用者が増加している「フリマアプリ」もエスクローサービスの一種です。

II 暗号資産

インターネットを介して不特定多数に対する代金の支払いに使用できる財産的価値を暗号資産といいます。国によって価値が保証される通貨（法定通貨）ではありませんが，低コストかつ送金スピードが速いといわれています。代表的な暗号資産にビットコイン（Bitcoin）やイーサリアム（Ethereum）などがあります。

暗号資産の利用にはリスクが伴うため，暗号資産交換業者から契約の内容などの説明を受け，取引内容やリスク，手数料などを把握しておくことが推奨されます。

| 例題 | 暗号資産 | R3-問25 |

暗号資産に関する記述として，最も適切なものはどれか。
ア　暗号資産交換業の登録業者であっても，利用者の情報管理が不適切なケースがあるので，登録が無くても信頼できる業者を選ぶ。
イ　暗号資産の価格変動には制限が設けられているので，価値が急落したり，突然無価値になるリスクは考えなくてよい。
ウ　暗号資産の利用者は，暗号資産交換業者から契約の内容などの説明を受け，取引内容やリスク，手数料などについて把握しておくとよい。
エ　金融庁や財務局などの官公署は，安全性が優れた暗号資産の情報提供を行っているので，官公署の職員から勧められた暗号資産を主に取引する。

解説　暗号資産の利用にはリスクが伴うため，暗号資産交換業者から契約の内容などの説明を受け，取引内容やリスク，手数料などを把握しておくことが推奨されます。よって，答えはウです。
ア　暗号資産交換業に登録されていない業者とは，取引を行ってはいけません。
イ　暗号資産には株価のように上限や下限が設けられていないため，価値の急落や突然無価値になるリスクがあります。
エ　官公署の職員が暗号資産の取引を勧めることはありません。

解答　ウ

Ⅲ クラウドソーシング

インターネット上で不特定多数の人に業務を発注する仕組みをクラウドソーシングといいます。群衆を意味する「クラウド」と，外部委託を意味する「アウトソーシング」を組み合わせた造語です。

Section 5 ■ストラテジ系
Chapter 4 技術戦略マネジメント

IoT・組込みシステム

Section 5はこんな話

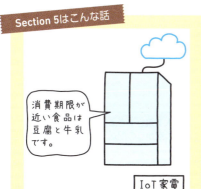

従来は単独で存在し，使うだけだったテレビやエアコン，冷蔵庫といった家電，その他身の回りにあるいろいろなモノも，インターネットにつながることでより便利で多彩なサービスが提供されるようになりました。

IoTと組込みシステムの特徴を押さえましょう。

1 IoTを利用したシステム

IoTは「Internet of Things」の略で，「モノのインターネット」と訳されます。家電や自動車，産業機器など<u>さまざまなモノがインターネットとつながること</u>を意味します。

IoTを活用した有名な例に，家電を遠隔操作するシステムがあります。外出先からエアコンの電源を操作したり，温度や風量を調整したりできます。

ほかに，Wi-Fiを搭載した電気ポットの例もあります。離れて暮らす家族が電気ポットを使ったかどうかを確認し，使用履歴が確認できない場合は家族にメールで通知されるというシステムです。電気ポットという身近なものがインターネットにつながることで，見守る役割を果たしています。

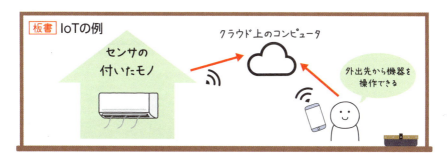

いずれのシステムも，センサを搭載した「モノ」と「インターネット」がつながることがポイントです。近年はスマートフォンに搭載された多様なセンサから収集したビッグデータがビジネスに活用されています。

■ その他の用語

その他の関連用語は次のとおりです。

用語	説明
ドローン	遠隔操作や自動制御により，無人で飛行できる航空機。IoTを活用し空からの測量，ネットショップの空からの配送，空撮などで利用されている
コネクテッドカー	インターネットを介して情報を集積，処理するIoT機能をもつ自動車。自動運転や緊急通報，車両管理などさまざまなサービスが実現可能とされている
ワイヤレス給電	ケーブルによる接続が不要で，電磁波などを用いて電力を供給する仕組み
CASE 新用語	100年に一度と言われる，自動車産業における大変革期を表す言葉。Connected（接続），Autonomous（自動運転），Shared & Services（シェアリングとサービス），Electric（電動化）の頭文字を取った造語
MaaS (Mobility as a Service) 新用語	IoTを活用し，すべての交通機関による移動を1つのサービスに統合する概念
マシンビジョン 新用語	カメラで検査対象物の画像をシステム上に取り込み，製品検査を行うシステム
HEMS (Home Energy Management System) 新用語	家庭内での節電のために，使用するエネルギーを可視化し管理するためのシステム。電力消費の最適制御を行う。IoTと組み合わせることで電力・ガス会社は使用量の把握や状態監視が可能となる
ウェアラブルデバイス	腕や足，頭などに装着して使う情報端末。代表的なものにスマートウォッチがある
スマート農業 新用語	ロボットやAI，IoTなどを活用し，自動化や省力化，生産物の品質向上などを実現する農業

| 例題 | IoT | R2秋-問10 |

IoTに関する事例として，最も適切なものはどれか。
ア インターネット上に自分のプロファイルを公開し，コミュニケーションの輪を広げる。
イ インターネット上の店舗や通信販売のWebサイトにおいて，ある商品を検索すると，類似商品の広告が表示される。
ウ 学校などにおける授業や講義をあらかじめ録画し，インターネットで配信する。
エ 発電設備の運転状況をインターネット経由で遠隔監視し，発電設備の性能管理，不具合の予兆検知及び補修対応に役立てる。

解説 IoTはさまざまなモノがインターネットとつながることを意味します。**エ**は発電設備（モノ）がインターネットとつながることで，管理しやすくする事例であるため適切です。よって，答えは**エ**です。
ア SNSの記述です。
イ ターゲティング広告（ターゲットを絞って表示する広告）の事例です。
ウ e-ラーニングの事例です。

解答 **エ**

2 組込みシステム

組込みシステムとは，テレビや洗濯機などの家電・自動車・製造ロボットなどに組み込まれているコンピュータシステムのことです。

パソコンのように，ソフトウェアを入れることでさまざまな機能をもてるものではなく，特定の用途に特化しているのが特徴です。

組込みシステムで動くソフトウェアを，組込みソフトウェアといいます。

Chapter
4

Section
5
IoT・組込みシステム

115

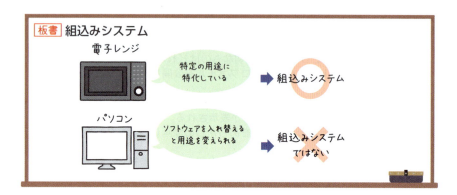

例題 組込みシステム　　　　　　　　　　　H25秋-問16

　a～dの機器のうち，組込みシステムが実装されているものを全て挙げたものはどれか。
a　飲料自動販売機
b　カーナビゲーション装置
c　携帯型ゲーム機
d　携帯電話機
ア　a, b　　イ　a, b, c, d　　ウ　a, c, d　　エ　b, c

解説 a～dの機器は，どれもソフトウェアを入れてさまざまな機能をもてるものではなく，**特定の用途に特化**しているため，**すべてが組込みシステム**です。よって答えは**イ**です。

解答　イ

その他の用語

その他，組込みシステム関連の用語は次のとおりです。

ファームウェア	ハードウェアを制御するための基本的なソフトウェア。組込みシステムでも用いられている
ロボティクス	ロボットの設計，制作，コントロールに関する学問や研究のこと。「ロボット工学」ともいう

ストラテジ系

Chapter 5

システム戦略

直近5年間の出題数

R3	9問
R2秋	7問
R1秋	4問
H31春	10問
H30秋	6問
H30春	7問
H29秋	8問
H29春	9問

● 情報システム戦略について学習します。中でもシステム化計画は，Chapter6につながる内容ですので，ここでは全体像を理解しましょう。

● 業務プロセスからの出題が多いです。用語の定義を正確に覚えましょう。

Section 1 ■ストラテジ系
Chapter 5 システム戦略

情報システム戦略

Section 1はこんな話

情報システムを導入する際は「導入したら業務がどう改善するか」を第一に考えることが大切です。そのためには，「企業のあるべき姿」を念頭においた戦略が必要です。

情報システム戦略を立てるポイントとEAの内容を理解しましょう。

1 情報システム戦略

　企業における情報システムとは，企業が業務を遂行するために構築する，コンピュータやネットワーク，ソフトウェア等で構成されたシステムのことです。ソフトウェアには会計やデータ処理，数値計算といったものが含まれます。こうした情報システムを活用する方針を企業が定めることを，情報システム戦略といいます。

1 情報システム戦略の立案

　情報システム戦略は，経営戦略の内容をふまえて策定されるものです。情報システム戦略を定めるといっても，行き当たりばったりに方針を決めたのでは戦略とはいえません。業務の現状を正しく把握し，適切に導入する必要があります。
　情報システム戦略を立てる際に考慮すべき事項をまとめると，次のとおりです。

板書 **情報システム戦略立案のポイント**

◆ 経営戦略との整合性を図る

◆ 部分最適ではなく全体最適を図る

↓ ある部門では最適なやり方であっても、組織全体で見ると必ずしも最適とはいえないこと

↓ 個別の局面では最適でない部分があるにしても、組織全体で見ればよい方向へと向かうこと

企業の情報システム戦略はCIO(Chief Information Officer)が責任をもちます(Ch1 Sec2参照)。

例題 **情報システム戦略** H28秋-問8

経営戦略に基づき全社の情報システム戦略を策定し、それを受けて個別システムについての企画業務、開発業務を行う。このとき、全社の情報システム戦略を策定する段階で行う作業として、最も適切なものはどれか。
ア システム移行計画の立案　　イ システムテスト計画の立案
ウ 情報化投資計画の立案　　　エ 調達計画の立案

解説 選択肢のうち、情報システム戦略を策定する段階で行うのは「情報化投資計画の立案」であるため、ウが正解です。その他の選択肢は、情報システム戦略を定めたあとの、個別のシステムに関して検討する段階で行う作業です。

解答 ウ

---

2 EA（エンタープライズアーキテクチャ）

EA（Enterprise Architecture） とは、比較的規模の大きな企業における、情報システム全体の基本設計（アーキテクチャ）で、情報システムの基本設計を見直して全体最適を図るために用いられる考え方です。

Ⅰ EAの4つの要素

EAは，業務プロセスや情報システムの構造，利用する技術などを，次の4つの要素に体系立てて整理するものです。

ビジネスアーキテクチャ（BA）	政策・業務体系。ビジネスや業務活動を体系化した層
データアーキテクチャ（DA）	データ体系。企業・組織が利用する情報の構成を体系化した層
アプリケーションアーキテクチャ（AA）	適用処理体系。ビジネス活動で用いる情報システムの構造を体系化した層
テクノロジアーキテクチャ（TA）	技術体系。情報システムの構成要素（ハードウェアやソフトウェア，ネットワークなど）を体系化した層

EAで用いられる分析手法に，「現状」と「企業があるべき姿」を比較し，課題を明らかにするギャップ分析という手法があります。

3 その他の関連用語

情報システム戦略に関する，その他の用語を以下にまとめました。

エンタープライズサーチ	企業内に存在する有効な情報（Webサイト，データベースなど）を効率的に探索する概念やシステム。エンタープライズサーチエンジンや企業向け検索エンジンということもある
SoR（Systems of Record）	データを正確に記録する処理や信頼性が重視されるシステムを指す。企業の基幹系システムなどが該当する
SoE（Systems of Engagement）	企業と顧客間で優良な関係を構築することを主眼に置き，利便性や機能更新の速度などが重視されるシステムを指す。ソーシャル機能を備えたモバイルアプリケーションなどが該当する
EUC（End User Computing）	システムを使う現場のエンドユーザが，システムやソフトウェアの開発・運用・管理に携わること

Section 2 ■ストラテジ系
Chapter 5 システム戦略

業務プロセス

Section 2はこんな話

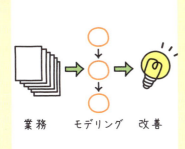

業務の手順ややり方（業務プロセス）を効率化すれば，日々の仕事がより円滑になります。まずは分析により現状の業務プロセスを把握し，改善への取組みを進めます。

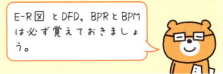

E-R図とDFD，BPRとBPMは必ず覚えておきましょう。

1 モデリング

　業務プロセスの分析には，**モデリング**という手法が用いられます。**モデリング**とは，広義には**物体や事象の共通点を抽出し，抽象化すること**をいいます。試験では，業務を図式化し，効率的に業務が行われているかどうかを分析する「業務のモデリング」の問題が出題されることがあります。

Ⅰ 代表的なモデリング手法

　代表的なモデリング手法に，**E-R図**と**DFD**があります。

🐻 E-R図

　E-R図（**Entity Relationship Diagram**）は，**要素（実体）同士の関係を示した図**です。「E」はEntity（実体），「R」はRelationship（関係）の頭文字です。E-R図によって**業務における各要素間の関係が可視化され，分析がしやすくなります**。要素間の関係を図で把握できます。

E-R図を作るとデータの関係性がわかるため、データベースの設計にもよく使われます。E-R図の詳細はChapter14 Section2で解説します。

DFD

DFD（**Data Flow Diagram**：データフロー図）は業務で扱う<mark>データ（Data）の流れ（Flow）</mark>に着目し、4つの記号を用いて図式化することで、<mark>業務の処理手順をモデリングする方法</mark>です。試験では、複数の図の中からDFDの適切な記述例を選択する問題がよく出題されます。

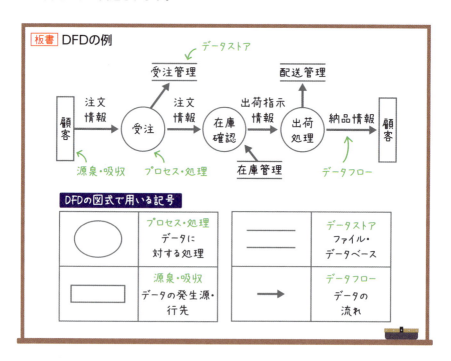

122

> DFDは、データが「どこから来て」、「どのような処理がされ」、「どこへ行くのか」を明らかにすることで、データの流れに関係する問題点を見つけ出す目的で使われます。

例題 DFD　　　　　　　　　　　　　　　　　　H27秋-問8

図のDFDで示された業務Aに関する，次の記述中のaに入れる字句として，適切なものはどれか。ここで，データストアBの具体的な名称は記載していない。

業務Aでは，出荷の指示を行うとともに，　a　などを行う。

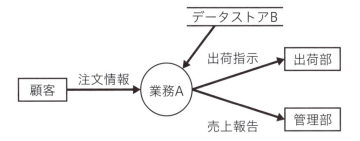

- ア　購買関連のデータストアから，注文のあった製品の注文情報を得て，発注先に対する発注量の算出
- イ　顧客関連のデータストアから，注文のあった製品の売上情報を得て，今後の注文時期と量の予測
- ウ　製品関連のデータストアから，注文のあった製品の価格情報を得て，顧客の注文ごとの売上の集計
- エ　部品関連のデータストアから，注文のあった製品の構成部品情報を得て，必要部品の所要量の算出

解説 図より，業務Aでは出荷部への出荷指示とともに管理部への売上報告を行っていることがわかります。売上報告を行うには**顧客の注文ごとの売上を集計する必要があり**，これは**注文数×価格**で計算できます。注文数は注文情報から得られますが，製品の価格情報はデータストアから取得する必要があります。よって答えは**ウ**です。

解答　ウ

2 業務プロセスの改善

モデリングで明らかになった業務プロセスの問題点は，改善しなければなりません。ここでいう業務プロセスとは，仕事のやり方や手順を指します。代表的な業務プロセスの改善手法にはBPRとBPMの2つがあり，それぞれの違いを問う問題がよく出題されます。

I BPR

企業の目標を達成するために業務プロセスを全面的に見直し，改善することをBPR（Business Process Reengineering）といいます。

企業活動や組織構造，業務フローなどを抜本的に改善することで，部分最適ではなくより強力に全体最適を目指す取組みです。

II BPM

業務プロセスを長期的な視点で継続的に改善することをBPM（Business Process Management）といいます。「業務プロセスのPDCAサイクルを継続的に回し，業務の成果を上げる」と言い換えることもできます（PDCAサイクルの詳細はChapter16 Section2を参照）。

BPRとBPMは混同しやすい用語ですが，BPRの「R（Reengineering）」には「再構築（抜本から見直す）」という意味があるので，覚えておくとよいでしょう。BPRで業務プロセスを再構築したら，日々，改善（BPM）を行っていくイメージです。

ワークフロー

ワークフローは，一般的には「業務の流れ」という意味で使われる言葉です。一方で，業務の手続きを電子化し，業務負担を軽減することもワークフローといい，稟議書の承認や経費精算などの手続きをネットワークを介して実現するシステムをワークフローシステムといいます。

III システム化による業務効率化

業務プロセスを改善するために，ほかにもさまざまな情報システムや仕組みが用意されています。BPR，BPMよりは出題頻度が低いものの，意味を理解しておいたほうがよい用語を解説します。

グループウェア	ネットワークを利用して組織内の情報を共有したりコミュニケーションを図ることで，業務の効率を上げるソフトウェア。電子メールや電子掲示板，スケジュール管理，会議室予約システム，ファイル共有などの機能がある
CMS（コンテンツ管理システム）	「Contents Managements Systems」の略。「WordPress」に代表される，Web制作の専門知識がなくてもWebサイトの制作や更新ができるシステム。活用すればWebサイト管理の負担が軽減される

🐻 BYOD

社員が個人で所有する携帯電話やスマートフォン，パソコンなどのデバイスを業務で使うことをBYOD（Bring Your Own Device）といいます。

使い慣れたデバイスが使えるというメリットがある一方で，情報流出など，セキュリティ上のリスクが大きいというデメリットがあり，適切な対策が必要です。

板書 BYODのメリット／デメリット

メリット
- 使い慣れている端末なのでスムーズに操作できる
- 会社が端末を購入する費用を削減できる

デメリット
- 情報漏えいなどのセキュリティリスクが高まる
- 仕事とプライベートの境目が曖昧になる
- 通信料などのコストが社員の負担になる

Ⅳ コミュニケーションのためのシステム活用

SNS（ソーシャルネットワーキングサービス）は，twitterやFacebookのようなインターネット上の情報共有サービスです。プライベートの利用だけでなく，企業内・外でも業務上有益な人脈を作るなど，ビジネスシーンでも活用されています。

ほかにも，さまざまなシステムがコミュニケーションやビジネスに活用されています。

● シェアリングエコノミー

インターネットを介して個人間でモノ，スペース，スキルなどの共有や貸し借りをする仕組み（サービス）をシェアリングエコノミー（共有経済）といいます。自動車を複数の顧客で共有するカーシェアリングサービス，住宅の空き部屋を提供する民泊サービスのほか，数多くのサービスがあります。

● ライフログ

人間の生活や行動，体験を映像，音声，位置情報といったデジタルデータで記録する技術，あるいは記録そのものをライフログといいます。スマートフォンを利用した歩数や消費カロリーの記録などがあります。

情報銀行とPDS 新用語

情報銀行とは，行動履歴や購買履歴などを含む個人情報に紐づいたデータをユーザから預かり，ユーザが同意する範囲で第三者に提供する仕組みをいいます。個人情報を蓄積し，管理する「PDS（Personal Data Store）」というシステムが利用されています。

Section 3 ソリューションビジネス

■ストラテジ系
Chapter 5 システム戦略

Section 3はこんな話

重要なデータが詰まったサーバをどのように保管するかは，多くの企業にとって永遠の課題です。さまざまなサービスの中から，企業は予算と人員にあったサービスを選択して運用します。

ハウジングサービス，ホスティングサービス，クラウドコンピューティングに関する問題がよく出題されます。

1 ソリューションビジネス

ソリューションとは，「解決（策）」という意味です。ソリューションビジネスとは，顧客との信頼関係を築き，顧客の問題点を把握し，問題解決案を提案することで，経営上の課題解決への支援を行うことをいいます。

Ⅰ ハウジングサービス

データセンターという耐震設備や回線の設備が整っている施設で，一定の区画をサーバの設置場所として提供するサービスのことをハウジングサービスといいます。ハウジングサービスを利用する場合は，自社のサーバを社外のデータセンターに預け，自社から遠隔で管理します。サーバの持ち主は自社なので，保守・管理も自社で行います。

自社で設備を保有していても，自然災害などに備えるため，バックアップ用のサーバをデータセンターに預ける場合もあります。

2 ホスティングサービス

インターネット経由でサーバの機能を貸し出すサービスのことを，**ホスティングサービス**といいます。レンタルサーバともいいます。このサービスを利用する場合は自社でサーバを用意する必要はなく，社外のサーバ（ホスティングサービスの事業者が用意したサーバ）を借ります。ハードウェアの保守・管理は社外（サーバの持ち主であるホスティングサービスの事業者）で行います。

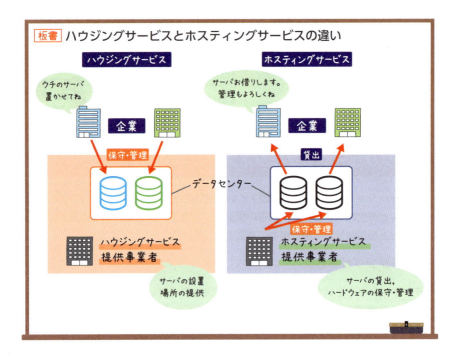

3 クラウドコンピューティング

インターネット経由でデータベース，ストレージ（データの保管場所），アプリケーションなどのIT資源を提供するサービスを，**クラウドコンピューティング**といいます。

サービスの内容によって，SaaS（Software as a Service）・PaaS（Platform as a Service）・IaaS（Infrastructure as a Service）・DaaS（Desktop as a Service）の4つに分類されています。

SaaS	インターネット経由でアプリケーションを提供するサービスのこと
PaaS	インターネット経由でアプリケーションの稼働に必要な基盤を提供するサービスのこと
IaaS	インターネット経由でストレージやサーバ，ネットワークなどのインフラ機能を提供するサービスのこと
DaaS	仮想デスクトップ環境を提供するサービスのこと

試験ではSaaSがよく出題されます。「インターネット経由でアプリケーションを提供するサービス」を問われたらSaaSと答えられるようにしておきましょう。

> **例題** SaaS　　　　　　　　　　　　　　　　H27秋-問5
>
> 　自社で利用する購買システムの導入に当たり，外部サービスであるSaaSを利用した事例はどれか。
> ア　サービス事業者から提供される購買業務アプリケーションのうち，自社で利用したい機能だけをインターネット経由で利用する。
> イ　サービス事業者から提供されるサーバ，OS及び汎用データベースの機能を利用して，自社の購買システムを構築し，インターネット経由で利用する。
> ウ　サービス事業者から提供されるサーバ上に，自社の購買システムを構築し，インターネット経由で利用する。
> エ　自社の購買システムが稼働する自社のサーバをサービス事業者の施設に設置して，インターネット経由で利用する。
>
> **解説** SaaSは，サービス事業者がインターネット経由でアプリケーションを提供するサービスです。
> イ　PaaSの記述です。
> ウ　ホスティングサービスの記述です。
> エ　ハウジングサービスの記述です。
>
> **解答** ア

オンプレミス

自社内にサーバ設備を保有して運用することを，**オンプレミス**といいます。ハードウェアからソフトウェアまで自社内で完結するため安全性が高く，設定が自由にできる，変更に対応しやすいなどのメリットがあります。一方で初期の導入コストが高い，管理や障害対応ができるスタッフが必要などのデメリットもあります。

🐻 ASP

業務で必要なアプリケーションなどを**インターネット経由で利用可能にするサービスや事業者（プロバイダ）**のことを **ASP**（Application Service Provider：アプリケーションサービスプロバイダ）といいます。

SaaSとよく似ていますが，SaaSでは1つのサービス機能を複数の会社で共有する（マルチテナント）のに対し，ASPでは1つのサービス機能を1つの会社が使う（シングルテナント）点が異なります。

IV システムインテグレーション

システムインテグレーション（SI：System Integration）とは，システムを導入したい企業に代わって，システムインテグレーション事業者がシステムの企画から構築，運用，保守までの作業を一貫して提供することです。システムインテグレーション事業者はSIer（エスアイアー）とも呼ばれています。

V アウトソーシング

仕事の一部を外部へ委託することを，アウトソーシングといいます。アウトソーシングは，単に内部資源の不足を補うための方策ではなく，情報システムの迅速な構築，必要機能のタイムリーな実現，予算・人員の有効配分など，戦略的な観点から広く活用されています。

情報システムと関連する業務を一体化して外部に委託するBPO（Business Process Outsourcing）も，アウトソーシングの1つです。

また，海外の事業者や子会社へアウトソーシングする形態をオフショアアウトソーシングといいます。オフショア（Offshore）には，「沖合，海外の」という意味があります。

VI PoC

IoTやAIといった新たな概念や着想，理論などの実現可能性を実証するために，部分的な実証実験やデモンストレーションを行うことをPoC（Proof of Concept：概念実証）といいます。開発の前段階に行う検証で，机上の空論ではなく「実際にモノを試作して使ってもらう」といった検証を行います。

Section 4

▪ ストラテジ系
Chapter 5 システム戦略

システムの活用と促進

Section 4はこんな話

システムを活用すると，業務の効率化が進んでいきます。その際に重要視されるのが，ITリテラシです。このSectionでは，情報を効果的に活用するためのITリテラシといった概念について見ていきます。

ディジタルディバイドがよく出題されます。

1 ITリテラシ

パソコンやインターネットといったITを使って情報を扱い，管理できる活用能力のことをITリテラシといいます。

例えば，表計算ソフトでデータの集計・分析を行って業務に生かしたり，インターネットで情報収集・発信したりする能力もITリテラシです。企業で働く人はもちろん，情報化社会の現代に生きるすべての人にとって必要になりつつある能力といえます。

2 ディジタルディバイド

ディジタルディバイドは，「情報格差」と訳される用語です。コンピュータなどの情報機器を利用できる人と利用できない人の間に生まれる社会的・経済的な格差を指します。入手できる情報の質や量，得られる収入や待遇などに差が生まれることがあります。

3 アクセシビリティ

「誰でも使える，易しい」という意味での使いやすさを，**アクセシビリティ**といいます。ITの分野では，機器やシステム，ソフトウェア，情報などが能力，環境，状況にかかわらず，誰でも同じように利用できる状態のことを指します。

ゲーミフィケーション

ゲーミフィケーションとは，ポイントやバッジといったゲーム的な要素や特長を業務に取り入れてメンバーのモチベーションを高め，スキルアップや効率アップを図ることをいいます。企業の人材育成や社員向けサービスなどにも使われています。

例えば，アメリカの大手量販店「ウォルマート」では，ゲーミフィケーションを取り入れています。配送センターでの安全研修に慣れ親しんだゲームの要素を取り入れることで，社員が短時間で安全手順の大切さを理解できるというメリットがあります。

Section 5 システム化計画

■ストラテジ系
Chapter 5 システム戦略

Section 5はこんな話

特定の目的を実現するための「システム」は，構想から開発を経て実際に使えるようになるまでに，たくさんの人が関わっています。ここから数Sectionにわたってシステム開発の全体像を確認します。

システム開発に関わる人物と，全体の流れを理解しましょう。

1 システム開発

銀行の口座，スーパーマーケットのレジ，病院のカルテなど，私たちの身の回りにある多種多様なものがコンピュータで管理されています。これらに用いられるコンピュータはそれぞれの目的にあったハードウェアやソフトウェア，ネットワークなどが組み合わさってできています。これをシステムといい，システムを作ることをシステム開発といいます。

2 発注元とベンダ

システム開発は，自社で行う場合と，外部に開発を依頼する場合があります。新しいシステムを発注する会社を発注元，発注を受けてシステムを開発する会社をベンダといいます。

通常，システム開発は発注元の情報システム部門が中心となり，経営者やその他の部門からの要求に基づいたシステム開発を実現します。

システムの完成後に実際にシステムを使う部署や人をユーザといい，情報システム部門はユーザのニーズも確認し，システム開発に取り入れます。

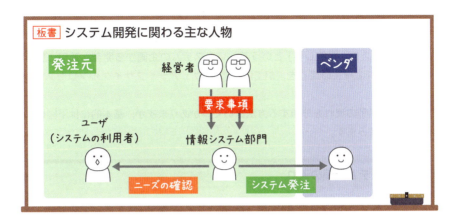

3 共通フレーム

　情報処理推進機構が発行する，ソフトウェアライフサイクルにおける用語や作業内容などを規定したガイドラインを共通フレームといいます。

　各工程における作業内容や責任の所在などを明らかにすることで，システム開発の発注元とベンダで認識のズレが起こるのを防ぐ役割があります。

情報処理推進機構はITパスポート試験の実施団体なので，試験では共通フレームに関する問題もよく出題されます。

例題　共通フレーム　　　　　　　　　　　　　　　R1秋-問39

共通フレームの定義に含まれているものとして，適切なものはどれか。
- ア　各工程で作成する成果物の文書化に関する詳細な規定
- イ　システムの開発や保守の各工程の作業項目
- ウ　システムを構成するソフトウェアの信頼性レベルや保守性レベルなどの尺度の規定
- エ　システムを構成するハードウェアの開発に関する詳細な作業項目

解説　共通フレームは，ソフトウェアライフサイクルの各工程における作業内容や用語を規定したガイドラインです。よって正解はイです。

解答　イ

1 SLCP（ソフトウェアライフサイクルプロセス）

「こんなシステムが欲しい」という新しいシステムの企画から開発，運用，廃棄にいたるまでの一連の流れを，SLCP（ソフトウェアライフサイクルプロセス）といいます。

システム構築の流れを分類する方法はいくつかありますが，基本的には下図のような流れで進みます。

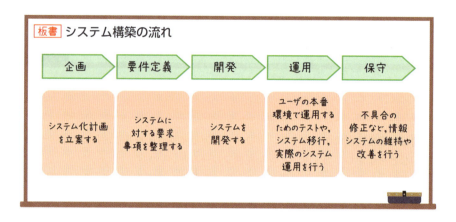

Section 6 ■ストラテジ系
Chapter 5 システム戦略

企画と要件定義

Section 6はこんな話

実際に開発に入る前段階で行われる企画プロセスと要件定義プロセスは、プロジェクトの行く末を決めるといっても過言ではないくらい、大切なプロセスです。

企画と要件定義の内容をよく理解しましょう。業務要件とシステム要件を見分ける問題もよく出題されます。

1 企画

ソフトウェアライフサイクルにおける最初のプロセスが**企画プロセス**です。

企画プロセスでは、現状の業務の問題点を分析し、システム化で実現すべきことを定義します。また、新しく開発するシステムによって改善する業務や新規の業務を明確にし、システム化後の業務の全体イメージを明らかにします。

Ⅰ 共通フレームで定める企画プロセスの工程

共通フレーム（Sec5参照）では、企画プロセスを**システム化構想の立案・システム化計画の立案**というプロセスに分けています。

板書 システム化構想・システム化計画の立案

企画プロセス	
システム化構想の立案	システム化計画の立案
・業務の全体像を明確化 ・システムの機能を具体化	・開発体制,予算,スケジュールなどの計画

「システム化構想」は課題を解決するために「何を作りたいか(作るべきか)」、「システム化計画」は構想を実現するために「どう作るか」を計画する段階と理解しておきましょう。

🐻 システム化構想の立案

システム化構想の立案とは、経営上のニーズや課題を実現、解決するために、新たな業務の全体像と、それを実現するためのシステムを考えるプロセスです。

システム化構想を立案するときに、前提となる情報は経営戦略です。組織の中長期計画と連動し、経営戦略を実現できるシステムでなければなりません。

🐻 システム化計画

システム化計画とは、システム化構想を具現化するために、実現性を考慮した計画を策定し、利害関係者の合意を得るプロセスのことです。このプロセスでは、開発スケジュールおよび費用と投資効果も明らかにします。

また、システムの費用対効果(かけた費用に対して、どのくらい効果があるか)も評価します。その際に使用する指標をROI(Return On Investment：投資利益率)といい、利益を投資額で割って求めます。

2 要件定義

ソフトウェアライフサイクルで企画プロセスの次に行うのが要件定義です。要件定義は、業務を実現させるためのシステムの機能を明らかにするプロセスです。

機能・性能・利用方法などの観点で、どのようなシステムを構築するかを利害関係者の声を聞き、合意を得ておく必要があります。

構築するシステムの機能について利害関係者が合意しておかないと、のちのちトラブルに発展する可能性があるので、そのシステムに関わる社内・外の関係者の意見を聞くことはとくに重要なプロセスといえます。

1 業務要件とシステム要件

要件定義プロセスで定義する要件は，**業務要件**と**システム要件**に分類できます。

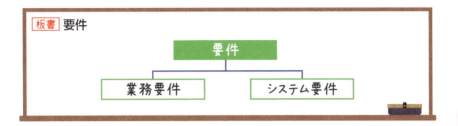

業務要件とは，システムを使ってどのような業務を実現したいのかを明らかにしたものです。例えば，「決算処理を自動化したい」というようなものです。業務要件は，実際に新システムを利用する部門（ユーザ）の責任者から合意を得る必要があります。

一方で**システム要件**は，システムに必要な機能や処理能力を明らかにしたものを指します。上の例でいえば，「歳入歳出を入力すると明細書が出力される」，「入力から出力までが5秒以内に完了する」といったようなものがシステム要件です。

| 例題 | 業務要件定義 | H30秋-問17 |

A社は，営業担当者が日々のセールス活動で利用する営業部門内システムの構築プロジェクトを進めている。このプロジェクトは，システム開発部門長がプロジェクトマネージャとなり，システム開発部門から選ばれたメンバによって編成されている。当該システムの業務要件定義を完了するための主要な手続として，適切なものはどれか。

ア　営業活動方針を基にプロジェクトメンバが描いたシステムのあるべき姿を，営業企画担当者に提出する。

イ　営業部門長と営業担当者から聴取した業務ニーズをプロジェクトメンバが整理・要約し，営業部門長と合意する。

ウ　業務要件としてプロジェクトメンバが作成したセールス活動の現状の業務フローを，営業担当者に報告する。

エ　ブレーンストーミングによってプロジェクトメンバが洗い出した業務要件を，プロジェクトマネージャが承認する。

解説　業務要件とは，システムを使って**どのような業務を実現したいのかを明らかにしたもの**のことです。業務要件を明らかにするために行うのが業務要件定義であり，業務要件定義はシステムの利用部門の責任者から合意を得る必要があります。この例では営業部門で使用するシステムを開発するため，業務要件定義は**営業部門長の合意**を得る必要があります。よって，答えは**イ**です。

解答　イ

Section 7	■ストラテジ系
	Chapter 5 システム戦略

調達の計画と実施

Section 7はこんな話

企画プロセスと要件定義プロセスでどのようなシステムを作りたいかの方針が決まったら，実際にシステム開発を発注する会社（ベンダ）を選定します。

調達の流れを理解しましょう。RFIとRFPはとくによく出題されます。

1 調達の流れ

業務に必要なハードウェアやソフトウェア，ネットワーク機器，設備などを取り揃えることを**調達**といいます。

試験では，コンピュータシステム開発，すなわち発注元がベンダにシステムを開発してもらう調達について出題されます。

発注元はRFIやRFPを作成して複数の受注候補（ベンダ）から必要書類を提出してもらい，提案内容を比較・評価した上で実際にシステム開発を発注するベンダを決定します。調達は次のような流れで行います。

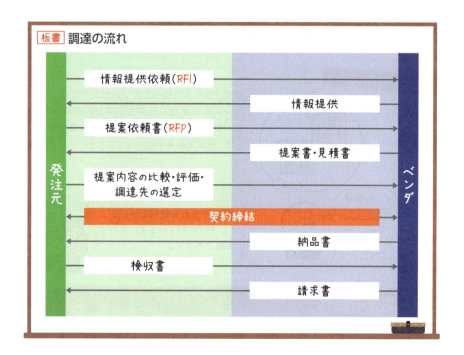

RFIもRFPも、複数のベンダの中から最良のベンダを見つけるために必要な工程です。

2 RFI（情報提供依頼）

RFI（Request For Information）は、システムの発注元からベンダに対する情報提供依頼です。システム開発を依頼できるベンダかどうかを判断するための、実績やノウハウなどの情報をベンダに提供してもらいます。

3 RFP（提案依頼書）

RFP（Request For Proposal）は提案依頼書と訳されます。発注元が適切なベンダを選定するために、ベンダに対して開発してほしいシステムの概要や要件、調達の条件などを明示し、提案書の提出を依頼するための文書です。発注元の情報システム部門が作成します。

板書 一般的なRFPの構成と主な記載事項

RFP
- システムの概要：開発の目的（システムでどのような機能を実現したいのか）、抱えている課題、依頼する範囲、予算、スケジュールなど
- ベンダへの提案依頼内容：提案システムの概要や要件、開発体制、成果物一覧、概算費用、運用・保守費用など
- その他：選定のスケジュールや評価方針など

よい提案をもらうためには、最低限「システムでどのような機能を実現したいのか」をRFPに記載する必要があります。

ひとこと

NDA

取引の過程で知った秘密を取引の目的以外に利用したり、他人に開示・漏えいしたりすることを禁止する契約をNDA（Non Disclosure Agreement：秘密保持契約）といいます。RFPには企業の秘密事項が多数記載されているので、RFPを渡す前にNDAを交わしておく必要があります。

4 提案書

　ベンダは，RFPに基づいてシステムの構成や開発手法などを発注元に提案するための提案書を作成します。提案書とともに，開発にかかる費用をまとめた見積書も提出します。

5 調達先の選定

　発注元は，ベンダ各社から提出された提案書をもとに調達先の選定を行います。このとき，管理面，技術面，価格面のそれぞれに評価点をつけ，各値に重みづけをし，合計値の高いベンダに依頼するという方法が一般的です。

例題 評価点の算出　　　　　　　　　　　　　　　　　H30秋-問15

　RFPに基づいて提出された提案書を評価するための表を作成した。最も評価点が高い会社はどれか。ここで，◎は4点，○は3点，△は2点，×は1点の評価点を表す。また，評価点は，金額，内容，実績の各値に重みづけしたものを合算して算出するものとする。

評価項目	重み	A社	B社	C社	D社
金額	3	△	◎	△	○
内容	4	◎	○	○	△
実績	1	×	×	◎	○

ア A社　　　**イ** B社　　　**ウ** C社　　　**エ** D社

解説 各社の評価点に評価項目ごとの重みを掛け，合計点を算出します。

評価項目	重み	A社	B社	C社	D社
金額	3	2点	4点	2点	3点
内容	4	4点	3点	3点	2点
実績	1	1点	1点	4点	3点
合計	－	6点+16点+1点=23点	12点+12点+1点=25点	6点+12点+4点=22点	9点+8点+3点=20点

よって，最も評価点の合計が大きいのはB社ですから，正解はイです。

解答 イ

Chapter 5

Section 7 調達の計画と実施

145

マネジメント系

Chapter 6

システム開発技術

直近5年間の出題数

R3	5問
R2秋	5問
R1秋	8問
H31春	5問
H30秋	3問
H30春	3問
H29秋	3問
H29春	4問

- システム開発のプロセスを学習します。各プロセスの作業項目をしっかり理解しましょう。
- 開発モデルに関する出題が増えています。各モデルの特徴を理解しておきましょう。

Section 1

■ マネジメント系
Chapter 6 システム開発技術

システム開発

Section 1はこんな話

ここからは，いよいよ実際のシステム開発工程に入ります。Chapter6ではシステム開発のうち，主にベンダが担うプロセスで行う作業内容について解説していきます。まずは，全体の構造を理解しましょう。

各プロセスの全体の中の位置づけをよく確認しましょう。

1 システム開発の全体像

Chapter5で学習した**SLCP**（**ソフトウェアライフサイクルプロセス**）のうち，ベンダが行う「開発」以降のプロセスについて学習します。

「開発」プロセスはさらに細分化でき，**システム要件定義**や**システム設計**などがあります。それぞれの詳細は後ほど解説しますので，まずは全体の構造を確認しましょう。

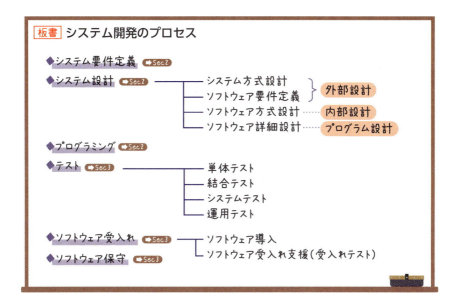

 システムとソフトウェア

「システム」は，「ソフトウェア」や「ハードウェア」などで構成されます。システム開発とは，ハードウェアを調達し，そのハードウェアの中に必要な機能を搭載したソフトウェアを作ることです。ソフトウェアはシステムの一部なので，混同しないよう注意しましょう。

Section 2

■マネジメント系
Chapter 6 システム開発技術

システム要件定義と
システム設計・プログラミング

Section 2はこんな話

発注元が求めるシステムの機能を実現するために，ベンダが開発者の視点からシステム要件定義を行います。要件が決まったら，それを形にするためにシステム設計を行います。

システム設計における4つのプロセスの流れと内容を理解しましょう。

1 システム要件定義

システム要件定義では，システムに要求される機能・性能（システム要件）を明確にしていきます。システムの発注元が作成した要件定義書をもとに，ベンダが開発者の視点からシステム要件定義書を作成します。

◧ 機能要件と非機能要件

システム要件（Ch5 Sec6参照）は，**機能要件**と**非機能要件**に分類できます。

名前	内容	例
機能要件	扱うデータの種類や処理の内容，ユーザインタフェースなどの，システムに必要な機能	「国際会計基準に則った会計処理ができる」など
非機能要件	システムの性能，稼働率，セキュリティの強さ，メンテナンスの頻度，インタフェースの使いやすさなど，実装する機能以外に関する要件	「処理は5秒以内に完了する」「システムに故障が発生した場合の復旧方法」など

システムの発注元の要望を実現するために必要な機能が「機能要件」で，それ以外のシステムの性能などが「非機能要件」です。

| 例題 | 機能要件と非機能要件 | H28春-問55 |

情報システムの要件は，業務要件を実現するための機能を記述した機能要件と，性能や保守のしやすさなどについて記述した非機能要件に分類することができる。機能要件に該当するものはどれか。

ア システムが取り扱う入出力データの種類
イ システム障害発生時の許容復旧時間
ウ システムの移行手順
エ 目標とするシステムの品質と開発コスト

解説 **システムが取り扱う入出力データの種類**は，システム化する際に必ず組み入れなければならない要件なので，機能要件に該当します。よって正解は**ア**です。なお，その他の選択肢は**システムの性能など**，**実装する機能以外の要件**であるため，**非機能要件**です。

解答 ア

🐻 共同レビュー

ベンダが作成したシステム要件定義書は，発注元の要求を満たしていることを確認するために**共同レビュー**を行います。レビューとは，システム開発の各工程で作成される成果物に不備や誤りがないか確認することです。発注元とベンダが一緒にレビューをするので，**共同レビュー**といいます。

2 システム設計

システム要件定義でシステム要件が固まったら，**システム設計**を行います。Section1で解説したとおり，**システム**はハードウェア，ソフトウェアなどが組み合わさったものです。システム設計では，最初にソフトウェアで実現する機能とそうでない機能を振り分けてから詳細な要件の定義や設計に移ります。

システム設計は**システム方式設計**，**ソフトウェア要件定義**，**ソフトウェア方式設計**，**ソフトウェア詳細設計**の順に行われます。

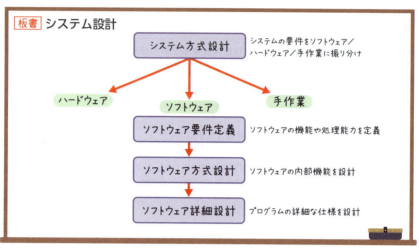

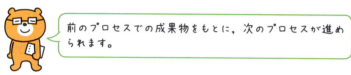

I システム方式設計

　システム方式設計では，システムに要求される機能のうち，ソフトウェアで実現する機能，ハードウェアで実現する機能，ユーザが手作業で行う（システム化しない）機能の範囲を決めます。後述する「外部設計」に相当します。

II ソフトウェア要件定義

　システム方式設計においてソフトウェアで実現する機能を明確にしたら，ソフトウェア要件定義でソフトウェアに必要な機能や処理能力，インタフェース（画面や帳票など）を定義します。後述する「外部設計」に相当します。

III ソフトウェア方式設計

　ソフトウェア方式設計では，ソフトウェア要件定義をもとに，ソフトウェアの内部機能を設計します。後述する「内部設計」に相当します。

ⅳ ソフトウェア詳細設計

ソフトウェア詳細設計では，プログラムの詳細な仕様を設計します。これをもとに次工程のプログラミングが始められるレベルまで，細かく落とし込みます。「プログラム設計」ともいわれています。

ソフトウェア詳細設計はプログラムを設計する「システムエンジニア」とプログラミングを行う「プログラマ」の橋渡しをするための作業ともいえます。

外部設計と内部設計

システムの設計を異なる観点から分類する方法もあります。
外部設計は，ユーザの立場から見てシステムがどのように動くか，どのように見えるかを決めていく設計です。内部設計はハードウェアにシステムを実装したときにきちんと動くことを意識した詳細な設計です。

3 プログラミング

続いて，ソフトウェア詳細設計で作成した設計書をもとに，システムを構成するソフトウェアを作ります。最初はシステムを構成する最も小さな単位である「モジュール」というプログラムを作成します。プログラムを作ることをプログラミングといいます。

プログラムは，プログラム言語で記述します。プログラム言語とは，プログラムを記述するために一定の規則（文法）に基づいて作られた人工的な言語で，その特性によりさまざまなものがありますが，ソフトウェア開発を行う人が理解しやすいように配慮されています。プログラム言語で記述したプログラムを，ソースコードといいます。その他，プログラミングに関する用語は次のとおりです。

コーディング	プログラム言語を用いて，プログラムを記述すること
デバッグ	バグ（プログラムの欠陥）を見つけ，修正すること
コードレビュー	プログラマが記述したソースコードに間違いがないか，記述した人とは別の人がチェックすること

Section 3

Chapter 6 システム開発技術

テスト・受入れ・保守

Section 3はこんな話

プログラムは人の手で作成するものなので，最初から完璧なプログラムが完成することはほぼありません。テストを行い，誤りを見つけて修正し，品質を高め，完成させていきます。

テストと受入れ，保守でそれぞれ何を行うかよく理解しましょう。

1 テスト

プログラミングでプログラムを作成したら，作成したプログラムが正しく動くか**テスト**を行います。テストは，**単体テスト**，**結合テスト**，**システムテスト**，**運用テスト**の順に行われます。

	テスト名	内容
①	単体テスト	個々のモジュールが要求どおりに動作することを開発者が確認する。モジュールとは，プログラムを構成する1つひとつの部品のことをいう
②	結合テスト	単体テストが終わったモジュールを組み合わせて，正しく動作することを確認する。モジュール間のインタフェース（連携など）を開発者がチェックするテスト
③	システムテスト	システム全体のテスト。プログラムだけでなく，ハードウェアなどと組み合わせて，性能要件を満たしていることを開発者が検証する
④	運用テスト	実際にシステムを動かす本番環境で正しく動作することを確認する。システムのユーザが業務手順のとおりにシステムを使い，業務上の要件が満たされていることを確認する

設計の工程と各テストは次の図のように対応しています。

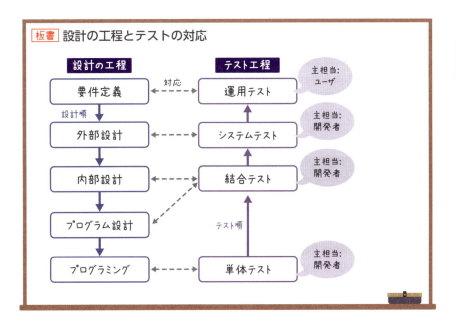

1 ホワイトボックステストとブラックボックステスト

　ホワイトボックステストは，主に単体テストで行われるテストで，プログラムの内部構造に着目し，プログラム内の分岐の経路をすべて通るようなテストデータを使って行うテストです。プログラムの構造や，制御の流れなどを検証します。

　対してブラックボックステストは，プログラムの内部構造は考慮せず，システムが仕様書どおりに動作するか（入力に対し，正しい出力が返ってくるか）を確認するために行うテスト手法です。画面表示の不具合やレイアウト崩れなどを確認します。

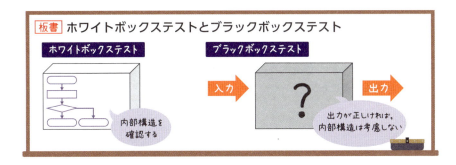

■ 回帰テスト（リグレッションテスト）

ソフトウェア（プログラム）の一部を修正する場合は，単純に修正した部分のテストだけで検証作業を終わらせてはいけません。その修正がほかの部分に影響を与えていないかどうかを検証する回帰テスト（リグレッションテスト）を，プログラムの修正後に行う必要があります。

2 ソフトウェア受入れ

テストを通過したら，開発者から発注者へシステムを納入します。この工程をソフトウェア受入れといい，実際に，本番環境へソフトウェアをインストール（導入）します。実施者，責任者などの実施体制を明確にするために，事前に導入計画を策定しておく必要があります。

■ ソフトウェア受入れ支援

ソフトウェア受入れ時には，ユーザが主体となって実際の運用と同じ条件でシステムを動かし，正常に稼働することを確認する受入れテストを行います。開発者側は，ユーザが行う受入れテストを支援します。これをソフトウェア受入れ支援といいます。

これに加え，開発者は，利用者マニュアルを整備し，ユーザに対する教育訓練を実施する場合もあります。また，旧システムから新システムへ稼働を引き継ぐことを移行といいます。移行は，受入れテストのあとに行われます。

受入れテストは運用テストとどう違う？

受入れテストも運用テストも，実際にシステムを動かす本番環境で正しく動作するかの確認が目的ですが，開発者が発注者へシステムを受け渡すときに行う最後のテストを，受入れテストといいます。テストというよりは，システムが仕様どおりに作られているか確認する検収の意味合いが強いと理解しておきましょう。

3 ソフトウェア保守

ソフトウェア保守は，システム稼働中（運用開始後）に見つかったプログラムの**不具合を修正**したり，**ユーザのニーズに合わせて新機能を追加**したりする工程です。

システムの変更に応じて，仕様書・設計書をわかりやすく修正することや，**セキュリティアップデート**もソフトウェア保守に含まれます。

開発規模の見積方法

システム開発のプロセスには含まれないものの，試験では開発規模を見積もる方法として**ファンクションポイント法**（FP：Function Point）が出題されることがあります。

ファンクションポイント法とは，システムで処理される入力画面や帳票，使用するファイル数などからシステムの規模を見積もる方法です。

例題 ソフトウェア保守　　　　　　　　　　　　　　　　　H30秋-問37

ソフトウェア保守に該当するものはどれか。
- ア　システムテストで測定したレスポンスタイムが要件を満たさないので，ソフトウェアのチューニングを実施した。
- イ　ソフトウェア受入れテストの結果，不具合があったので，発注者が開発者にプログラム修正を依頼した。
- ウ　プログラムの単体テストで機能不足を発見したので，プログラムに機能を追加した。
- エ　本番システムで稼働しているソフトウェアに不具合が報告されたので，プログラムを修正した。

解説　**ソフトウェア保守**では，システムの運用開始**後**に行う**プログラムの修正**や，**新機能の追加**を行います。よって，答えは**エ**です。
　その他の選択肢はすべてシステムの運用開始**前**の**開発・テスト工程**で行う内容です。

解答 エ

Section 4

■ マネジメント系
Chapter 6 システム開発技術

システム開発の進め方

Section 4はこんな話

水が上から下に流れるように，要件定義，システム設計，プログラミング……と各工程を順番に開発する方法もあれば，よりスピーディに開発を進める方法もあります。ここでは代表的な開発モデルを見ていきましょう。

プロトタイピングモデルはよく出題されるので必ず覚えましょう。

1 ソフトウェアの開発モデル

開発モデルとは，開発の手順や手法のことです。ソフトウェアの開発モデルにはいくつかの種類がありますが，ここでは，代表的な開発モデルを解説します。

I ウォータフォールモデル

「要件定義」→「システム設計」→「プログラミング」→「テスト」のように，**各工程の作業がすべて完了してから次の工程に進む開発手法**を，**ウォータフォールモデル**といいます。システム開発の工程を段階的に分解し，前の工程の成果物に基づいて次の工程を進めます。

ウォータフォール (waterfall) は「滝」という意味をもつ英単語で，水が上から下に流れるように開発を進めることをいいます。

ウォータフォールモデルはプロジェクト全体の計画を立てやすく，システムエンジニアの手配などがスムーズに行える一方で，開発途中での修正や変更に対応しづらいため，変更が生じたときの負担が大きいというデメリットがあります。

開発の途中で仕様の変更や不具合が発生した場合，修正作業にかかるコストはプロジェクトの終盤になるほど多くなります。

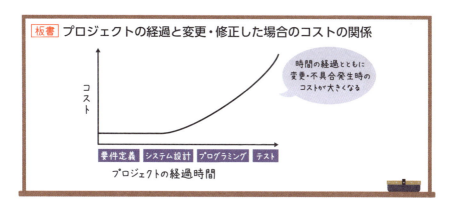

2 プロトタイピングモデル

システム開発の早い段階でシステムの機能の一部を試作し，ユーザに確認してもらいながら進めるシステム開発モデルをプロトタイピングモデルといいます。プロトタイプとは，簡易的な試作品のことです。

発注元とベンダの間で認識に違いがあった場合でも，早い段階で修正できるため修正量が少なくなるというメリットがあります。

言葉で説明するよりも試作品を見せたほうがわかりやすい，つまり「百聞は一見にしかず」という考え方の開発モデルですね。

III スパイラルモデル

大きなシステムの中にある細かなサブシステムごとに，設計，プログラミング，テストの工程を行うことを，スパイラルモデルといいます。サブシステムとは，システムを機能ごとに分けた，個々のシステムのことです。スパイラルモデルでは，かけた時間の分だけ品質が向上するという特徴があります。

スパイラルモデルは，サブシステム単位でウォータフォールモデルの開発を行うと言い換えられます。

スパイラルモデルは，ユーザの意見を取り入れて細かい単位でシステム開発ができる一方で，時間やコストがかかるというデメリットがあります。

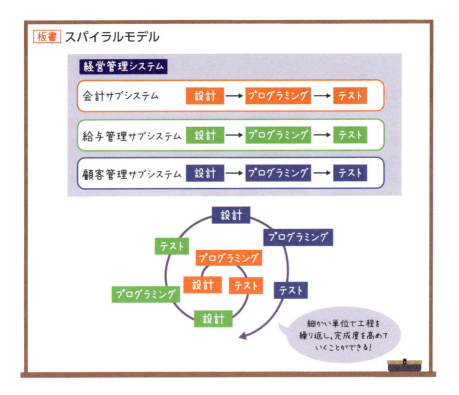

2 アジャイル開発

　ウォータフォールモデルのように最初に要件を決め，設計書を作り，設計書に沿って進める開発では，開発の後半で変更要求があった場合の対応に，手間とコストが大きくなりすぎるという問題があります。こうした問題を解決するために考えられた開発モデルを**アジャイル開発**（**アジャイル**）といいます。

　アジャイル開発は，顧客からの要求の変更に対してすばやく柔軟に対応するための開発モデルです。システムの重要な部分から細かい単位での開発を繰り返す手法で，仕様変更がたびたび発生するプロジェクトなどで用いられます。

　ただし，アジャイル開発はスケジュールを立てにくい，大規模開発には向いていないなどのデメリットもあります。

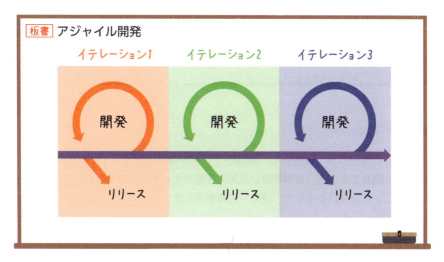

アジャイル開発における短い期間の開発工程の反復や，その開発サイクルのことをイテレーションといいます。

例題 **アジャイル開発**　　　　　　　　　　　　　　　　　　　R3-問51

　アジャイル開発を実施している事例として，最も適切なものはどれか。
ア　AIシステムの予測精度を検証するために，開発に着手する前にトライアルを行い，有効なアルゴリズムを選択する。
イ　IoTの様々な技術を幅広く採用したいので，技術を保有するベンダに開発を委託する。
ウ　IoTを採用した大規模システムの開発を，上流から下流までの各工程における完了の承認を行いながら順番に進める。
エ　分析システムの開発において，分析の精度の向上を図るために，固定された短期間のサイクルを繰り返しながら分析プログラムの機能を順次追加する。

解説 アジャイル開発は，短い期間で開発工程を反復する開発手法です。よって，答えは**エ**です。
ア　PoC（Ch5 Sec3 参照）の記述です。
イ　アウトソーシングの記述です。
ウ　ウォータフォールモデルに関する記述です。

解答 **エ**

Ⅰ スクラム

　コミュニケーションを重視し，開発チームが一体となって（スクラムを組んで）効率的に開発することに重点を置いた開発手法です。チームのメンバーはイテレーションごとに開発計画を立て，設計・実装を進めます。

Ⅱ XP（エクストリームプログラミング）

　XP（エクストリームプログラミング）は，比較的少人数の開発に適したアジャイルの開発手法の1つです。「プラクティス」という19の具体的な実践項目が定義されています。XPにはペアプログラミングやリファクタリング，テスト駆動開発などが含まれます。

🐻 ペアプログラミング

　プログラマが2人1組になり共同でプログラムを作成する開発スタイルをペアプログラミングといいます。それぞれコーディングを行う「ドライバー」と，指示を

出す「ナビゲーター」の役割をもちます。ペアプログラミングを行うと，品質の向上や作業の効率化などが期待できます。

🐻 リファクタリング

完成済みのコードの理解や修正を容易にするために，プログラムの外部から見た動作は変えずに==ソースコードの内部構造を整理・改善すること==を**リファクタリング**といいます。

🐻 テスト駆動開発

==コーディングする前にテストケースを作成し，そのテストをパスするように実装すること==を**テスト駆動開発**といいます。コードをこまめに確認しながら進めるため，不具合を早期に発見できる，無駄のないプログラムが書けるなどのメリットがあります。

③ その他の用語

ソフトウェア開発のその他の用語を以下にまとめました。すでに述べてきたものよりは出題頻度が低いものの，軽く目を通しておくとよいでしょう。

リバースエンジニアリング	既存のソフトウェアやハードウェアなどの製品を**分解・解析**することで，製品の仕組みや構造を明らかにすること。現在運用中のシステムから設計書を作るなど，**逆方向の開発**をいう
オフショア開発	システム開発を海外の事業者や海外の子会社に委託する開発形態
DevOps（デブオプス）	Development（開発）とOperations（運用）を組み合わせた造語。開発担当者と運用担当者が**連携**，協力し，**迅速かつ柔軟に対応**できるようにする取組み
ユースケース	システム開発のプロセスで使われる，==ユーザ目線でどのようなシステムになるかのイメージをつかむ方法==。ユーザがシステムを使うときのシナリオに基づいて，ユーザとシステムのやり取りを記述する
オブジェクト指向	クラスや継承という概念を利用して，==ソフトウェアを部品化したり再利用したりすることで，変更に対応しやすくするための開発手法==。これにより開発の生産性が向上する

能力成熟度モデル統合「CMMI」

開発と保守のプロセスを評価・改善するために,システム開発を行う組織のプロセス成熟度をモデル化したものを CMMI(Capability Maturity Model Integration)といいます。組織の開発能力の成熟度を5段階で定義し,プロセス改善に用います。

マネジメント系

Chapter 7

プロジェクトマネジメントとサービスマネジメント

直近5年間の出題数

R3	12問
R2秋	11問
R1秋	8問
H31春	11問
H30秋	14問
H30春	12問
H29秋	13問
H29春	12問

● プロジェクトを進めるためのプロジェクトマネジメントの概要を学習します。アローダイアグラムの見方は，教科書で丁寧に学習しましょう。

● マネジメント系の中で最も出題数が多い分野ですので，得点源にできるようしっかり学習しましょう。

Section 1　プロジェクトマネジメント

■マネジメント系
Chapter 7　プロジェクトマネジメントとサービスマネジメント

Section 1はこんな話

限られた時間と予算の中でプロジェクトを成功に導くために，管理のノウハウや知識をまとめた「PMBOK」を使ってマネジメントが行われます。

プロジェクトの3つの制約，PMBOKの10の知識エリア，WBSを覚えましょう。

1　プロジェクト

システムやサービスを作るといった目標を達成するために，期間を限定して行う業務をプロジェクトといいます。同じプロジェクトは2つとなく，独自性をもつ点が特徴です。

試験で「プロジェクト」といった場合は，主に「システム開発」のことを指します。

I　プロジェクトマネージャ

プロジェクトでは，目標達成のために必要な人材を集めたプロジェクトチームが編成されます。その管理責任者をプロジェクトマネージャといいます。略してプロマネともいいます。

プロジェクトの目標を達成するための活動をプロジェクトマネジメントといい，予算，時間，スコープ（作業範囲）の管理などを行います。

プロジェクトマネジメント計画書

プロジェクトが発足したときに，プロジェクトマネージャがプロジェクト運営を行うために作成するものをプロジェクトマネジメント計画書といいます。

■ プロジェクトの3つの制約

プロジェクトを遂行する際は，予算，時間，スコープ（作業範囲）という3つの制約を意識しなければなりません。3つの制約のうちいずれかが変更になると，ほかの2つのうち1つ以上が変更になるという関係にあります。

例えば「このまま進めると予算を超えそうなプロジェクト」を予算内に収めるには，次のような方法が考えられます。

①残業代を削減するために作業時間を抑制する→作業時間が足りなくなる→プロジェクトの終了日を延ばす

②残業代を削減するために作業時間を抑制する→作業時間が足りなくなる→機能を削って作業工程を短縮する

①の方法では，予算を減らすために時間を変更します。機能は減らさないため，スコープはそのままです。②の方法では，予算を減らすためにスコープと時間の両方を変更します。

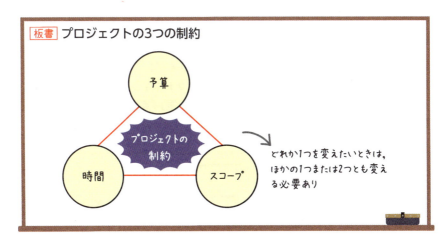

> **例題** 仕様変更要求　　　　　　　　　　　　　　　R1秋-問38
>
> 　システム開発プロジェクトの開始時に，開発途中で利用者から仕様変更要求が多く出てプロジェクトの進捗に影響が出ることが予想された。品質悪化や納期遅れにならないようにする対応策として，最も適切なものはどれか。
> ア　設計完了後は変更要求を受け付けないことを顧客に宣言する。
> イ　途中で遅れが発生した場合にはテストを省略してテスト期間を短縮する。
> ウ　変更要求が多く発生した場合には機能の実装を取りやめることを計画に盛り込む。
> エ　変更要求の優先順位の決め方と対応範囲を顧客と合意しておく。
>
> **解説** プロジェクトには予算，スケジュールなどの制約があるため，すべての変更要求に対応することは困難です。かといって，設計後の変更を一切受けつけないのは現実的ではありません。そのため，変更要求が出た場合の優先順位の決め方と，対応範囲（どこまで対応するか）を事前に顧客と合意しておく必要があります。よって正解はエです。
>
> **解答** エ

Ⅲ プロジェクト憲章

　プロジェクトを立ち上げる際に作成される，プロジェクトの目的や条件，内容などが記載された文書をプロジェクト憲章といいます。企業や組織内でプロジェクト憲章が承認されると，プロジェクトがスタートします。

Ⅳ プロジェクトマネジメントのプロセス

　プロジェクトマネジメントのプロセスはプロジェクトごとに異なりますが，基本となるフレームワークは共通です。プロジェクトマネジメントのプロセスは，PMBOK（❷参照）で提唱されており，「立上げ」「計画」「実行」「監視コントロール」「終結」という5つのプロセスで構成されます。

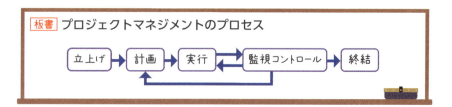

板書　プロジェクトマネジメントのプロセス

2 PMBOK

プロジェクトマネジメントに関するノウハウや手法をまとめたものをPMBOK（Project Management Body of Knowledge）といいます。

> PMBOKは「プロジェクトマネージャのために作られた教科書」です。以前は各企業のプロジェクトマネージャがバラバラにマネジメントを行っていましたが、それでは効率が悪いため知識を体系化しようという動きがあり、作られたものです。

1 PMBOKの10の知識エリア

PMBOKは，プロジェクトマネジメントに関する知識を10の知識エリアに分類しています。知識エリアに関する問題はよく出題されるため，それぞれの内容を確認しておきましょう。

知識エリア	内容
プロジェクト統合マネジメント	すべての知識エリアを統合的に管理する。プロジェクト全体を実行・監視・コントロールするための計画書を作成する
プロジェクトスコープマネジメント	プロジェクトのスコープ（作業範囲）を管理する
プロジェクトタイムマネジメント	プロジェクトを期間内に終わらせるため，スケジュールや進捗を管理する
プロジェクトコストマネジメント	プロジェクトを予算内で終わらせるために管理する
プロジェクト品質マネジメント	成果物の品質を管理する
プロジェクト人的資源マネジメント	プロジェクトのチームメンバを管理する
プロジェクトコミュニケーションマネジメント	プロジェクトを進める上で必要なコミュニケーションを管理する
プロジェクトリスクマネジメント	プロジェクトを進める上で生じるリスクを管理する
プロジェクト調達マネジメント	プロジェクトに必要なモノや人，サービスを外部から調達する
プロジェクトステークホルダマネジメント	ステークホルダ（利害関係者）を特定し，どのようにかかわるかを管理する

企業や組織の活動の影響を受ける利害関係者のことを**ステークホルダ**といいます。プロジェクトの場合，プロジェクトメンバやプロジェクトの承認者・意思決定者，関係部署，外注先，クライアントなどがステークホルダに該当します。

3 プロジェクトスコープマネジメント

プロジェクトスコープマネジメントでは，プロジェクトに必要な作業や成果物を洗い出し，階層化した図で表した**WBS**（**Work Breakdown Structure**）を活用します。

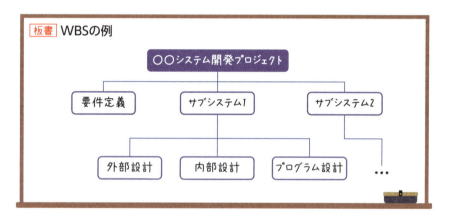
板書 WBSの例

WBSで作業レベルまで落とし込む（ブレークダウンする）ことで，個々の作業が単純化され把握しやすくなるというメリットがあります。

WBSの補助文書

WBSはプロジェクト全体の作業や成果物を把握する目的で作成されるため，各要素は簡潔に記載されます。
実際に作業を進める際，WBSだけでは情報が不十分であるため，WBSで定義した作業の内容や意味を明確に定義する目的で，作業の記述や完了基準などを記述した補助文書を用意するのが一般的です。

4 プロジェクトリスクマネジメント

プロジェクトを進める上で生じるリスクを管理することを，**プロジェクトリスクマネジメント**といいます。リスクマネジメントでは，プロジェクトに損害を与える状況・できごとをリスクとして洗い出し，それぞれの発生確率や影響の大きさ（影響度）を分析する，**リスクアセスメント**を行います。リスクアセスメントの結果から，各リスクに対応の優先度をつけ，優先度の高いリスクから対策をとっていきます。

リスクの対応策にはいくつかありますが，プロジェクトマネジメントの場合，次の4つに分類することが多いです。

リスクの対応策	内容	例
リスク移転（転嫁）	リスク（による損害）を他組織と分散共有する，もしくは転嫁する	設備を対象とした損害保険に加入する。運用を外部に委託し，障害時の損害賠償を規定する
リスク回避	リスクのある状況に巻き込まれないように行動する	将来性が不透明な事業から撤退する
リスク低減（軽減）	発生確率や影響度を受容可能な程度に引き下げる	地震や火災に備え，転倒防止装置や消火設備を設置する
リスク受容（保有）	自らの財力によってリスク損害を負担する，もしくはそれを容認する	損害額が小さい設備について，保険に加入しないまま運用する

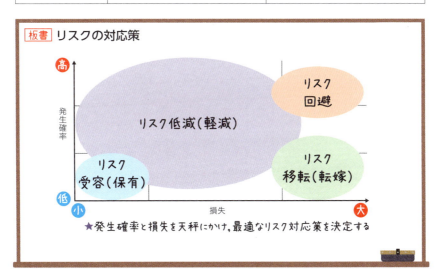

| 例題 | **プロジェクトリスクマネジメント** | H30秋-問50 |

プロジェクトリスクマネジメントは，リスクの特定，リスクの分析，リスクのコントロールという流れで行う。リスクの特定を行うために，プロジェクトに影響を与えると想定されるリスクを洗い出す方法として，適切なものはどれか。

ア 許容できる管理限界を設定し，上限と下限を逸脱する事象を特定する。
イ デシジョンツリーダイアグラムを作成する。
ウ 発生確率と影響度のマトリクスを作成する。
エ ブレーンストーミングを関係者で行う。

解説 ブレーンストーミングは，複数人が集まって自由に意見を出す議論の方法です。リスクの特定には，複数の視点からリスクを洗い出すブレーンストーミングが有効です。よって，答えはエです。

解答 エ

Section 2 プロジェクトタイムマネジメント

■マネジメント系
Chapter 7 プロジェクトマネジメントとサービスマネジメント

Section 2はこんな話

おそらく来年にはシステムのリリースが終わるだろう——といったあいまいなスケジュール管理では，いつまで経ってもプロジェクトを完遂できません。ここでは，プロジェクトのスケジュールを管理するためのマネジメント手法を見ていきましょう。

「アローダイアグラム」のクリティカルパスの計算ができるようになりましょう。

1 プロジェクトの進捗状況の確認

プロジェクトマネージャは，プロジェクトの3つの制約（Sec1参照）の1つである「時間（納期・スケジュール）」を管理する役割を担います。

管理に使うツールが，**ガントチャート**と**アローダイアグラム**です。この2つの図を使うことで，プロジェクト全体にかかる時間を視覚化し，状況を定量的に確認できるようになります。

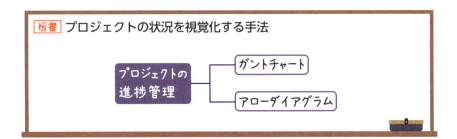

板書 プロジェクトの状況を視覚化する手法

2 ガントチャート

ガントチャートとは，WBS（Sec1参照）で洗い出した作業項目を，横棒グラフのような形で図示したものです。縦軸に作業項目や担当者を，横軸に作業期間を記述して，各作業に要する期間を図示します。

ガントチャートには，予定の作業期間を記述しておき，各作業が完了したら実績を入力します。これにより予定と実績を比較し，プロジェクトの進捗状況を確認することができます。

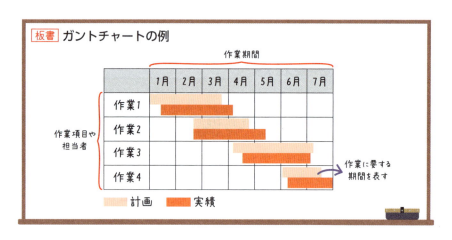

板書 ガントチャートの例

マイルストーン

ガントチャートを作るときによく使われるのが，マイルストーンです。もともとは，道路のわきに立てる起点からの距離をしるした標識のことを表す言葉ですが，プロジェクトマネジメントでは，プロジェクトの大きな「節目」のことを指します。マイルストーンは，チャートの中に「▲」で表します。

3 アローダイアグラム

プロジェクトで行う作業の多くは，「作業Aが終わらないと作業Bに進めない」「作業Bと作業Cが終わらないと作業Eに進めない」というような前後関係（依存関係）があります。大規模なプロジェクトではこの前後関係が複雑になり，ガントチャートだけでは実際のところどれくらいの期間が必要なのか検討するのが困難になります。

そこで開発されたのが，**PERT**（パート）(Program Evaluation and Review Technique) という手法です。1つひとつの作業の==所要時間と前後関係を整理して，全体の所要日数を把握することができます==。そして，PERTを支援するために用いられているのが **PERT図**（**アローダイアグラム**）です。

板書 アローダイアグラムの例

例）起床から朝食までに行う作業をPERT図で表す

作業名	作業内容	所要時間(分)	先行作業名
A	顔を洗う	5	-
B	卵を割って混ぜる	1	A
C	フライパンで卵を焼く	2	B, D
D	パンを焼く	2	A
E	パンにバターを塗る	1	D
F	お皿に盛りつける	1	C, E
G	朝ごはんを食べる	15	F

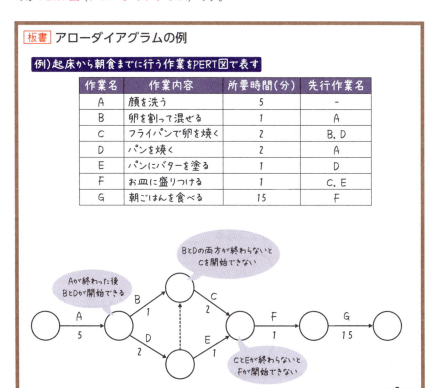

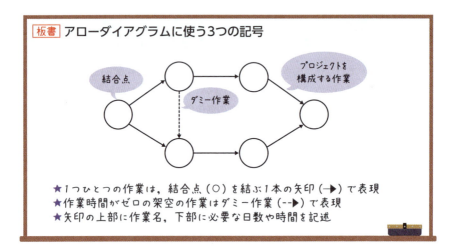

1 1作業＝1矢印の制約とダミー作業

1つ注意点があります。アローダイアグラムでは，1つの作業を2つの矢印に書いてはいけません。先ほどの例で考えてみましょう。

作業Cの前提作業は作業B，Dであることから，そのまま図示すると次のようになりますが，これは間違いです。作業Dの矢印が2つあり，「1つの作業＝1つの矢印（→）」という制約が守られていません。

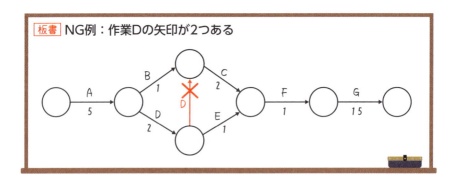

このようなときに，ダミー作業を表す矢印（--▶）を使います。ダミー作業を表す矢印（--▶）を使って前後関係を図示すると，次のようになります。

板書 OK例：作業Dの制約の代わりにダミー作業を使った

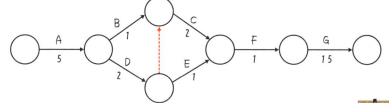

今度は作業Dの矢印が一度しか出てきませんね。「作業B，Dが完了しないと，作業Cが始められない」という前後関係も表現できています。

例題 アローダイアグラム　　　　　　　　　　　　　　H28春-問52

次の表に示す作業全体の最短の所要日数を増やすことなく作業Eの所要日数を増やしたい。最大何日増やすことができるか。

作業	前提作業	所要日数
A	−	7
B	−	4
C	−	2
D	C	1
E	B, D	1

ア　0　　　イ　1　　　ウ　2　　　エ　3

解説　この問題は，アローダイアグラムを書いて解きます。
まず，始点と前提作業のない作業A，B，Cを並べます。

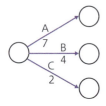

続いて,作業Dは作業Cのあとに開始するため,作業Cのあとに作業Dを並べます。

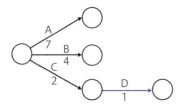

このあとに続く作業Eの前提作業は作業B,Dであることから,作業Bのあとの結合点と作業Dのあとの結合点は一致することがわかります。作業Bの矢印と作業Dの矢印を同じ結合点に向かって伸ばし,そのあとに作業Eを並べます。

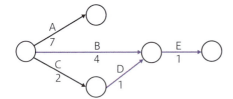

最後に,作業Aと作業Eをダミー作業で結びます。

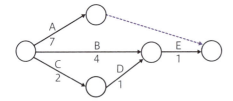

図から最長の所要日数(最も時間のかかるルート:クリティカルパス)を計算すると7日になり,作業Aが完了するまでに作業Eを終えればよいことがわかります。作業Bに4日かかることから,作業Eに最大で3日かけたとしても全体の所要時間を増やさずに済みます。作業Eの所要日数(1日)より最大で2日増やせるため,正解はウです。

解答 ウ

4 最早結合点時刻と最遅結合点時刻

　作業の前後関係が明らかになると，プロジェクト全体でどれくらいの時間がかかるのかも計算できるようになります。これを把握するには「最早結合点時刻」と「最遅結合点時刻」を計算します。

1 最早結合点時刻を計算する

　最早結合点時刻とは，次の作業を開始できる，最も早い時刻（日付）のことです。つまりすべての作業が予定どおり進んだときの日程のことで，プロジェクトの目標となります。1番目の結合点を「0」とし，各作業の時間（日数）を単純に足し算していけば求められます。

　複数作業の合流点では，最も大きな数値を最早結合点時刻とします。依存関係をすべてクリアしないと次の作業に進めないのですから，合流点ではいちばん遅い時刻＝最早結合点時刻となるわけですね。

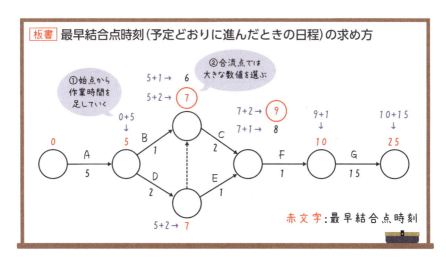
板書 最早結合点時刻（予定どおりに進んだときの日程）の求め方

つまり，❸の起床〜朝食の例でいうと起床から朝食までの準備は最低でも25分かかるということです。

Ⅱ 最遅結合点時刻を計算する

目標である最早結合点時刻がわかれば、それを達成するための各点での締切りを逆算することができます。これを最遅結合点時刻といいます。最遅結合点時刻とは、これ以上作業を遅らせると、プロジェクト全体のスケジュールに影響する日程のことです。いわゆる締切りですね。逆にいえば、最遅結合点時刻までは作業を遅らせても問題ない……ということでもあります。

最遅結合点時刻を求めるには、終点の最早結合点時刻をそのまま終点の最遅結合点時刻とし、始点に向かって作業時間（日数）を引き算していきます。複数作業の合流点では、小さいほうの数値を最遅結合点時刻とします。

仮に、合流点で最大値を最遅結合点時刻にしてしまうと、以降のいずれかの作業が遅れ、結果的にプロジェクト全体の進行が遅れてしまうので、最小値を用います。

板書 最遅結合点時刻（各作業の締切り）の求め方

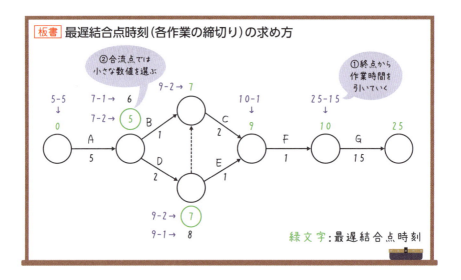

緑文字：最遅結合点時刻

最遅結合点時刻を計算しておけば、全体の作業スケジュールに影響しない範囲で、個々の作業にどれだけ余裕をもたせられるかがわかります。

5 クリティカルパスをチェックする

PERT図には，最早結合点時刻と最遅結合点時刻が一致する経路（パス）があるはずです。この経路のことを**クリティカルパス**といいます。クリティカルは「危機的な，重大な」という意味をもつ英単語です。クリティカルパスは最も時間がかかる経路であり，クリティカルパス上の作業で遅れが生じると，プロジェクト全体に遅れが発生する経路でもあります。

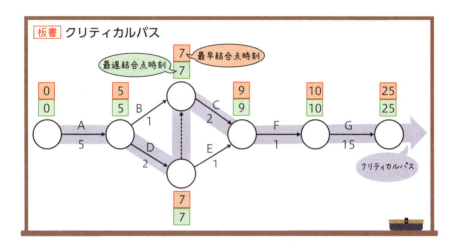

プロジェクトの進行を管理するときは，クリティカルパスに含まれる作業に遅れがないか確認することが重要です。逆にスケジュールの短縮を検討する場合も，クリティカルパス上の作業を短縮しなければ，プロジェクト全体のスケジュールは縮まりません。

開発工数

ソフトウェア開発で作業の所要時間を見積もる際，人数×時間で仕事の量を表す方法がよく用いられます。とくによく使われるのが「人日」と「人月」です。例えば「作業Aの開発工数は24人日」の場合，作業者が1人なら24日かかりますが，2人なら12日（＝24日÷2人），3人なら8日（＝24日÷3人）かかる作業ということになります。

Section 3 サービスマネジメント

■マネジメント系
Chapter 7 プロジェクトマネジメントとサービスマネジメント

Section 3はこんな話

顧客は「システムそのもの」ではなく,「システムを使うことによって実現できるサービス」を求めています。そのため,システムを作るのと同じくらい,実際にシステムを使う中で起こるトラブルや不具合などのサポートも重要なのです。

ITILとSLAは必ず覚えましょう。

1 ITIL

顧客のニーズに合った安定的かつ効率的なITサービスを提供するための管理手法を**サービスマネジメント**といいます。サービスマネジメントのベストプラクティス(成功事例)を集約し書籍化したものを,**ITIL(Information Technology Infrastructure Library)** といいます。

ITILはサービスマネジメントの効率的な手法やプロセスなどをまとめた成功事例集です。試験では,ITILは「ITサービスマネジメントのフレームワーク」と表現されます。

2 SLAとSLM

1 サービスレベル合意書(SLA)

提供するサービスの品質と範囲(サービスレベル)を明らかにし,サービスの提供者とその利用者の間で合意し,文書にまとめるプロセスがあります。この文書を

サービスレベル合意書（SLA：Service Level Agreement）といいます。

　SLAでは，「障害が発生したときは○分以内に連絡する」「○時間以内に復旧する」など，具体的な数値を用いてサービスレベルを保証します。合意しただけではサービスレベルが保証されるとは限らないため，多くの場合，SLAが守られなかったときのペナルティが定められます。

■ **SLAに記載する評価項目例**

項目	定義	目標（保証）値	ペナルティポイント
稼働率	サービスを利用可能な時間の割合	99％以上	-50
障害検知	障害発生から検知までの時間	15分未満	0
障害発生通知	障害検知から第一報を通知するまでの時間	15分以内	-10
障害復旧	障害検知から復旧までの時間	2時間以内	-50
一時回答	サービスデスクの電話問合せにおいて，初回コールの通話内で解決できた件数の割合	85％以上	-20

Ⅱ サービスレベル管理（SLM）

　SLAで合意した内容を達成するために，計画・実行・確認・改善というPDCAサイクルを回してサービスレベルの維持・継続的改善を図る活動をサービスレベル管理（SLM：Service Level Management）といいます。

3 サービスマネジメントシステム

　サービスマネジメントシステムとは，組織のサービスマネジメント活動を継続的に改善させていく活動をいいます。サービスマネジメントシステムには，サービスの計画立案，設計，移行，提供，改善のための，サービスマネジメントの方針，目的，計画，プロセス，文書化した情報，資源を含みます。

1 サービスデスク（ヘルプデスク）

　サービスの利用者からインシデントなどの問合せを受け，適切な部署へ取り次いだり，問合せ記録を管理したりする部門を**サービスデスク**（**ヘルプデスク**）といいます。利用者に対し**単一窓口機能**（**SPOC**：Single Point of Contact）を提供し，記録と分類，優先度付け，実現，対応結果の記録などを行います。

できごと，事象，事故などを意味する**インシデント**という言葉は，解決すべき課題や事象という意味で使われます。

システム障害時の対応

システムに障害が発生すると，サービスデスクが利用者からの問合せに対応します。問合せを受けた事象が既知の問題である場合は，サービスデスクがその回避策を案内します。

2 サービス運用サポートのプロセス

　サービスデスクで受けた問合せをもとに，次に示すプロセスでサービスの運用をサポートします。

プロセス名	内容
インシデント管理	システム障害などのインシデントが発生した際に，原因の究明よりもサービスの継続（復旧）を最優先にする。システムの停止時間を抑え，ビジネスへの悪影響を最小限に留める
問題管理	インシデントの根本原因を特定し，再発を防止する
構成管理	「構成管理データベース」を用いてサービスの提供に必要なアイテム（ハードウェア・ソフトウェア・運用マニュアル・スタッフなど）を管理する
変更管理	システムに変更したい箇所（変更要求）があるときに，変更に伴う影響を検証し，認可または却下を決定する
リリース及び展開管理	リリース管理では，変更管理で認可が得られた変更箇所を，本番環境に適用するための計画の立案や，スケジュールの管理，コントロールを行う。また，展開管理とは，実際に本番環境に変更を加える際に，どのように準備や実行，見直しを行うかを管理することをいう

サービスデスクやインシデント管理で解決できなかったインシデントは，より高度な技術と資源をもつ組織に引き渡します。これを，**エスカレーション**といいます。

サービスデスクの負荷を軽減する仕組み

サービスデスクでは，電話や電子メールに加えて，自動応答技術を使ってリアルタイムに会話形式のコミュニケーションを行う**チャットボット**が活用されています。人件費の削減はもちろん，常時リアルタイムのやり取りができるなどのメリットもあります。

また，利用者が問合せを行わなくても問題を自己解決できるよう，多くのシステムには**FAQ**（Frequently Asked Questions：よくある質問）が用意されています。さらに，利用者からの問合せに**AIが自動応答するサービス**も，社内ヘルプデスク業務などで活用されています。

4 ファシリティマネジメント

サービスの品質を管理するには，システムそのものと同じくらい，システムを設置する環境も重要です。システムを設置する環境に注目し，**情報システムの施設や設備を維持・保全することを目的に行う対策**を**ファシリティマネジメント**といいます。ファシリティ（facility）は「施設・設備」という意味をもちます。

板書 ファシリティマネジメントの例
- ◆ 停電時に利用する自家発電装置の定期点検
- ◆ 機密情報の漏えい対策を目的としたサーバ室の入退室管理
- ◆ 維持コストの低減のため，サーバ室内の設備を省エネ機器へ交換

など

物理的な設備や施設を管理・改善することは，すべてファシリティマネジメントに含まれるので覚えておきましょう。

🐻 その他の関連用語

その他，ファシリティマネジメントに関する用語は次のとおりです。

グリーンIT (Green of IT)	地球に対する環境負荷を，ITを通じて低減しようとする考え方。IT機器を使う際の省エネや資源の有効活用，エネルギー消費量の削減などに取り組むことを指す
無停電電源装置（UPS：Uninterruptible Power Supply)	停電などにより通常の電源が供給されなくなった場合に，一定期間，電力を供給できる装置。短時間の停電に対応できる
自家発電装置	ディーゼルエンジンなどによって発電機を回し，継続的に発電する装置。数時間～数日といった長期間の停電に対応できる
サージ防護	サージ（過電圧）から機器を守ること。サージとは，落雷などの影響により，電気回路に瞬間的に発生する異常な電圧のこと。サージによる機器の破損を防ぐため，サージ保護デバイスという装置がある

例題 ファシリティマネジメント   H29秋-問51

情報システムに関するファシリティマネジメントの施策として，適切なものはどれか。

ア 打合せの場において，参加者の合意形成をサポートするスキルの獲得
イ サーバ室内の設備を，省エネ機器へ交換することによる維持コストの低減
ウ 相談窓口の設置によるソフトウェア製品に関するクレームへの対応
エ 部品調達先との生産計画の共有化による製品在庫数の削減

解説 情報システムの施設や設備を維持・保全するために行う対策をファシリティマネジメントといいます。設備の維持コストの低減はファシリティマネジメントの施策に該当します。よって，答えはイです。
ア ファシリテーションの記述です。
ウ サービスマネジメントの記述です。
エ SCMの記述です。

解答 イ

マネジメント系

Chapter 8

システム監査

直近5年間の出題数

R3	3問
R2秋	4問
R1秋	4問
H31春	5問
H30秋	4問
H30春	5問
H29秋	4問
H29春	4問

- 監査業務や内部統制，ITガバナンスについて学習します。
- 抽象的な内容が多いところですが，誰が行うことなのか？を意識して学習していくと，問題が解きやすくなるでしょう。

Section 1 システム監査

■マネジメント系
Chapter 8 システム監査

Section 1はこんな話

システムは「作ったら終わり」ではなく，適切に使われているか定期的に検証する必要があります。検証する役割を担う人を，「システム監査人」といいます。

システム監査の内容や監査人の要件に関する問題がよく出題されます。

1 監査

企業の活動が適切に行われているかどうかを点検・評価・検証し，活動が適切でなければ正しい方向へ誘導することを，**監査**といいます。評価する対象に応じて，監査はいくつかの種類に分類されています。試験では，**システム監査**に関する問題がよく出題されます。

Ⅰ 主な監査の種類

会計監査	企業の財務諸表が適切に処理されているかどうかを点検・評価・検証する
業務監査	会計以外の業務が適切に処理されているかどうかを点検・評価・検証する
情報セキュリティ監査	情報セキュリティ対策が適切に整備・運用されているかどうかを点検・評価・検証する。保有しているすべての情報資産が監査の対象になる
システム監査	情報システムが適切に整備・運用されているかどうかを点検・評価・検証する

2 システム監査

　システム監査が行われるようになった背景には，企業活動におけるITへの依存度が高まるにつれて増加し続ける，多種多様なリスクの存在があります。情報システムにまつわるリスク（情報システムリスク）に適切に対処しているかどうかを，独立かつ専門的な立場のシステム監査人が点検・評価・検証し，組織の代表者など経営層に報告することを通じて，企業の経営活動と業務活動の効果的かつ効率的な遂行，そして変革を支援し，企業の目標達成に寄与すること，さらに利害関係者に対する説明責任を果たすことがシステム監査の目的です。

リスクのコントロール

試験でシステム監査の内容を問う問題で頻繁に使われるのが，「リスクのコントロール」という言葉です。言葉だけではイメージしづらいかもしれませんが，要するに，システム監査の目的は「情報システムを安全・有効・効率的に機能させる」ために，「システムを使うことによるリスク（脅威）をコントロール（操作・制御）する仕組みが整っているかどうかを確認する」という点にあることです。

1 システム監査人

　システム監査を行う人を，システム監査人といいます。公平かつ客観的な監査を行うために，監査人は監査対象から独立していることが求められます。

監査対象のシステムと利害関係のある立場にある人は，システム監査人にはなれません。

　システム監査には，システム監査法人やコンサルタント会社など，社外へ委託する外部監査と，社内の監査部門が担当する内部監査があります。内部監査では，独立性の観点から監査人自身が所属する部門の監査を行うことは不適切です。

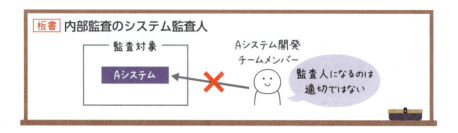

システム監査基準

情報システムを適切に監査するための実施基準を定めたものを**システム監査基準**といいます。この基準は，経済産業省が策定しています。システム監査業務の品質を確保し，効率的に監査業務を実施するために作られた基準で，システム監査人の行動規範となるものです。具体的には，安全性・信頼性・効率性の３点を監査すること，監査の目的や権限を明確に定めることや，守秘義務などが定められています。

② システム監査の流れ

システム監査の対象となるのは，情報システムのライフサイクルのすべての業務です。監査は次のような流れで行われます。

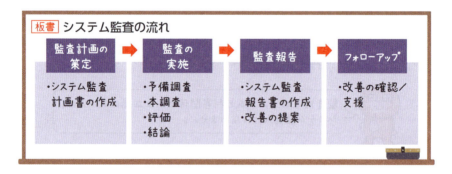

監査計画の策定

監査の内容や日程，範囲などを記載した**システム監査計画書**を作成します。

監査の実施

監査は，「予備調査」→「本調査」の順に実施します。「予備調査」では，事前に監

査対象に関するアンケートや資料を収集します。「本調査」では，資料の確認やヒアリングなどの方法で監査を実施します。監査で入手した資料やデータなど，監査の証拠となるものを監査証拠といいます。また，サーバに残された記録（ログ）のように，アクセスの流れを追跡できるものを監査証跡といいます。

🐻 監査報告

監査の結果をまとめたシステム監査報告書を，監査の依頼者に提出します。監査を依頼したのが企業の場合は，経営者に提出します。また，監査の結果，改善が必要と判断された場合は，監査報告書に改善提案を記載します。

🐻 フォローアップ

監査報告書で改善計画を提案した場合に，監査人が，適切な改善措置が実施されたかどうかを確認し，支援することをフォローアップといいます。ここで注意したいのが，システム監査人はあくまでも監査の実施と指導を行う立場のため，改善措置の実施そのものには責任をもたないという点です。

改善措置の実施責任は監査の対象部門（被監査部門）にあります。

Ⅲ 被監査部門の役割

監査の対象となる部門を被監査部門といいます。システム監査は，監査を行う監査人だけでなく，監査を受ける被監査部門にも役割があります。

板書 被監査部門の役割

◆監査に必要な資料・情報の提供

◆監査対象システムに関する運用ルールなどの説明

◆改善計画書の作成

Chapter 8 Section 1 システム監査

まず，監査に必要な資料・情報の提供があります。当然ながら，システム監査に必要な資料や情報は，被監査部門から監査人に提供されなければなりません。

　また，監査対象システムに関する運用ルールなどの説明も必要です。監査人は，監査を行うシステムを熟知しているわけではありませんので，監査を実施する上で理解すべき運用ルールは，被監査部門から監査人に説明する必要があります。

　さらに，監査が終わり経営者などから改善指示を受けた被監査部門は，改善計画書を作成し，改善措置を実施します。

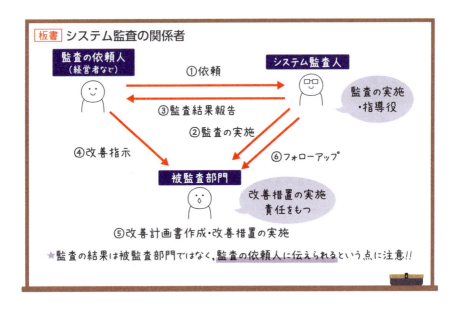

Section 2 内部統制

■マネジメント系
Chapter 8 システム監査

Section 2はこんな話

組織は，さまざまな考えや思惑をもつ人が集まって構成されています。その中で不正を防ぎ，組織を健全に運営するために，「内部統制」が行われています。

内部統制とITガバナンスの内容を問う問題がよく出題されます。

1 内部統制

内部統制とは，健全かつ効率的な組織運営のための体制を企業などが自ら構築し運用する仕組みをいいます。企業活動に潜むリスクを明確にし，低減させるための取組みを制度化したものです。内部統制が重視されるようになった背景として，企業の不祥事が相次ぎ，経営者の管理責任・監督責任を問う声が上がったことなどが挙げられます。

I 内部統制の目的

内部統制の目的は大きく分けて4つあります。

業務の有効性と効率性	事業活動の目的を達成するため，業務の有効性と効率性を上げること
財務報告の信頼性	財務諸表と，財務諸表に影響を及ぼす可能性のある情報の信頼性を確保すること
事業活動に関わる法令等の遵守	事業活動にかかわる法令などの遵守を促進すること
資産の保全	資産の取得，使用，処分が正当な手続きのもとに行われるよう，資産の保全を図ること

Ⅱ 内部統制の構築

内部統制の構築には，業務プロセスの明確化，職務分掌，実施ルールの設定・チェック体制の確立が必要です。

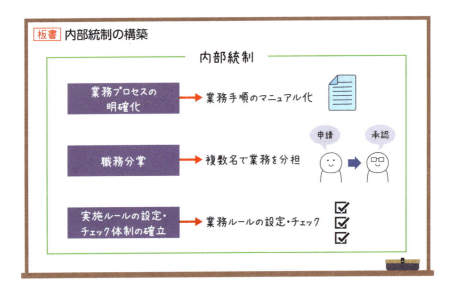

🟤 業務プロセスの明確化

業務手順を文書化し，業務に潜むリスクを認識した上で，コントロール（管理や監視）が必要な業務手順を明らかにします。文書化された業務規定やマニュアルなどを業務記述書といいます。

🟤 職務分掌

職務分掌とは，互いの仕事をチェック（けん制）し合うように，複数の人や部門で業務を分担する仕組みを作ることです。

> 例えば，営業部門が作成した申請書を経理部門が承認するのは職務分掌です。複数の人がかかわることで不正や誤りが起こりにくくなります。

🐻 実施ルールの設定・チェック体制の確立

業務上のリスクを低減させるために実施ルールを作ることや，そのルールが守られているかをチェックする体制を確立することも，内部統制では重要です。

III モニタリング

内部統制が有効に機能していることを継続的に評価するプロセスを，モニタリングといいます。日報，週報などによる管理者のチェックや，経営者が事業計画と実績を比較して行う評価などが含まれます。

IV レピュテーションリスク

企業に対してマイナスな評判が広まることによって，企業の信用やブランド価値が低下し，損失を被る危険性をレピュテーションリスク（評判リスク，風評リスク）といいます。例えば，企業で起きた不正の隠蔽や提供するサービスの品質悪化，従業員の不祥事，従業員の労働環境の問題など，さまざまなリスクがあります。

V 内部統制の義務化

上場企業には，内部統制の整備が義務づけられています。上場していない企業には内部統制の整備の義務はありませんが，組織を健全に運営することは，すべての企業にとって有効なため，すべての企業が内部統制に取り組む必要があるといえます。

試験では，「内部統制は上場企業だけやればよいか？」と問う問題が出題されることがあります。答えはNoですね。

2 ITガバナンス

　企業などが競争力を高めるために，情報システム戦略を策定し，その戦略を実行・統制する組織能力をITガバナンスといいます。ITガバナンスは，内部統制にも有効です。
　経営者がITガバナンスの方針を定め，各部署が方針に沿った活動を行います。

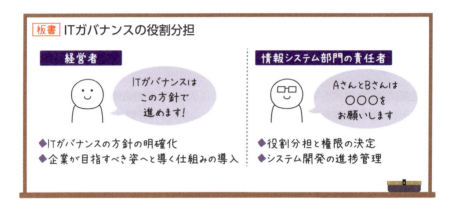

ここ数年の試験では，ITガバナンスの内容を問う問題が出題されています。内容を押さえておきましょう。

テクノロジ系

Chapter 9

基礎理論

直近5年間の出題数

R3	2問
R2秋	1問
R1秋	4問
H31春	1問
H30秋	1問
H30春	2問
H29秋	1問
H29春	1問

- 2進数や集合，論理演算など数学の内容が中心です。
- 数学が苦手な人は，あまり深入りせず，言葉の定義だけしっかり覚えておきましょう。

Section 1

■テクノロジ系
Chapter 9 基礎理論

数の表現

Section 1はこんな話

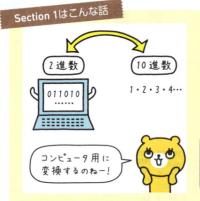

コンピュータは表面的には人間と同じ10進数で計算しているように見えますが，内部では0と1だけで数値を表現する「2進数」を使っています。そのためコンピュータの内部を理解するにあたって2進数の知識は欠かせません。

「2進数→10進数にする」といった基数変換ができるようになりましょう。

1　2進数，10進数とは

　普段私たちは0～9の10種類の数字で1桁を表す**10進数**を使っています。それに対してコンピュータは，0，1の2種類の数字で表す**2進数**を使い，人間とやりとりする際に10進数に変換しています。人間のために計算する機械なのに，人間と異なる表現を使うのは少し不思議ですね。

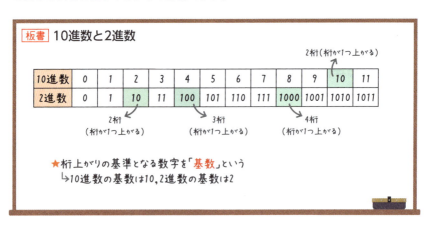

> 2進数は1桁が0，1の2段階しかない単純な構造なので，マシンが壊れにくく，回路の高集積化や高速化が実現できます。それがコンピュータが2進数を使う理由です。

10進数では「100（百）」「1000（千）」「10000（万）」と桁が上がっていきます。2進数で桁が上がる数値を10進数で表すと，デジタル製品のカタログなどでよく目にする「32ビット」「128ギガバイト」「256階調」などとなります。

🐻 10進数と2進数の対応

10進数	2進数
0	0
1	1
2	10
3	11
4	100
5	101
6	110

10進数	2進数
7	111
8	1000
9	1001
10	1010
11	1011
12	1100
13	1101

10進数	2進数
16	10000
32	100000
64	1000000
128	10000000
256	100000000
512	1000000000
1024	10000000000

2 16進数

人間にとって2進数は桁が増えるほど把握しづらくなります。そこで，人間が読み書きしやすく，2進数への変換も容易な表現として**16進数**が考案されました。16進数では0〜9の10種類の数に加えてA〜Fのアルファベットを使い，1桁で10進数の0〜15を表すことができます。

板書 10進数と16進数

10進数	0	1	2	3	4	5	6	7	8	9	10	11	12	13	14	15	16	17
16進数	0	1	2	3	4	5	6	7	8	9	A	B	C	D	E	F	10	11

2桁（桁が1つ上がる）

🐻 10進数, 2進数, 16進数の対応表

10進数	2進数	16進数
0	0	0
1	1	1
2	10	2
3	11	3
4	100	4
5	101	5

10進数	2進数	16進数
6	110	6
7	111	7
8	1000	8
9	1001	9
10	1010	A
11	1011	B

10進数	2進数	16進数
12	1100	C
13	1101	D
14	1110	E
15	1111	F

2進数4桁が16進数1桁に相当するので、4桁ずつ変換していけば、容易に2進数から16進数に変換できます。つまり、10進数よりも2進数に変換しやすく、2進数よりも覚えやすいのが16進数のメリットです。

3 基数変換

コンピュータは日常的に10進数と2進数の間で変換を行っています。このように数の表現を変換することを**基数変換**といいます。

Ⅰ 2進数から10進数への変換

まずは2進数から10進数への基数変換のやり方から見ていきましょう。

重みとは基数の(桁数-1)乗です。2進数の基数は2なので、2の(桁数-1)乗となります。2の0乗は1です。

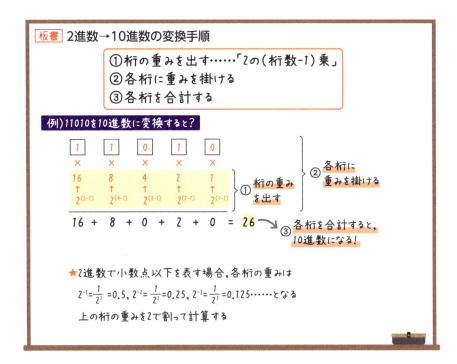

Ⅱ 10進数から2進数への変換

　2進数から10進数への変換では，桁数に応じて2を掛け合わせていくような計算方法でしたね。

　その逆の，10進数から2進数への変換では，逆に2で割ればよいのです。商（答え）が0になるまで割り算を繰り返し，その余り（1か0になります）を順に並べると，2進数になります。

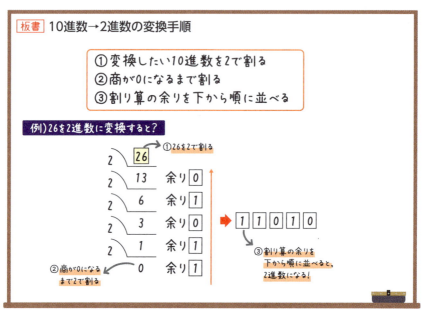

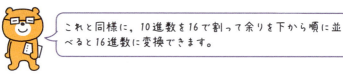

Ⅲ 16進数から10進数への変換

　16進数から10進数への変換は，2進数から10進数への変換（Ⅰ参照）と同様の手順で行います。
　ただし，桁の重みは基数16の（桁数−1）乗となります。また，16進数の場合は最初に各桁を10進数へ置き換えるのを忘れないようにしましょう。

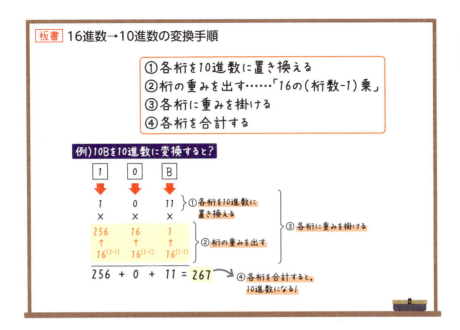

4 コンピュータで使われる単位

2進数1桁のことを**ビット**（bit）といい，これがコンピュータが利用する情報の最小単位です。ビットの語源は「binary digit」の略とされており，binary（バイナリ）＝2進数，digit＝桁なので，ほぼそのままの意味ですね。ビットは細かすぎるので，8ビット分をまとめた**バイト**（byte）もよく使われます。

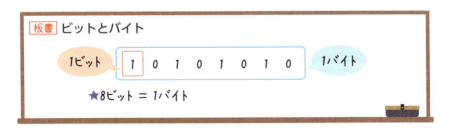

Ⅰ データの表現に必要なビット数

コンピュータでは「0」と「1」の2進数ですべてのデータが処理されており、桁が多いほど、より多くの情報を表現することができます。nビットでは2^n通りのデータを表現できます。

🐻 ビット数と表現できるデータ

ビット数	表現できるデータ	表現できる情報量
1ビット	0, 1	2^1=2通り
2ビット	00, 01, 10, 11	2^2=4通り
3ビット	000, 001, 010, 011, 100, 101, 110, 111	2^3=8通り

Ⅱ 情報量の単位

非常に大きな数や小さな数をわかりやすく表すために、ビットやバイトに接頭語をつけたものが使われます。

接頭語	累乗表記	意味
k（キロ）	10^3	1,000倍
M（メガ）	10^6	1,000,000倍（100万倍）
G（ギガ）	10^9	1,000,000,000倍（10億倍）
T（テラ）	10^{12}	1,000,000,000,000倍（1兆倍）

処理速度を表す単位としてミリ、マイクロ、ナノ、ピコがあります。

接頭語	累乗表記	意味
m（ミリ）	$1/10^3$	1,000分の1
μ（マイクロ）	$1/10^6$	1,000,000分の1（100万分の1）
n（ナノ）	$1/10^9$	1,000,000,000分の1（10億分の1）
p（ピコ）	$1/10^{12}$	1,000,000,000,000分の1（1兆分の1）

III アナログとディジタル

情報を，連続する量で表したものを**アナログデータ**といい，飛び飛びの数値で表したものを**ディジタルデータ**といいます。コンピュータはアナログデータを読み取ることができないため，ディジタルデータに変換して利用します。

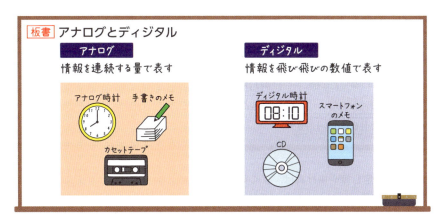

5 2進数の演算

コンピュータの内部では計算も2進数で行います。足し算の場合は繰り上がりのタイミングが異なるだけで，10進数とそれほど変わりません。1桁ずつ計算していきます。「0+0」と「0+1」の結果は2進数1桁に収まりますが，「1+1」の結果は2進数1桁に収まらないため，上位の桁に1が繰り上がります。繰り上がった場合はそれを含めて計算します。ここでまた繰り上がった場合は，さらに上位の桁に足します。

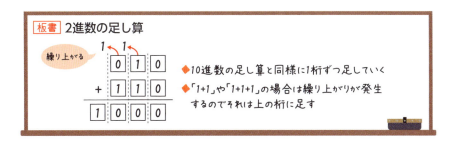

掛け算の場合も，10進数とやり方は同じです。乗数を桁ごとに分け，被乗数に対して掛けていきます。乗数の桁が0であれば答えも0になり，1であれば被乗数をそのままずらして書きます。これを合計すると掛け算の結果になります。

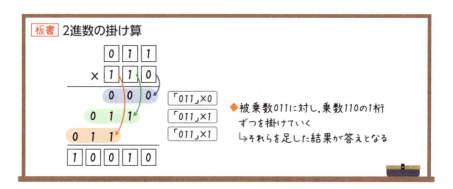

　2進数の足し算や掛け算は，よく見ると10進数とやり方は同じなのですが，試験の本番で思い出せなくなるおそれもあります。忘れてしまったときは10進数に基数変換してから計算し，2進数に戻すというのも1つの手です。

> **例題** 2進数と10進数の加算
>
> 2進数1111と10進数34を加算した結果の2進数はどれか。
> ア　10001　　　イ　110001
> ウ　101101　　　エ　100001
>
> **解説** 2進数と10進数を計算するためには，最初に2進数もしくは10進数に揃える必要があります。本問では計算結果を2進数で解答するので，10進数34を2進数に変換し，2進数同士を加算します。
> 　10進数34を2進数へ変換します。10進数を2で割り，余りを下から順に並べると，100010であると求められます。
>
> ```
> 2)34
> 2)17 …0
> 2) 8 …1
> 2) 4 …0
> 2) 2 …0
> 2) 1 …0
>    0 …1
> ```
>
> 2進数1111と2進数100010を加算すると，次のようになります。
>
> ```
>   001111
> +)100010
>   110001
> ```
>
> **解答** イ

手を使って2進数で数える

2進数は手を使って数えることもできます。5本の指それぞれを2進数の1桁目〜5桁目と見なし，伸ばした状態が0，折った状態を1とします。手を開いた状態の0からスタートし，親指のみを折ると1，人差し指のみを折ると2，人差し指と親指を折ると3……という具合です。最初はとまどうと思いますが，体で覚えるまで繰り返してください。

4本の指で0〜15まで数えられるので，そこまで覚えておけば2進数と16進数の換算を思い出す助けにもなります。

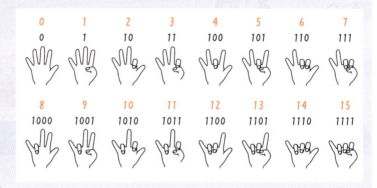

Section 2

■テクノロジ系
Chapter 9 基礎理論

集合

Section 2はこんな話

集合は「モノの集まり」を表す数学用語です。それだけ聞くとコンピュータと何の関係もないように思えますが、Section3で説明する論理演算とあわせてコンピュータを支える基本的な概念となっています。

ベン図の見方と使い方をマスターしましょう。

1 集合と命題

集合はモノの集まりを指す数学用語です。例えば、動物の集合を考えてみた場合、「犬、猫、イルカ、コウモリ」はほ乳類の集合といえます。ただし、動物の集合は1通りではありません。「空の生き物」「海の生き物」のような生息環境をもとにした集合も考えられます。また、1つの生き物が複数の集合に含まれることもあります。

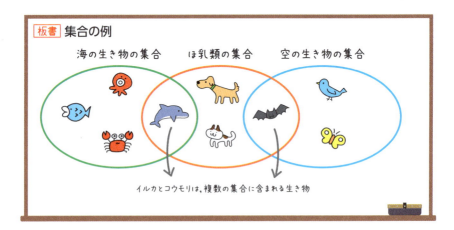

数学において，関係性を表す文や式のことを命題といい，真（正しい，True）であるか偽（正しくない，False）であるかを客観的に判断できるという性質をもちます。例えば「猫はほ乳類の集合に含まれる」という命題は正しいので「真」です。「猫は海の生き物の集合に含まれる」という命題は正しくないので「偽」です。

2 集合の命題を表すベン図

集合の命題は，図で表すこともできます。その代表的なものがベン図です。イギリスの数学者ジョン・ベンが考案したもので，楕円の組合せで集合の関係を表します。その関係を言葉でも表したい場合は，「論理積（AND）」「論理和（OR）」「論理否定（NOT）」などの論理演算の用語や「∩（キャップ）」「∪（カップ）」などの記号を使います。それぞれの記号については，Section3で詳しく説明します。

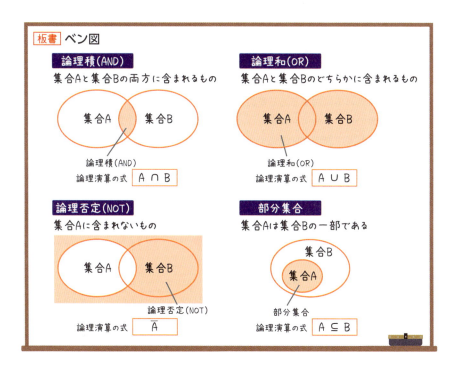

Section 3 論理演算

■テクノロジ系
Chapter 9 基礎理論

Section 3はこんな話

論理演算は，命題が真か偽かを導き出すためのある種の計算処理です。条件分岐や検索といったコンピュータ処理には欠かせないものです。

AND，OR，NOTなどの論理演算が出す結果を覚えておきましょう。

1 論理演算

Section2の集合でも説明したように，命題には「真」と「偽」の2つの性質があります。この真と偽に対するある種の計算処理を**論理演算**といいます。身近な演算としては数値の足し算や引き算を行う四則演算がありますが，論理演算は**命題の真か偽を受けとって，真または偽という結果を出していきます**。

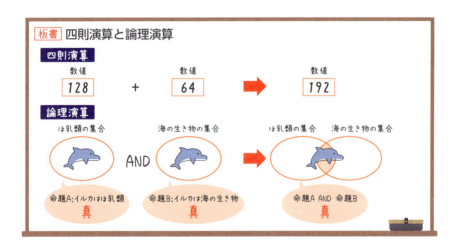

基本的な論理演算の種類

種類	記号による表記	説明
AND（論理積）	A∩B	AとBの両方が真のときに，結果が真になる
OR（論理和）	A∪B	AとBのどちらかが真のときに，結果が真になる
NOT（論理否定）	$\overline{A}$	Aが真のときは結果は偽，偽のときは結果は真になる
XOR（排他的論理和）	A⊻B	AとBが一致しないときは真になり，それ以外は偽になる

　論理演算を理解するために，例えば動物の集合の中から「ほ乳類かつ海の生き物を探す」といった検索処理を考えてみましょう。その場合は「○○はほ乳類 AND ○○は海の生き物」という論理演算によって，機械的に判定することができます。

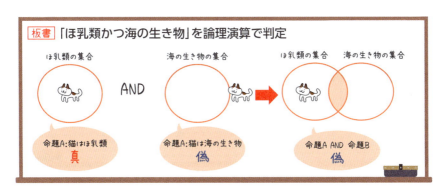

「AかつB」という判定をコンピュータに行わせたい場合，「A AND B」という論理演算をさせて，結果が真かどうかをチェックすればいいのです。

四則演算は論理演算の組み合わせで行われる

人間からすると四則演算のほうが身近でカンタンに感じますが，コンピュータの四則演算を行う回路は論理演算回路を組み合わせたものです。例えば，1ビットの足し算を行う加算器という回路は，論理演算回路のAND回路，OR回路，NOT回路の組み合わせで作られます。コンピュータにとっては論理演算のほうが身近なのです。

I 真理値表

論理演算を理解するために真理値表が使われます。真理値表は論理演算の命題（入力値）と結果（出力値）を一覧表示にしたものです。「真」と「偽」の代わりに，2進数の「0」と「1」を使うこともあります。

板書 AND, OR, NOT, XORの真理値表

命題A AND 命題B → 結果

与えられる命題 A（入力）	与えられる命題 B（入力）	結果 （出力）
真	真	真
真	偽	偽
偽	真	偽
偽	偽	偽

命題A OR 命題B → 結果

与えられる命題 A（入力）	与えられる命題 B（入力）	結果 （出力）
真	真	真
真	偽	真
偽	真	真
偽	偽	偽

NOT 命題 → 結果

与えられる命題 （入力）	結果 （出力）
真	偽
偽	真

命題A XOR 命題B → 結果

与えられる命題 A（入力）	与えられる命題 B（入力）	結果 （出力）
真	真	偽
真	偽	真
偽	真	真
偽	偽	偽

「ANDは両方とも真」のとき，「ORはどちらかが真」のとき，「XORは両者が一致しない」ときに真になると覚えましょう。NOTは単純に入力値が逆転します。

II 論理演算の組合せ

四則演算では，「(A + B) × C」のような複数の演算を組み合わせた式を書くことができます。同様に論理演算でも，複数を組み合わせた「(NOT A) AND (B OR C)」のような式を書いて演算できます。カッコで囲んだ部分を先に演算するのは四則演算の式と同じです。

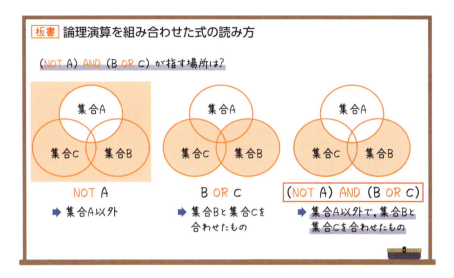

2 その他の論理演算

基本となるAND，OR，NOT，XOR以外の論理演算として，NAND（否定論理積），NOR（否定論理和）などがあります。NANDとNORはそれぞれANDとORの結果を逆転させたものです。

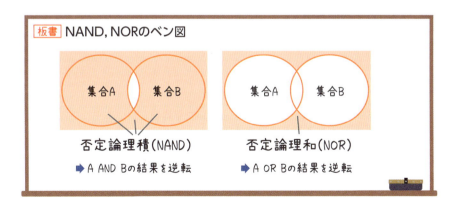

Section 4 統計の概要とAI技術

■テクノロジ系
Chapter 9 基礎理論

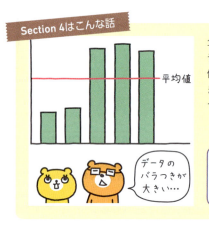

企業で扱う膨大なデータを処理するには、データを収集、分析、加工し、集団の特色や傾向を明らかにする「統計学」が必須です。また、近年著しく成長しているAIの技術についても解説します。

統計学の基本用語と機械学習の概要を押さえましょう。

1 統計

ある集団の個々の要素の分布を調べた結果を集計・加工して得られた数値を**統計**といい、得られた数値をもとに集団の特色や傾向を明らかにすることを**統計学**といいます。

I 平均値と中央値 新用語

次のデータは、小学生5人のお小遣いの金額です。

名前	B	C	A	E	D
金額（百円）	5	6	7	8	20

すべてのデータを足してデータ数で割った値を**平均値**といいます。この例の場合、平均値は9.2になります。また、データを小さい順に並べたときに、真ん中に来る値を**中央値（メジアン）**といいます。この例の場合、中央値は7になります。

名前	B	C	A	E	D	平均値
金額（百円）	5	6	7	8	20	9.2

(5+6+7+8+20) ÷ 5

中央値

Ⅱ 最頻値 新用語

次のデータは，あるお店で扱う商品の価格です。

商品	価格（円）
鉛筆	40
消しゴム	100
定規	300
ボールペン	100
サインペン	100
はさみ	300
ホッチキス	500

このデータを値段ごとに集計すると，次のようになります。なお，度数とはある階級に当てはまるデータの個数のことです。最も多く出現している（頻度が高い）値のことを，**最頻値（モード）**といいます。この例の最頻値は100円だとわかります。

価格（円）	度数
40	1
100	3
300	2
500	1

最頻値

Ⅲ 分散と標準偏差 新用語

次のデータは，20代の会社員10人（男性5人，女性5人）の食費です。

						平均	（万円）
男性	1	2	6	7	9	5	
女性	4	4	5	6	6	5	

男性も女性も平均は5万円ですが，男性のほうが金額にばらつきがあります。グラフに表すと次のようになります。

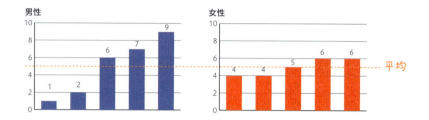

まずはこれらのデータが，平均からどのくらい離れているかを見ていきます。この値を偏差といいます。

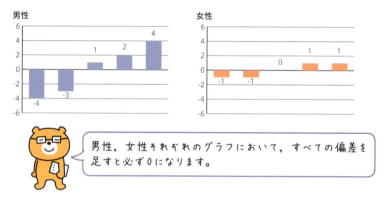

男性，女性それぞれのグラフにおいて，すべての偏差を足すと必ず0になります。

ここで偏差を2乗すると，次のようになります。これを偏差平方といいます。

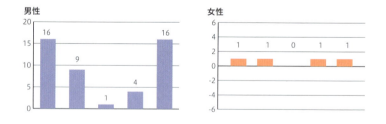

男性，女性それぞれについて偏差平方を合計すると，次のようになります。これを偏差平方和といいます。

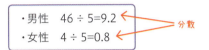

偏差平方和は人数が多くなるほど値が大きくなるため、人数で割って一人当たりの値に換算します。この値が、データのばらつきを表す**分散**という値です。

偏差平方を求める際に2乗したので、ここでルート（平方根）をとります。この値を**標準偏差**といいます。このように、分散、標準偏差は、データのばらつきを見る指標です。

- 男性　$\sqrt{9.2} ≒ 3.0$
- 女性　$\sqrt{0.8} ≒ 0.9$

標準偏差

IV その他の用語

回帰分析 新用語	結果となる数値と、要因となる数値の関係を調べ、それぞれの関係を明らかにする手法を**回帰分析**という。予測やシミュレーションなどで用いられる。回帰分析で、結果となる数値を**目的変数**、要因となる数値を**説明変数**という
推定 新用語	統計学において、標本集団から母集団の特徴を推定することを**推定**という。標本集団とは、母集団から抽出した一部のデータのこと
仮説検定 新用語	母集団に関する仮説を立て、それが正しいかどうかを標本値をもとに検証する手法

② AIの技術

大量のデータをもとに高度な推論を導き出すことを目指したIT技術を、**AI（人工知能）** といい、近年注目を集めています。自動運転や音声認識、AIを搭載した家電など、徐々に広がりを見せています。

I ルールベース 新用語

人間が記述した「ルール」によって判断を行うAIを<u>ルールベース</u>といいます。現在の主流である機械学習（後記 II）が確立される前の方法です。

II 機械学習 新用語

人工知能を実現するためのアプローチとして，人間のもつ学習能力と同じ機能をコンピュータで実現する<u>機械学習</u>があります。機械学習はデータのタイプによって大きく3つに分類できます。

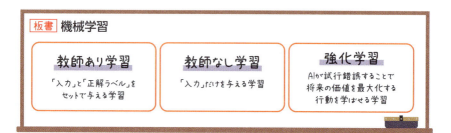

🐾 教師あり学習

<u>教師あり学習</u>とは，「入力」と「正解ラベル」がセットになったデータ（例題）を与え，学習する方法です。例えば，写真に写った動物を判定するAIを作る場合，学習データ（犬が写った画像）に対して，これは「イヌ」というようにラベルをつけて学習させます。

🐾 教師なし学習

<u>教師なし学習</u>とは，「正解ラベル」を与えずに，「入力」だけを与えて学習させる方法です。ラベル（正解）がない状態でデータを読み込み，そこから特徴を把握させます。パターンやカテゴリーごとに分類させたり，規則性や相関性を解析させるのに適しています。

🐾 強化学習

正解を与える代わりに，AI自身が試行錯誤することで将来の価値を最大化する行動を学習させる方法を<u>強化学習</u>といいます。囲碁のAIや将棋のAIは将来の価値

を最大化すること（最終的に勝利すること）が目的なので，強化学習が組み込まれています。

III ニューラルネットワークとディープラーニング 新用語

ニューラルネットワークとは，パターン認識をするように設計された，人間や動物の脳神経回路をモデルとしたアルゴリズムです。ニューラルネットワークを多層構造にすることで，より深い学習を実現したものを**ディープラーニング**といいます。ディープラーニングは機械学習の一部で，大量のデータをコンピュータに与えて学習させると，自ら特徴を抽出し，学習した特徴に基づいて予測や判断を行います。複雑な画像の識別などで，細かい部分まで**特徴量**を抽出できるのがメリットです。

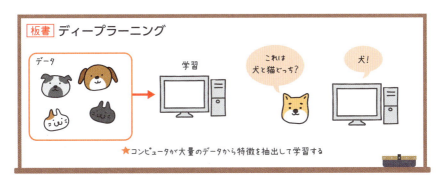

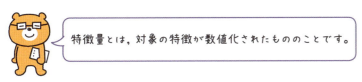

特徴量とは，対象の特徴が数値化されたもののことです。

🐻 バックプロパゲーション 新用語

ニューラルネットワークでは，学習の結果，推論によって導き出された答えと正解が異なってしまうことがあります。そのようなときは，ニューラルネットワークの修正が必要になります。このとき用いられる仕組みに**バックプロパゲーション**（誤差逆伝播法）があります。

テクノロジ系

Chapter 10
アルゴリズムとプログラミング

直近5年間の出題数

R3	1問
R2秋	0問
R1秋	2問
H31春	1問
H30秋	1問
H30春	1問
H29秋	1問
H29春	1問

● システム開発を行うために必要なアルゴリズムやプログラミングについて学びます。

● 出題が少ない分野ですので,あまり深入りせず,サクサク進めていきましょう。

Section 1

■テクノロジ系
Chapter 10 アルゴリズムとプログラミング

データ構造

Section 1はこんな話

データ構造は，データをどのように記憶し，管理するかを決めるものです。何を記憶するか，優先するのは取り出しやすさか使用容量かなど，目的によって適した方法が変わってきます。

プログラミングで使われる基本的なデータ構造を理解しましょう。

1 データ構造とは

プログラムとは，何らかのデータを処理していくものです。このデータの記憶，管理を**データ構造**といい，アルゴリズムと並んでコンピュータのプログラムを構成する重要な要素です。データ構造を理解するには，荷物の保管方法をイメージしてみるといいでしょう。

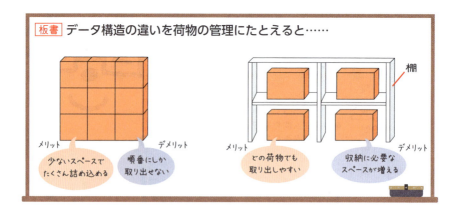

板書 データ構造の違いを荷物の管理にたとえると……

どちらの管理方法も一長一短。目的によって適した方法が変わってきます。その点はデータ構造も同じです。

2 代表的なデータ構造

I 配列とツリー

配列（リスト，アレイともいう）は最も基本的なデータ構造です。番号付きの領域にデータを格納するため，任意のデータをすぐに取り出せるという特徴をもちます。例えば文字データなどは1文字ずつ配列に格納することがあります。画像は2次元のデータなので，縦方向と横方向に広がる2次元配列に格納します。その他に親子関係をもつツリーもよく使われます。例えばフォルダの中にフォルダやファイルが入るファイルシステムなどはツリー型です。

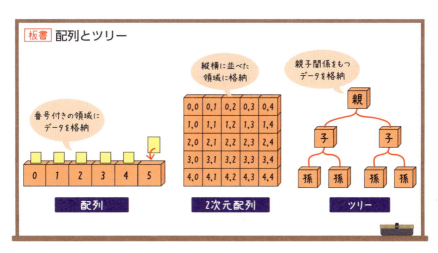

配列は先ほどの荷物のたとえでいうところの，棚に箱を詰めた状態といえます。

223

Ⅱ スタック

スタックはデータを積み上げる形で格納します。最後に格納したものを最初に取り出すため，後入れ先出しを意味する LIFO（Last-In-First-Out）ともいいます。スタックにデータを積む操作をプッシュ（push），取り出すことをポップ（pop）といいます。

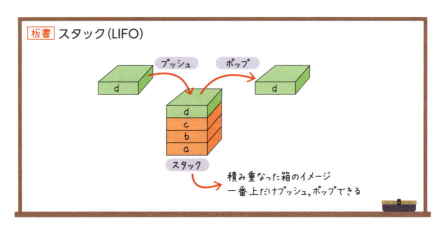

スタックは「積み重ね」という意味の英語です。データが積み重なり，上からしか取り出せないイメージをもてば，スタックの構造を思い出すことができます。

Ⅲ キュー

キューは，順番を保ったままデータを格納していくデータ構造です。最初に格納したものを最初に取り出すため，先入れ先出しを意味する FIFO（First-In-First-Out）ということもあります。

キューの利用例としては，周辺機器からの入力や外部から届いた通信データなどを，処理待ちのために順番を保ったまま溜めておく用途があります。

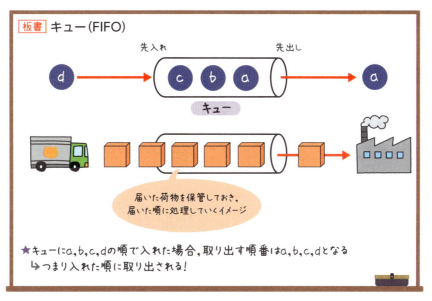

「箱を積み重ねる」のがスタック，「筒にボールを詰める」のがキューといったイメージで覚えておきましょう。

例題 キュー　　　　　　　　　　　　　　　　　　H23特別-問58

あるキューに要素"33"，要素"27"及び要素"12"の三つがこの順序で格納されている。このキューに要素"45"を追加した後に要素を二つ取り出す。2番目に取り出される要素はどれか。

ア　12　　　イ　27　　　ウ　33　　　エ　45

解説 キューは先に入れたものを先に取り出します。このキューには"33"，"27"，"12"，"45"の順に要素が格納されているため，最初に取り出されるのは"33"，2番目に取り出されるのは"27"です。よって，正解はイです。

解答 イ

Section 2 アルゴリズム

■テクノロジ系
Chapter 10 アルゴリズムとプログラミング

Section 2はこんな話

アルゴリズムは，プログラムで行う手順を文章や図で表したもので，いわばプログラムを書くための設計図です。アルゴリズムをわかりやすくするための表現手法として，フローチャートという図があります。

フローチャートの書き方と読み方は覚えておきましょう。

1 アルゴリズムとは

アルゴリズムは，もともとは「数学の問題の解法」を意味する言葉です。プログラミングの世界では，処理の手順を文章やフローチャートなどの図で表します。プログラミングの前段階で考え，必要な処理を整理してからプログラム作成に取りかかります。

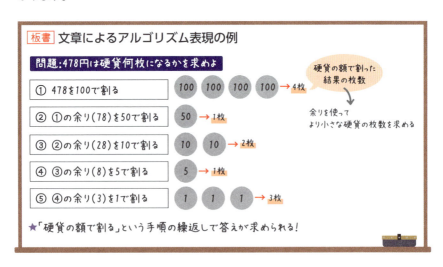

「並べ替え」や「探索」など、よく使われる処理では「定番のアルゴリズム」というものが存在するので、それをもとにプログラム言語に翻訳しながらプログラムを書いていきます。

2 アルゴリズムの表現手法

I フローチャート

アルゴリズムをよりわかりやすくするための表現が**フローチャート**（流れ図）です。処理を記号の中に書き、それらを矢印で結んで処理の流れを明確にします。

記号	名前	意味
⬭	端子	「開始」と「終了」を書くために使う
▭	処理	処理を書くために使う
◇	判断	条件（命題）が真または偽のときに分岐する
—	線	処理の流れを表す線
⬓	ループ端	上下2つの部分からなり、繰り返しの始まりと終わりを表す

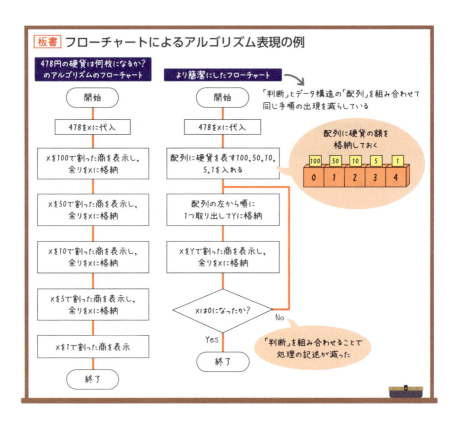

変数にデータを格納することを「代入（だいにゅう）」といいます。試験の問題文で使われることがあるので、意味を覚えておくとよいでしょう。

一般的に同じような手順が繰り返し出現するアルゴリズムには、改善の余地があります。

例題 フローチャート　　　R3-問74

流れ図Xで示す処理では，変数iの値が，1→3→7→13と変化し，流れ図Yで示す処理では，変数iの値が，1→5→13→25と変化した。図中のa，bに入れる字句の適切な組合せはどれか。

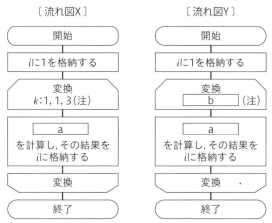

(注) ループ端の繰返し指定は，変数名：初期値,増分,終値を示す。

	a	b
ア	$2i+k$	$k:1, 3, 7$
イ	$2i+k$	$k:2, 2, 6$
ウ	$i+2k$	$k:1, 3, 7$
エ	$i+2k$	$k:2, 2, 6$

解説 最初に，流れ図Xをもとに，aに何が入るかを考えます。
aに「$2i+k$」が入る場合，次のような処理になります。

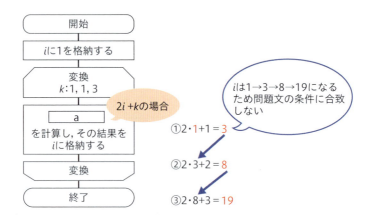

一方，aに「i + 2k」が入る場合，次のような処理になります。

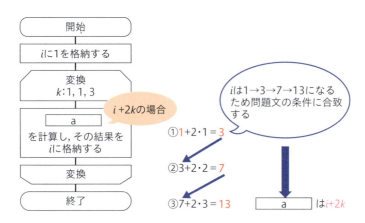

aに i + 2k が入るとわかったので，続いて流れ図Yをもとにbに何が入るか考えます。
bに「k：1，3，7」が入る場合，次のような処理になります。

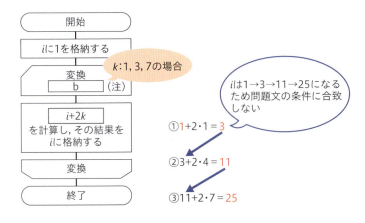

一方，bに「k：2，2，6」が入る場合，次のような処理になります。

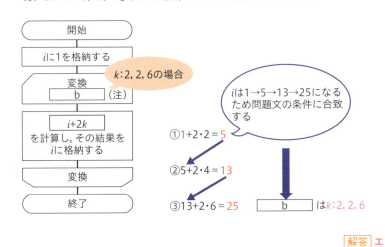

解答 エ

Ⅱ 変数とトレース表

先ほどのフローチャートには、現在の金額を格納するXと、硬貨の額を格納するYという入れ物が登場しています。これはデータを一時的に格納する変数を表しています。

アルゴリズムが進むにつれて、変数に格納された値は変化していきます。変数の各段階の状態をトレース表にまとめておくと、アルゴリズムの出す結果を予測しやすくなります。

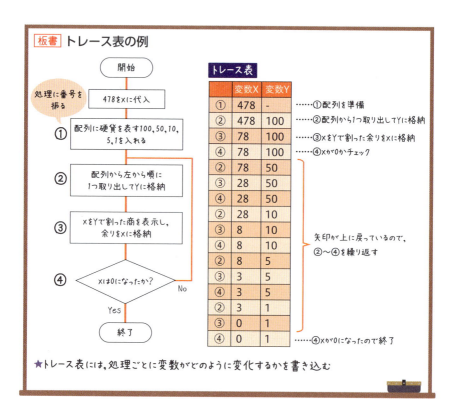

Section 3

■テクノロジ系
Chapter 10 アルゴリズムとプログラミング

プログラム言語

Section 3はこんな話

プログラムを書くための言語をプログラム言語といいます。ただし、コンピュータが理解できるのは2進数の機械語なので、プログラム言語を機械語に変換する必要があります。

試験にはプログラム言語以外のHTMLやCSSなどのコンピュータ言語も登場します。

1 プログラム言語とは

プログラム言語は英数字と記号を組み合わせた言語で、コンピュータに指示を与えるための言語です（Ch6 Sec2 ❸ 参照）。

アルゴリズムをもとにプログラミング言語を使ってソースコードを書き、それを2進数の機械語に変換すると、コンピュータで実行可能なプログラムになります。

板書 アルゴリズム、プログラム言語、機械語の関係

機械語のようにコンピュータが理解しやすい言語を「低水準言語」、プログラム言語のように人間が理解しやすい言語を「高水準言語」といいます。

プログラム言語は用途に応じてさまざまな種類があります。下表にまとめたものは，そのほんの一部です。

言語	特徴
BASIC（ベーシック）	教育目的で作られた言語。派生言語にVisual BasicやVBAがある
C言語	幅広い開発に使われる手続き型言語。派生言語にC++，C#がある
COBOL（コボル）	事務処理に使われる。古い言語というイメージが強いが，現在でもCOBOLで開発されたシステムが数多く動いている
Java（ジャバ）	オブジェクト指向言語で，Webシステム開発に多く使われる
Python（パイソン）	機械学習，統計・解析などの分野でも多く利用される，オブジェクト指向のスクリプト言語
Ruby（ルビー）	国産の言語。Webアプリのサーバサイド開発などに使われるスクリプト言語
Fortran（フォートラン）[新用語]	数値計算に適した言語。スーパコンピュータでよく用いられる
R言語 [新用語]	統計解析に特化した言語。近年，AIやビッグデータの利活用が一般的になったことで改めて注目されている

言語の名前が試験に出てくることがあるので，大まかに頭に入れておきましょう。特徴まで覚える必要はありません。

2 プログラム言語以外のコンピュータ言語

コンピュータで使われる言語には，プログラム言語ではないものもあります。メジャーなものに HTML，CSS，XML があります。これらはアルゴリズムをもとに書くものではなく，成果物はプログラムではありません。用途はさまざまです。

I HTML

HTML（Hyper Text Markup Language）は，Webページを記述するための言語です。テキストデータをタグという記号でくくり，どこが見出しでどこが本文かという意味付けをします。HTMLファイルはWebブラウザによって解釈され，Webページとして表示されます。

HyperTextという名前のとおり，ほかのHTMLファイルにハイパーリンクを貼り，クリックなどの操作でジャンプしながら読み進めることができます。

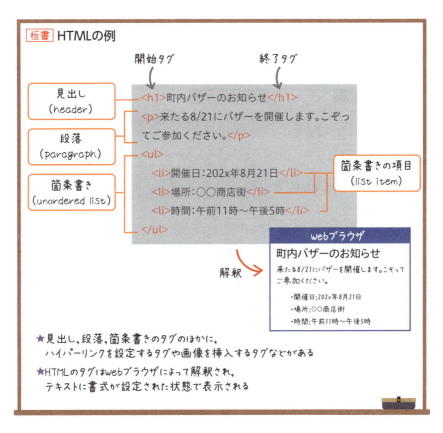

HTMLは文書にマークを入れて意味付けすることから，**マークアップ言語**といいます。

II XML

XML（**Extensible Markup Language**）は**マークアップ言語**の一種です。Extensibleは「拡張可能」を意味し，ユーザが独自のタグを定義して使用することができます。

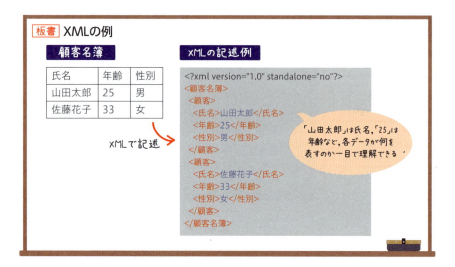

HTMLとXML

HTMLとXMLはどちらもISOで国際標準化されている**SGML**（Standard Generalized Markup Language）というマークアップ言語をもとにして同時期に誕生した言語です。

III CSS

CSS（**Cascading Style Sheets**）はWebページの書式を設定する言語で，**スタイルシート**ともいいます。**セレクタ**と**プロパティ**で構成されており，セレクタでHTMLのどの部分を対象にするかを決め，プロパティで文字サイズや色などの書式を指定します。

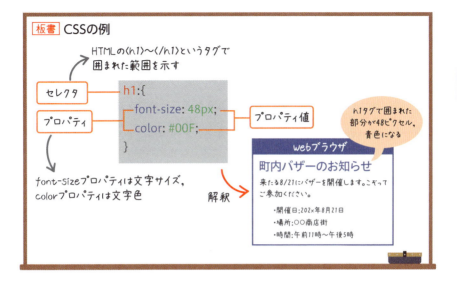

IV スクリプト言語(簡易言語)

　コンピュータがプログラムをその都度解釈しながら実行するプログラム言語を**スクリプト言語**(**簡易言語**)といいます。スクリプト言語は，コンパイル(コーディング後に機械語に変換する作業)が不要なため，書き直しに手間がかからず，変更の多いWeb関連のサービスに向いています。

　代表的なスクリプト言語に**JavaScript**があります。JavaScriptはWebブラウザが解釈して実行します。

| 例題 | スタイルシート | H31春-問81 |

Webサイトを構築する際にスタイルシートを用いる理由として，適切なものはどれか。

ア　WebサーバとWebブラウザ間で安全にデータをやり取りできるようになる。
イ　Webサイトの更新情報を利用者に知らせることができるようになる。
ウ　Webサイトの利用者を識別できるようになる。
エ　複数のWebページの見た目を統一することが容易にできるようになる。

解説　CSS（スタイルシート）は，Webページの書式を設定する言語です。CSSを複数のWebページに適用することで，複数のWebページの見た目を容易に統一できます。よって，答えはエです。
ア　HTTPSを用いる理由です。
イ　RSSを用いる理由です。
ウ　Cookieを用いる理由です。

解答　エ

テクノロジ系

Chapter 11

システム

直近5年間の出題数

R3	5問
R2秋	2問
R1秋	3問
H31春	2問
H30秋	2問
H30春	4問
H29秋	2問
H29春	1問

- システムの内部構成やシステムの性能を評価する指標などを学習します。
- 計算問題が出ることもありますが，深入りせず，解きやすい問題で点数を稼ぎましょう。

Section 1

■テクノロジ系
Chapter 11 システム

システムの処理形態

Section 1はこんな話

コンピュータシステムは，ユーザの要求に応じてさまざまな処理を行い，その結果を返していきます。このときの処理の仕方を「処理形態」といいます。

1 2つの処理形態

システムの処理形態には大きく分けて「集中処理」と「分散処理」があります。集中処理では，1台のコンピュータ（ホストコンピュータ）がすべての処理を担います。分散処理は，複数のコンピュータが分担して処理を担います。

	メリット	デメリット
集中処理	1台で処理するため，管理しやすく，高いセキュリティが保てる	ホストコンピュータに処理が集中するため高い負荷がかかる。ホストコンピュータが故障した場合，システム全体が停止する
分散処理	一部のコンピュータが故障してもシステムは稼働し続けられる	コンピュータの台数が多いためデータが分散し，管理の手間がかかる。セキュリティ上のリスクが高まる

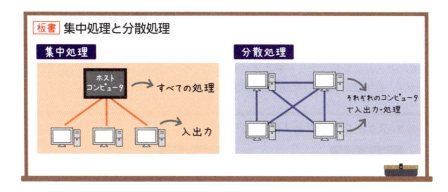

分散処理の代表的なシステムに「クライアントサーバシステム」があります。これは，特定の機能の処理を専門に受け持ち，結果を提供する側（サーバ）と，処理を要求して結果を受け取る側（クライアント）を明確に分けて運用する形態で，インターネットにも用いられています。

	メリット	デメリット
クライアントサーバシステム	サーバへの負荷が増大した場合，サーバを増やすことで負荷を分散できる	1つのサーバに負荷が集中すると，サービス停止時に大きな影響がある

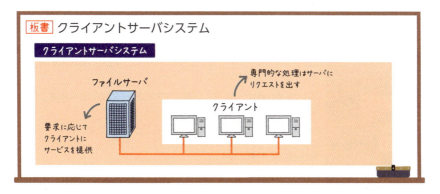

クライアントサーバシステムでは，入力や表示といった一般的な処理を個々のパソコン（クライアント）が受け持ち，サーバが専門的な処理を集中して行います。これにより，高い負荷にも耐えられるところが特徴です。

I スケールアップとスケールアウト

サーバの処理時間の増大が問題となっているシステムなどにおいて，サーバを高性能のサーバに交換することをスケールアップといいます。また，サーバの台数を増やすことでサーバの処理性能を向上させることをスケールアウトといいます。

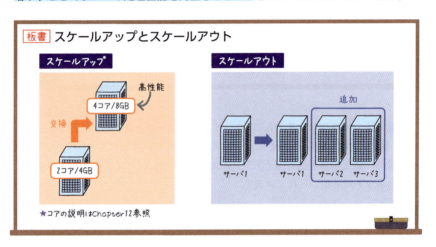

II その他の関連用語

その他，システムの処理に関する用語は次のとおりです。

ボトルネック	処理が集中することで処理速度が落ち，システム全体の処理速度が遅延する原因となっている部分
ピアツーピア	明確な役割分担はしないで，各端末（コンピュータ）が対等な立場でやり取りを行う処理形態
クラスタ	複数のコンピュータを連携させ，全体を1台の高性能なコンピュータであるかのように利用する形態。性能の向上だけでなく，負荷分散や可用性の確保にも利用される
Webシステム	Web上で利用できるサービスやシステム。一般的には，Webブラウザをクライアントとして処理を行う（Webアプリケーション）
グリッドコンピューティング	ネットワーク上の複数のコンピュータを結んで並列処理を行うことにより，仮想的に高い処理能力をもつコンピュータとして利用する方式。分散コンピューティングともいう

2 仮想化

仮想化とは，物理的な1台のコンピュータ上に，複数のOSやアプリケーションを動作させ，クライアントから見た場合に，あたかも複数のコンピュータが稼働しているかのように運用する技術です。

サーバを仮想化すると，物理的なコンピュータの台数を減らすことができるのでコストを削減し，スペースも有効活用できます。また，新たなサーバを増設するたびにハードウェアを調達して初期設定を行う必要がなくなり，作業の効率が上がるなどのメリットがあります。

板書 サーバの仮想化

例題 サーバ仮想化　　　　　　　　　　　　　　　　　　　R1秋-問74

サーバ仮想化の特長として，適切なものはどれか。
ア　1台のコンピュータを複数台のサーバであるかのように動作させることができるので，物理的資源を需要に応じて柔軟に配分することができる。
イ　コンピュータの機能をもったブレードを必要な数だけ筐体に差し込んでサーバを構成するので，柔軟に台数を増減することができる。
ウ　サーバを構成するコンピュータを他のサーバと接続せずに利用するので，セキュリティを向上させることができる。
エ　サーバを構成する複数のコンピュータが同じ処理を実行して処理結果を照合するので，信頼性を向上させることができる。

解説　サーバの仮想化は，物理的なコンピュータの上に複数の仮想サーバを動作させることで，コストの削減および省スペース，作業効率アップが可能です。
イ　ブレードサーバの記述です。
ウ　スタンドアロンの記述です。
エ　デュアルシステムの記述です。

解答　ア

1 仮想マシン 新用語

　仮想化の技術を用いて，仮想的に作られたハードウェアを **VM**（**Virtual Machine：仮想マシン**）といいます。仮想化の方式には主に3種類あり，状況にあわせて使い分けられています。

　1つ目は**ホスト型**です。サーバにOSをインストールして（ホストOS），そのOS上にホスト型仮想化ソフトウェアをインストールし，ゲストOSやアプリケーションで構成された仮想マシンを構築します。

　2つ目は**ハイパバイザ型**です。ハードウェアに「ハイパバイザ」という仮想化ソフトウェアをインストールし，その上に仮想マシンを構築します。

　3つ目は**コンテナ型**です。ホストOSに「コンテナエンジン」という環境を導入し，コンテナという区画化された環境を作り，アプリケーションを実行します。

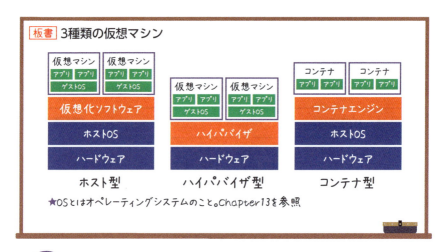

板書 3種類の仮想マシン

★OSとはオペレーティングシステムのこと。Chapter13を参照

ひとこと

VDI 新用語

VDI（**Virtual Desktop Infrastructure：デスクトップ仮想化**）とは，デスクトップ環境を仮想化させ，パソコンのデスクトップ環境をサーバ上で稼働させる仕組みのことです。利用者は各端末（シンクライアント）からサーバにアクセスし，OSやアプリケーションを実行します。

■ シンクライアント

シンクライアントとは，ハードディスクなどを搭載せず，最低限必要なユーザインタフェース機能だけをもたせたクライアント端末のことです。処理をすべてサーバ側で行い，シンクライアントでは必要最低限の処理しか行いません。シンクライアントを採用すると，クライアントの保守やセキュリティ管理が容易になり，結果としてコストの削減を図ることができます。

ライブマイグレーション 新用語

ある物理的サーバ上にある仮想マシンを，稼働させたまま別の物理的サーバへ移動させる技術をライブマイグレーション（Live Migration）といいます。サーバの移行に伴うシステム停止時間を短縮できるのがメリットです。

■ リアルタイム処理とバッチ処理

システムの処理は，システムの目的に合わせたタイミングで行われます。端末から入力されたデータを即時に処理することをリアルタイム処理，一定期間，一定量のデータをまとめて一括処理することをバッチ処理といいます。

例えば，銀行のATMで行う入出金やチケットの予約など，すぐに対応しなければならない処理はリアルタイム処理で行います。一方で，会社の給与計算や請求処理など，一定の集計期間のデータに対してまとめて対応すればよい場合はバッチ処理が適しています。

さらに，人間がコマンド（命令）を入力し，システムがそれに返答するというやり取りによって進める処理を対話型処理といいます。途中で人間による判断が必要な処理に適しています。

■ NAS

社内LANなどのネットワークに直接接続できる記憶装置をNAS（Network Attached Storage）といいます。OS機能，磁気ディスク装置，ネットワークインタフェースなどを搭載しており，ファイルサーバやデータベースサーバとして動作させることが可能です。

ブレードサーバ

シャーシという箱に薄いサーバを差し込んで使うサーバの集合体をブレードサーバといいます。省スペース化が実現し，部品の交換が容易に行えるなどのメリットがあります。

ブレード（Blade）には「刃」という意味があり，初期のサーバが刃のように薄く，細長かったことに由来しています。

Section 2

■テクノロジ系
Chapter 11 システム

システムの利用形態

Section 2はこんな話

開発者・ユーザの双方にとって、システムは「作って終わり」というわけにはいきません。実際の運用で障害が発生し、深刻な事態を招くこともあるからです。これを避けるには、システムに余裕を確保することが必要です。

システムを冗長化する2つの仕組みとその違い、RAIDは覚えておきましょう。

1 システムの冗長化

　システム障害に備えて、機器やシステムを複数用意しておくことを冗長化といいます。一瞬の停止も許されないシステムでは、万一の事態に備えたシステムの冗長化が欠かせません。一方で、同じものを複数用意する冗長化にはコストがかかるため、冗長化するかどうかはシステムの緊急性や必要性から判断されます。

I デュアルシステム

　同じ処理を常に2つのシステムで行い、実行結果を互いにチェックしながら処理を行うシステムを、デュアルシステムといいます。デュアル (dual) は二重を意味します。

板書 デュアルシステム

■ デュプレックスシステム

主系（メイン）と待機系（サブ）で構成されるシステムを**デュプレックスシステム**といいます。主系が処理を行っている間，待機系は主系の故障に備えて待機します。

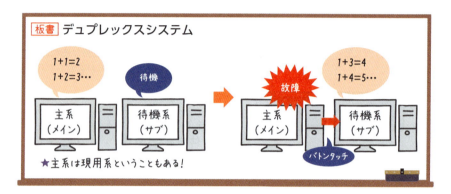

ホットスタンバイ方式とコールドスタンバイ方式 [新用語]

デュプレックスシステムの待機系の待機方法には，**ホットスタンバイ**と**コールドスタンバイ**という2種類の方式があります。

ホットスタンバイは，主系と待機系で別の処理を行わず，常に主系と同じプログラムを起動して待機させておくことです。**コールドスタンバイ**は，通常は待機系には主系とは違う処理を行わせ，主系の障害時に主系と同じプログラムを起動し，処理を切り替えます。

シンプレックスシステム
冗長化などを行わず，必要最低限の機器で構成されたシステムを**シンプレックスシステム**といいます。シンプレックスシステムでは，システム構成の1箇所で障害が発生すると，システム全体が止まってしまいます。

2 RAID

複数のハードディスク（HDD）で，データのアクセスや保存の高速性・信頼性を高める技術を**RAID**（レイド）といいます。RAIDにはいくつか種類がありますが，中でもRAID 0（**ストライピング**）やRAID 1（**ミラーリング**），**RAID 5**が試験でよく出題

されます。

Ⅰ RAID 0（ストライピング）

2台以上のHDDにデータを分散して書き込むことで，データへのアクセスの高速化を実現できます。一方で，データはどれか1つのHDDにしか保存されないため，HDDが1台でも故障するとデータが消失してしまいます。RAID 0には冗長性がありません。

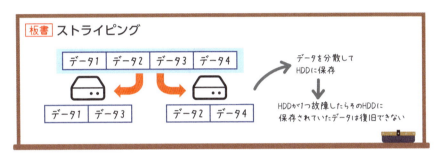

Ⅱ RAID 1（ミラーリング）

2台以上のHDDにまったく同じデータを書き込みます。1台のHDDが故障してもほかのHDDに同じデータが保存されているため，データ消失の心配はありません。ただし，同じデータを2つ以上のHDDに保存するため，ディスク容量の利用効率は下がります。

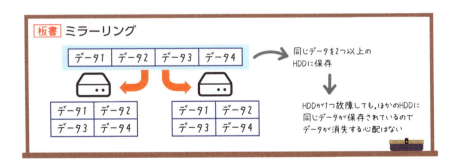

Ⅲ RAID 5

　3台以上のHDDに，データと，消えたデータを復元する符号「パリティ情報」を分散して書き込みます。HDDが1台故障しても，ほかのHDDに保存されている残ったデータとパリティ情報を使って，故障したHDDに保存されていたデータを復旧できます。

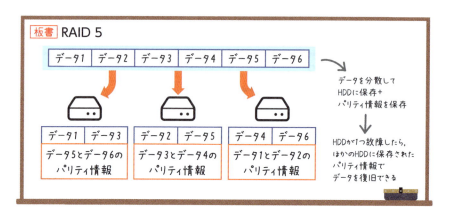

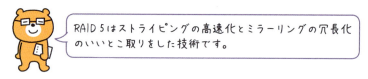

Ⅳ レプリケーション

　オリジナルのデータベースと同じ内容のデータベース（レプリカ，複製）を用意しておき，オリジナルが更新されるとレプリカにもその内容を反映する機能を**レプリケーション**といいます。
　障害発生などの理由でオリジナルのデータベースが停止しても，レプリカのデータベースを稼働させ，サービスの利用者への被害を最小限にとどめることができます。また，データベースを更新用と参照用に分け，負荷を分散することも可能です。

板書 レプリケーション

元データ

同期

レプリカ

例題 RAID   H31春-問62

複数のハードディスクを論理的に一つのものとして取り扱うための方式①～③のうち，構成するハードディスクが1台故障してもデータ復旧が可能なものだけを全て挙げたものはどれか。
① RAID5
② ストライピング
③ ミラーリング
ア ①，②　　イ ①，②，③
ウ ①，③　　エ ②，③

解説
① 3台以上のHDDにデータとパリティ情報を分散して書き込むことで，HDDが1台故障してもデータの復旧が可能です。
② 2台以上のHDDにデータを分散して書き込みます。分散されたそれぞれのデータは1台のHDDにしか保存されないため，HDDが1台故障するとデータの復旧ができません。
③ 2台以上のHDDにまったく同じデータを書き込みます。1台のHDDが故障してもデータの復旧が可能です。
よって，答えは①，③の**ウ**です。

解答 ウ

Section 3 ■テクノロジ系
Chapter 11 システム

性能と信頼性

Section 3はこんな話

システムの運用で重要なポイントは，処理の速さと障害の少なさです。万が一障害が発生したときでも，復旧の早いシステムは高い信頼性があるといえます。

稼働率の計算方法を覚えましょう。

1 システムの性能

　システムに要求や入力を与えてから最初の応答を得るまでにかかる時間のことを**レスポンスタイム**（**応答時間**）といいます。リアルタイム処理の場合のシステムの性能を測る1つの指標となります。レスポンスタイムが短ければ短いほど，ユーザが求める処理結果を得るまでの「待ち時間」が少なくなります。

ベンチマークテスト
性能を測定するためのソフトウェアを使い，システムが処理に要する時間などを測るテストを**ベンチマークテスト**といいます。

2 システムの信頼性

　どれだけ高性能でも，故障や障害などの理由で利用できない時間が長いようなシステムは，よいシステムとはいえません。一定の運転期間中にシステムが正常に稼働していた時間の割合を**稼働率**といい，システムを評価する指標として使われます。

1 MTBFとMTTR

システムの障害と障害の間，つまり正常に稼働している時間の平均を**MTBF**（Mean Time Between Failure：平均故障間動作時間）といいます。

また，故障してから復旧するまでにかかった時間の平均値を**MTTR**（Mean Time To Repair：平均修復時間）といいます。

MTBFとMTTRは稼働率の計算に使われます。

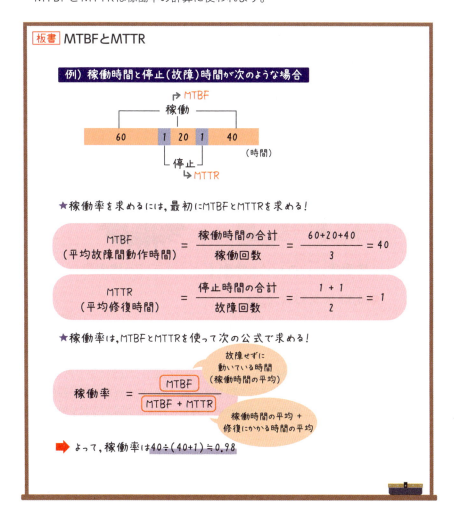

稼働率を求める公式から，MTBFの値が大きいほど，MTTRの値が小さいほど稼働率が高くなることがわかります。

Ⅱ 複数のシステムがある場合の稼働率

動いているシステムが1つだけであれば，Ⅰの板書の方法で稼働率を求められますが，複数のシステムが動いている場合，どのようにシステムがつながれているかによって稼働率の求め方が異なります。

システムのつなぎ方には，直列接続と並列接続があります。

🐻 直列接続

システムを直列につなぐ接続方法です。

🐻 並列接続

システムを並列につなぐ接続方法です。並列接続の場合は経路が2つあるため，1つのシステムが故障しても，もう1つのシステムが動いていればシステムは稼働し続けられます。つまり，システムが2つとも停止した場合のみ，システムが停止します。

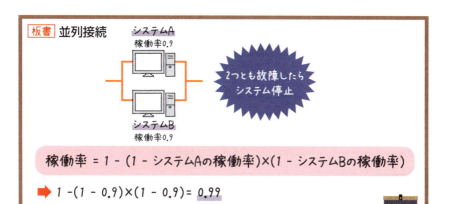

例題 稼働率   H26秋-問84

図のような構成の二つのシステムがある。システムXとYの稼働率を同じにするためには、装置Cの稼働率を幾らにすればよいか。ここで、システムYは並列に接続した装置Bと装置Cのどちらか一つでも稼働していれば正常に稼働しているものとし、装置Aの稼働率を0.8、装置Bの稼働率を0.6とする。

ア 0.3　　イ 0.4　　ウ 0.5　　エ 0.6

解説 まず、システムXは装置Aのみ直列接続されているので、装置Aの稼働率0.8がそのままシステムXの稼働率になります。

続いて、システムYは装置Bと装置Cが並列接続されているため、システムYの稼働率を求める計算式は、次のようになります。

システムYの稼働率 = 1 －（1 －装置Bの稼働率）×（1 －装置Cの稼働率）

システムYの稼働率がシステムXの稼働率と同じ0.8になるようにすると、装置Cの稼働率を求める計算式は、次のようになります。

0.8 = 1 －（1 － 0.6）×（1 －装置Cの稼働率）
装置Cの稼働率 = 0.5

解答 ウ

3 システムの信頼性を高めるための仕組み

稼働率が100%のシステムが作れればそれに越したことはありませんが，完璧を目指すことはコストや確率の面から非現実的です。そのため，システムが故障した場合でもその影響を最小限にとどめようとするフォールトトレラント（Fault Tolerant＝障害許容性）という考え方があります。

フォールトトレラントに対応する代表的な仕組みには，次の3つがあります。

フェール セーフ	システムに故障（フェール）が発生した場合，安全性（セーフ）を最優先に対応するよう設計すること。例えば，停電時に赤信号が点灯した状態になる信号機など
フェール ソフト	システムに故障が発生した場合，全体を停止するのではなく一部の機能を切り離すなどして継続するよう設計すること。例えば，1つのエンジンが故障してももう1つのエンジンで飛行を続ける飛行機など
フール プルーフ	意図しない操作をされた場合に，システムが誤動作しないよう設計すること。愚か者（フール），すなわち正しい使い方を知らない人が使っても耐えられる（プルーフ）という意味。例えば蓋が閉まっていないと洗濯槽が回転しない洗濯機など

4 装置のライフサイクル

機械や装置は，時間の経過とともに故障率が変わります。一般的には，導入して間もない初期に故障率が高まり，その後しばらくは故障率が低い状態が続き，寿命が近づくと再び故障率が高まります。

この故障率をグラフに表すと，次のようになります。お風呂のバスタブの形に似ていることから，バスタブ曲線といいます。

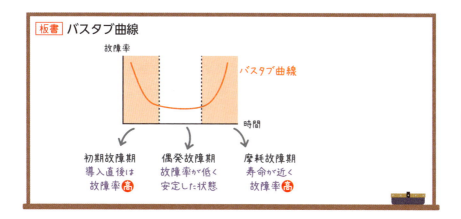

5 システムにかかるコスト

　システムを評価するにあたっては，コスト（お金）の話は欠かせません。どれだけ高機能なシステムを作ったとしても，お金がかかりすぎて維持できなくなっては意味がないからです。

　システムにかかるお金は，システム導入時にかかる初期コスト（イニシャルコスト）のほか，電気代や人件費，消耗品の交換，ユーザの教育などシステムの維持・管理にかかる運用コスト（ランニングコスト）などがあります。

　これらのコストをすべてまとめてTCO（Total Cost of Ownership）といいます。従来はシステム開発費などの初期コストの割合が大きかったのに対し，近年はクラウドサービスの利用料やサポートの人件費といった運用コストの割合が増えているため，TCOの概念が重要視されるようになりました。

板書 **TCO**

TCO (Total Cost of Ownership)

初期コスト
・ハードウェア購入費
・ソフトウェア購入費
・システム開発費
など

運用コスト
・電気代
・人件費
・消耗品費
・ユーザの教育費　など

TCOはシステムの入手，導入から廃棄にいたるまでのすべてのコストを表します。

例題 **TCO**　　　　　　　　　　　　　　　　　　　H27秋-問53

　コンピュータシステムに関する費用a～cのうち，TCOに含まれるものだけを全て挙げたものはどれか。
a　運用に関わる消耗品費
b　システム導入に関わる初期費用
c　利用者教育に関わる費用
ア　a, b　　**イ**　a, b, c　　**ウ**　a, c　　**エ**　b, c

解説　システムの入手，導入から廃棄にいたるまでの**すべてのコストがTCOに含まれます**。a～cは，いずれも**システムに関わる費用なのでTCOに含まれます**。よって正解は**イ（a, b, c）**です。

解答 **イ**

テクノロジ系

Chapter 12

ハードウェア

直近5年間の出題数

R3	1問
R2秋	5問
R1秋	4問
H31春	4問
H30秋	4問
H30春	4問
H29秋	5問
H29春	5問

- コンピュータを構成する要素とそれぞれの役割，ハードウェアの代表的なものを理解しましょう。
- まずは，用語の定義をしっかり覚えましょう。解きやすい問題を解けるようにしましょう。

Section 1 ■テクノロジ系
Chapter 12 ハードウェア

コンピュータの種類

Section 1はこんな話

現代社会では，さまざまな形態のコンピュータがあらゆる部分で使われています。種類や構成を知ることで，コンピュータを理解しましょう。

パソコン以外にもコンピュータがあるの…？

「コンピュータ」とその頭脳となる「プロセッサ」について理解しましょう。

1 コンピュータの種類

　コンピュータと聞くと，一般的にはパソコンやスマートフォンを連想します。しかし，それだけが現代社会で活躍しているコンピュータではありません。例えば，炊飯器やエアコン，自動車などに組み込まれているマイコン（マイクロコンピュータ）も，低コストで済むよう機能は抑えられていますが立派なコンピュータです。

板書 代表的なコンピュータの種類

◆パーソナルコンピュータ
　↳ **PC**などの個人向けのコンピュータ
◆マイクロコンピュータ
　↳ 家電などに組み込まれる小型のコンピュータ
◆**スマートデバイス**
　↳ **スマートフォン**や**タブレット端末**などの携帯情報端末，スマートウォッチなどの**ウェアラブル端末**
◆**汎用コンピュータ**
　↳ 基幹業務に使われる大型コンピュータ
◆サーバコンピュータ
　↳ 要求を受けて処理を行い，結果を返すコンピュータ
◆スーパコンピュータ
　↳ 科学技術計算のために作られた大型コンピュータ

コンピュータを分類する用語は，それが生まれた時代背景も踏まえて理解する必要があります。例えば，大型コンピュータを指す汎用コンピュータは，まだパソコンが普及していない1960年代頃に，特定の計算処理しかできない専用機や端末コンピュータと区別するために生まれたものです。基幹業務を主な対象として，事務処理から技術計算まで幅広い用途に利用されています。

2 コンピュータの構成

家電のマイクロコンピュータから巨大なスーパコンピュータまで，すべてのコンピュータは制御，演算，記憶，入力，出力という5つの機能（装置）で構成されています。これらをコンピュータの5大機能（装置）といいます。

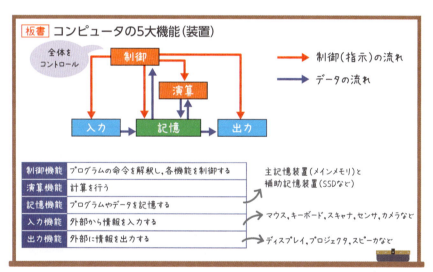

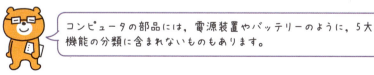

コンピュータの部品には，電源装置やバッテリーのように，5大機能の分類に含まれないものもあります。

全体をコントロールするのは制御機能です。記憶機能からプログラム中の命令を順に読み込み，その命令を解釈して各機能に指示を出していきます。

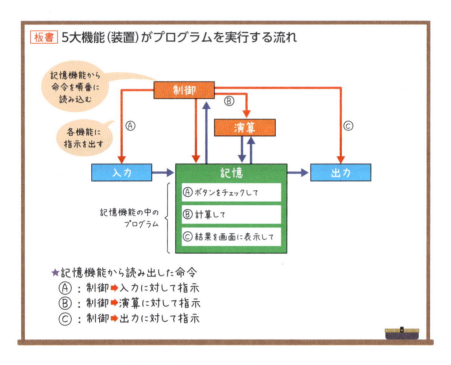

このあと、5大機能（装置）の解説をしていきますが、本書では「○○機能」のことを、「○○機能を提供する装置」という意味で「○○装置」と表記することもあります。

3 プロセッサの基本的な仕組み

コンピュータの中核となる部品を**プロセッサ**（処理装置）といいます。プロセッサは主に**制御機能**と**演算機能**からなり、**CPU**（Central Processing Unit）ともいいます。

I クロック周波数

プロセッサは**クロック**という信号にあわせて動作します。クロックが1秒間に振幅する回数を表す値を**クロック周波数**といいます。Hz（ヘルツ）という単位で表し

ます。例えばプロセッサのクロック周波数が1GHz（ギガヘルツ）であれば，1秒に10億回振幅する信号にあわせて動作することになります。同じ設計のプロセッサであれば，クロック周波数の値が大きいほど処理の速度が速くなります。

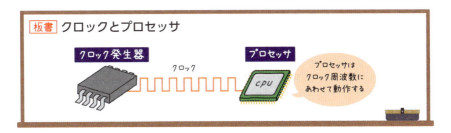

板書 クロックとプロセッサ

II コア数

コアとは，プロセッサの中核となる回路（主に制御機能と演算機能）のことで，コアを増やせば複数の処理を並列で実行することができます。複数のコアを含むプロセッサの構造をマルチコアプロセッサといいます。コアの数によって，デュアルコア（2コア），クアッドコア（4コア），オクタコア（8コア）などといいます。

III ビット数

プロセッサの性能を表す指標の1つにビット数というものがあります。これは，1回の演算で処理できるデータ量を表したものです。データは2進数で扱うため，1ビットでは0と1の2種類，2ビットでは00と01と10と11の4種類といったように，ビット数が多いほど扱える情報量が多くなります。コンピュータのCPUには32ビットCPUや64ビットCPUなどがあり，ビット数の数字が大きいCPUを搭載したコンピュータのほうが高性能であるということです。

ビット数が多いほど，一度に大きな数値の計算ができるようになり，大容量の主記憶装置（メインメモリ）を接続できます。

Ⅳ レジスタ

CPUの内部にある高速小容量の記憶装置を**レジスタ**といいます。演算や制御にかかわるデータや命令を一時的に格納します。

互換CPU

互換CPUとは、他社製の既存プロセッサと同じプログラムの命令を実行できるプロセッサのことです。例えばAMD社のCPUは、パソコンの世界で業界標準であるインテル社のCPUと同じプログラムを実行できるため、互換CPUといえます。

例題 CPUの性能　　　　　　　　　　　　　　　　　　　　H29秋-問75

　CPUの性能に関する記述のうち、適切なものはどれか。
- ア　32ビットCPUと64ビットCPUでは、32ビットCPUの方が一度に処理するデータ長を大きくできる。
- イ　CPU内のキャッシュメモリの容量は、少ないほど処理速度が向上する。
- ウ　同じ構造のCPUにおいて、クロック周波数を上げると処理速度が向上する。
- エ　デュアルコアCPUとクアッドコアCPUでは、デュアルコアCPUの方が同時に実行する処理の数を多くできる。

解説　同じ構造のCPUなら、高いクロック周波数に対応したものほど**処理速度は速く**なります。よって、答えは**ウ**です。
- ア　CPUのビット数は、**CPUが扱える情報量**を表します。32ビットCPUよりも64ビットCPUのほうが一度に処理できるデータ量が大きくなります。
- イ　CPUのキャッシュメモリの容量は、**大きいほど処理速度が向上**します。
- エ　**コアを増やすと同時に実行する処理の数が多くできる**ので、デュアルコア（2コア）よりもクアッドコア（4コア）のほうが同時に実行できる処理の数が多くなります。

解答　ウ

Section 2

■テクノロジ系
Chapter 12 ハードウェア

記憶装置

Section 2はこんな話

記憶装置はデータやプログラムを記憶する装置の総称です。メモリともいいます。揮発性／不揮発性，読み取り専用／読み書き可，高速・小容量／低速・大容量など，さまざまな種類のものがあります。

種類が多いので，コンピュータのどこに使われるかをイメージして覚えましょう。

1 記憶装置の分類

　記憶装置はいくつかの特徴や，速度，コストなどの基準で細かく分類されています。一番大きな分類は，電源の供給がないとデータが消えるか，消えないかによる分類です。電源の供給がないとデータが消える性質を揮発性（RAM），電源の供給がなくてもデータが消えない性質を不揮発性（ROM）といいます。揮発とはアルコールのように自然と蒸発するという意味です。
　もう1つの分類は，読み取り専用か，読み書きができるかによる分類です。読み取り専用（いったん記憶したら書き換えできない）のタイプと，読み書きができるタイプがあります。

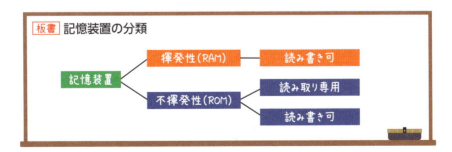

Ⅰ RAM

RAMは，電源の供給がないとデータが消えてしまう揮発性のメモリです。DRAM（Dynamic RAM）とSRAM（Static RAM）の2種類があります。

名前	特徴	用途
DRAM	SRAMに比べるとアクセス速度は劣るが，低コストで大容量化できる。記憶を保持するために定期的にリフレッシュという処理が必要	コンピュータの主記憶装置（メインメモリ）
SRAM	DRAMよりもアクセス速度が高速。リフレッシュの処理が不要	キャッシュメモリ

キャッシュメモリとメインメモリの関係は，❷の記憶階層で改めて解説します。

Ⅱ ROM

ROMは，電源の供給がなくてもデータが消えない不揮発性のメモリです。揮発性のものに比べて低速なので，データやプログラムを長期保存する目的で使われます。半導体メモリのほかに，磁気で記憶するものや，レーザ光で記憶するものなどさまざまな方式があります。ROMのうち,特殊な条件下で書き換え可能にしたROMをPROM（Programmable ROM）といい，いくつか種類があります。PROMの中でも，手軽に書き換えできるものとしてフラッシュメモリが有名です。フラッシュメモリはUSBメモリやSSD，SDカードなどのメモリカードなど幅広く使われています。

| 例題 | **揮発性メモリ** | R2秋-問79 |

次の①〜④のうち，電源供給が途絶えると記憶内容が消える揮発性のメモリだけを全て挙げたものはどれか。
① DRAM
② ROM
③ SRAM
④ SSD

| ア | ①，② | イ | ①，③ |
| ウ | ②，④ | エ | ③，④ |

解説 選択肢のうち，揮発性のメモリは①DRAMと③SRAMです。②ROMと④SSDは電源を切っても記憶内容が保持される不揮発性のメモリです。よって，答えはイです。

解答 イ

2 記憶階層

コンピュータの記憶装置は，プロセッサ内のレジスタ／キャッシュメモリ／主記憶／補助記憶など，いくつかの階層に分かれています。これを記憶階層といいます。いくつかの階層に分かれているのはコストと性能のバランスを考えた結果です。

キャッシュメモリとは，主記憶装置（メインメモリ）とプロセッサの間にある記憶装置で，プロセッサと主記憶装置のアクセスの速度差を解消する役割をもっています。これにより，全体の処理速度を向上させることができます。

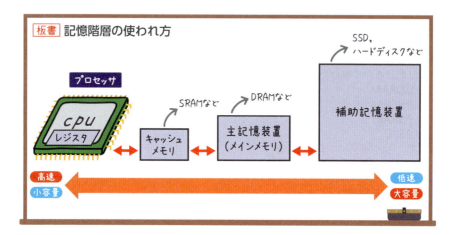

キャッシュメモリは数段階に分かれていることがあります。プロセッサに近い方うから1次キャッシュ，2次キャッシュ，3次キャッシュといいます。

補助記憶装置のことはストレージともいいます。

例題 処理性能が低下している原因を除去する対策　　　R2秋-問59

仮想記憶を利用したコンピュータで，主記憶と補助記憶の間で内容の入替えが頻繁に行われていることが原因で処理性能が低下していることが分かった。この処理性能が低下している原因を除去する対策として，最も適切なものはどれか。ここで，このコンピュータの補助記憶装置は1台だけである。
ア　演算能力の高いCPUと交換する。
イ　仮想記憶の容量を増やす。
ウ　主記憶装置の容量を増やす。
エ　補助記憶装置を大きな容量の装置に交換する。

解説 主記憶装置にできるだけ多くのデータを保存することで主記憶装置と補助記憶装置の間の内容の入替え回数を減らすことができれば，処理性能が向上すると考えられます。そのため，主記憶装置の容量を増やすことが対策として有効です。よって，答えはウです。

解答 ウ

3 補助記憶装置

代表的な補助記憶装置の特徴を紹介していきます。

I HDD

HDD（ハードディスク）は，読み書きの速度が高速で，大容量のデータ保存を実現できます。補助記憶装置の代表的な存在です。

II SSD

SSD（Solid State Drive）は，半導体メモリを記憶媒体に用いた補助記憶装置です。フラッシュメモリを用いているため，アクセス時間が短い，消費電力が少ないといった長所があります。

III 光学式の記憶装置

光学式の記憶装置は，レーザ光線を用いてデータの読み書きを行います。

光学式の記憶装置は，名前にROMと付くものは書き換えができず，Rと付くものは1回だけ書き込みできます。RWやRAM，REが付くものは複数回の書き換えが可能です。また，**CD**（Compact Disc），**DVD**（Digital Versatile Disc），**BD**（Blu-ray Disc）の順に記録容量が大きくなります。

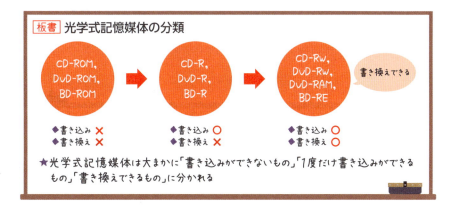

Section 3
■テクノロジ系
Chapter 12 ハードウェア

入出力装置

Section 3はこんな話

パソコンのキーボードに文字を打ち込むと，ディスプレイにその入力した文字が表示されます。ここでは，こうした入出力装置について学習します。スマートフォンのタッチパネルやモデム（通信装置）のように入出力を兼ねるものもあります。

身近な周辺機器はどちらに分類されるか考えてみましょう。

1 さまざまな部品，周辺機器

これまで5大機能（装置）のうち，制御装置，演算装置，記憶装置を紹介してきましたが，ここからは，入力装置と出力装置を見ていきましょう。

板書 主な入力装置と出力装置

入力装置	出力装置	入出力兼用
キーボード，マウス，トラックパッド（タッチパッド），カメラ，センサ，イメージスキャナ，バーコードリーダ，Webカメラ	ディスプレイ，スピーカ，プリンタ，3Dプリンタ，プロジェクタ	タッチパネル，モデム（通信装置），ネットワークカード（NIC）

大まかにいうと，人間の指示を伝えるものは入力装置，人間に結果を見せるためのものは出力装置です。

1 GPUと画面解像度

GPU（Graphics Processing Unit）は画像処理用に開発されたもので，ディスプレイに出力する映像を生成するプロセッサです。現在のGPUは，ほぼすべてが3次元グラフィックスを描画する機能をもっています。3次元グラフィックスの描画は大量の座標に対する計算処理なので，GPUは高性能な演算装置ともいえます。そのため，機械学習（ディープラーニング）（Ch9 Sec4参照）の計算処理に転用されるケースも増えてきています。

GPUは，最終的にピクセルという光の点で構成された画像を生成し，それをディスプレイに送ります。ディスプレイに表示できるピクセル数のことを画面解像度といいます。

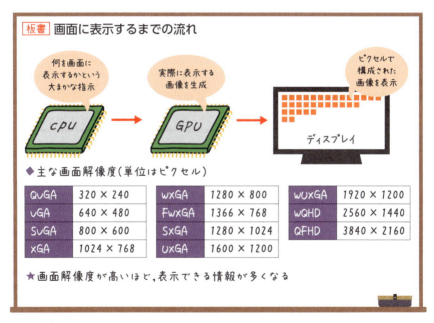

画面解像度の規格名は，試験の選択肢の中に時々出現するので，QVGAやSXGAなどの代表的なものは頭に入れておきましょう。

2 入出力インタフェース

コンピュータの主要部分とキーボードやディスプレイ，プリンタなどの周辺機器との間でデータをやり取りするための仕組みを，入出力インタフェースといいます。

1 USB

さまざまな周辺機器を接続できるインタフェースの代表として，USB（Universal Serial Bus：ユニバーサルシリアルバス）があります。パソコン用としては最も普及しており，マウスからフラッシュメモリ，プリンタまで幅広く対応しています。USBには1.0，2.0，3.0などのバージョンがあり，大きな違いは通信速度です。USB 1.0ではマウスやキーボードの接続が主な用途でしたが，USB 3.0以降は動画の取込みのようなリアルタイム性を要求する機器も接続可能です。

USBのコネクタには形状が異なるいくつかの種類があります。一般的に知られている平形のコネクタはUSB Type-Aといいます。その他にスマートフォンなどで使われるMicro USB Micro-BやUSB Type-Cなどがあります。

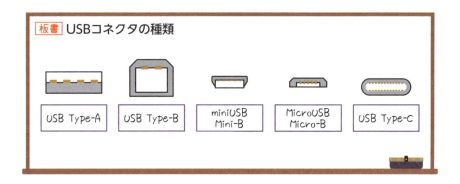

板書 USBコネクタの種類

USBケーブル経由で周辺機器に電力を供給する方法をバスパワーといいます。

Ⅱ 画像関連インタフェース

画像関連インタフェースには、次のようなものがあります。

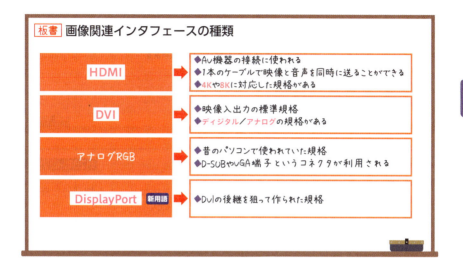

新しい規格はデジタル信号に対応しており、アナログ信号用より劣化しにくい鮮明な画像を表示できます。

Ⅲ 無線インタフェース

ケーブルを使わずに無線で機器を接続するためのインタフェースにもいくつかの種類があります。代表的なものはBluetoothです。マウスやヘッドフォンなどさまざまな機器を接続できます。

また、NFC（Near Field Communication）やRFID（Ch4 Sec2参照）は、対応するカードやタグから情報を取得する技術で、身近な利用例に交通系ICカードがあります。NFCやRFIDのタグやカードにスマートフォンやカードリーダを近づけると、タグやカード内に組み込まれた回路に電流が流れ、信号を発する仕組みです。

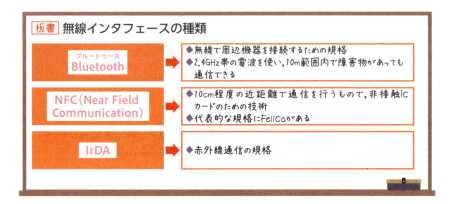

例題 インタフェースの規格　　　　H28春-問99

インタフェースの規格①～④のうち，接続ケーブルなどによる物理的な接続を必要としない規格だけを全て挙げたものはどれか。
① Bluetooth
② IEEE1394
③ IrDA
④ USB3.0

ア ①, ②　　イ ①, ③
ウ ②, ③　　エ ③, ④

解説 選択肢のうち物理的な接続が不要な規格は，①Bluetoothと③IrDAです。②IEEE1394と④USB3.0は，ともに周辺機器とコンピュータをケーブルで接続するシリアルインタフェースです。よって，答えはイです。

解答 イ

3 デバイスドライバ

周辺機器を動かすためには，その制御を行うためのソフトウェアをコンピュータにインストールしておく必要があります。それが**デバイスドライバ**です。デバイスドライバは**OSの一部として働き**，周辺機器を動作させるため，OS自体が周辺機器の違いを意識せずに済むようになります。「デバイスドライバは周辺機器ごとの違いを吸収する」「OSと機器の間を仲立ちする」とも表現されます。

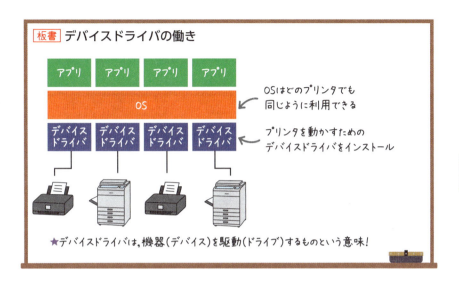

パソコン用のOSには，周辺機器を接続すると自動的にデバイスドライバのインストールや設定を行う仕組みが用意されています。この機能を「つなぐと使える」という意味で，プラグアンドプレイといいます。

ホットプラグ

ホットプラグとは，電源を入れたままプラグを脱着できるインタフェースのことです。ホットプラグのインタフェースには故障を防ぐための工夫が盛り込まれており，いちいち電源を切る必要がありません。現在の入出力インタフェースの多くはホットプラグに対応しています。

4 IoTデバイス

IoT（Ch4 Sec5参照）でネットワークにつながった機器や装置をIoTデバイスといいます。

IoTは，各所に設置したセンサ（状態を感知するもの）でデータを収集し，そのデータをインターネットでクラウドにアップロードし，クラウド上にあるサーバで

データを処理し，処理結果をもとに**アクチュエータ**で機器を作動させるという仕組みになっています。

アクチュエータとは，入力されたエネルギーを，機械的な動作に変換する装置です。

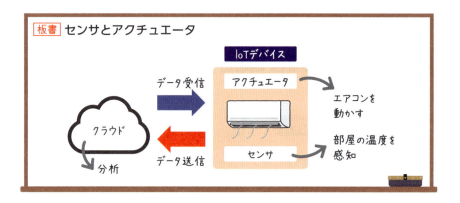

板書 センサとアクチュエータ

IoTデバイスに組み込まれるセンサには次のような種類があります。

名前	説明	利用例
赤外線センサ [新用語]	赤外線を感知する	テレビのリモコン，自動ドア
磁気センサ [新用語]	地磁気を感知する	カーナビ，パソコンの開閉検出
加速度センサ [新用語]	物体の移動にともなう速度の変化を計測する	車のエアバッグ，ゲームのコントローラ
ジャイロセンサ [新用語]	傾きや角度，角速度を計測する	デジタルカメラ，スマートフォン
超音波センサ [新用語]	超音波を利用して物体の有無や物体までの距離を計測する	自動車の衝突防止装置

ひとこと **エネルギーハーベスティング**

光や熱（温度差），振動，電波などの微小なエネルギーを集めて電力に変換する技術を**エネルギーハーベスティング**といいます。IoT機器への電力供給の手段として注目されています。

| 例題 | **アクチュエータの役割** | R2秋-問99 |

IoTデバイスとIoTサーバで構成され，IoTデバイスが計測した外気温を IoTサーバへ送り，IoTサーバからの指示でIoTデバイスに搭載されたモータが窓を開閉するシステムがある。このシステムにおけるアクチュエータの役割として，適切なものはどれか。

ア IoTデバイスから送られてくる外気温のデータを受信する。
イ IoTデバイスに対して窓の開閉指示を送信する。
ウ 外気温を電気信号に変換する。
エ 窓を開閉する。

解説 アクチュエータとは，**入力されたエネルギーを，機械的な動作に変換する装置**です。IoTシステムでは，センサ類が集めた情報がクラウドに送信され，クラウド上での分析結果をアクチュエータが受信し，**アクチュエータが物理的に作動**する仕組みになっています。よって，答えは**エ**です。

解答 エ

テクノロジ系

Chapter 13

ソフトウェア

直近5年間の出題数

R3	5問
R2秋	5問
R1秋	5問
H31春	4問
H30秋	4問
H30春	4問
H29秋	4問
H29春	3問

- コンピュータのプログラム部分であるソフトウェアについて学習します。各ソフトウェアの役割を理解しましょう。
- 表計算ソフトの正しい計算式を選ぶ問題も出ています。自分のPCで操作しながら学習していくと理解がスムーズです。

Section 1 ■テクノロジ系
Chapter 13 ソフトウェア

OSの役割

Section 1はこんな話

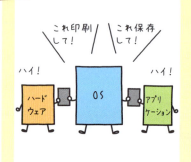

コンピュータでは計算，データの保存，転送など，さまざまな処理が行われています。処理を行う際に，ハードウェアとアプリケーションの仲介役をしているのが，「OS（オペレーティングシステム）」です。

OSがどのような役割をもっているのか理解しましょう。

1 OSの役割

コンピュータは，機械部分の「ハードウェア」（Ch12参照）とプログラムの「ソフトウェア」で構成されています。

ソフトウェアのうち，コンピュータの基本的な機能を提供するソフトウェアを基本ソフトウェア，「メールを送る」「表を作る」など，ユーザの目的に応じて特定の機能を提供するソフトウェアを応用ソフトウェアといいます。基本ソフトウェアはOS（オペレーティングシステム）ともいい，応用ソフトウェアはアプリケーションソフトウェア（アプリケーション）ともいいます。

OSはハードウェアとアプリケーションの間に立ち，管理や制御を行います。

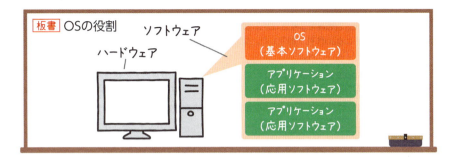

1 OSの機能

OSの主な機能は、大きく分けて4つあります。

機能	内容
ユーザ管理	登録されたユーザだけがコンピュータを使えるよう制御する。ユーザのプロファイルやアカウントの管理，ユーザIDの登録や抹消の管理，ユーザ別のアクセス権（Ch16 Sec4参照）の管理も行う
ハードウェア管理	CPUやメモリなどのハードウェア資源を適切に割り振る
タスク管理	コンピュータが行う仕事（タスク）の並行処理を管理する
ファイル管理	データを「ファイル」というまとまりでわかりやすく管理する（Sec2参照）

2 代表的なOS

日本で一般に広く知られているOSはMicrosoft社の「Windows」ですが、ほかにもさまざまなOSがあります。どのような種類があるか確認しておきましょう。

名前	種類
Windows ウィンドウズ	Microsoft 社が開発した，個人向けのパソコン用OSとして圧倒的なシェアをもつOS
Mac OS マックオーエス	Apple 社が開発したOS。いち早く **GUI**（Sec5参照）を取り入れたため，とくに出版や印刷，デザインなどグラフィカルな分野で普及している
UNIX ユニックス	パソコンやワークステーション（業務用の高性能コンピュータ）で使われるOS
Linux リナックス	カスタマイズ可能な，**オープンソース**（Sec4参照）のOS。サーバやスーパコンピュータ，ロボットなどあらゆるところで使われている。Webサーバなどネットワーク系システムのOSとして使われることが多い
Android アンドロイド	Google 社が開発したモバイル端末向けのOS。さまざまなメーカーのスマートフォン・タブレットに搭載されている
iOS アイオーエス	Apple 社が開発したモバイル端末向けのOS。Apple 社製のスマートフォン・タブレットに搭載されている
Chrome OS クローム オーエス 新用語	Googleが開発したOSで「Chromebook」に搭載されている。ほとんどの作業をブラウザ上で行うのが特徴

例題 PCのOS

H22春-問56

PCのOSに関する記述のうち，適切なものはどれか。

ア OSが異なっていてもOSとアプリケーションプログラム間のインタフェースは統一されているので，アプリケーションプログラムはOSの種別を意識せずに処理を行うことができる。

イ OSはアプリケーションプログラムに対して，CPUやメモリ，補助記憶装置などのコンピュータ資源を割り当てる。

ウ OSはファイルの文字コードを自動変換する機能をもつので，アプリケーションプログラムは，ファイルにアクセスするときにファイル名や入出力データの文字コード種別の違いを意識しなくても処理できる。

エ アプリケーションプログラムが自由にOSの各種機能を利用できるようにするために，OSには，そのソースコードの公開が義務付けられている。

解説 OSはハードウェアとアプリケーションの間に立ち，管理や制御を行います。アプリケーションプログラムに対しては，コンピュータ資源の割り当てを行います。よって，答えは**イ**です。

ア OSが異なる場合，各OSに対応したアプリケーションプログラムでないと動作しません。

ウ OSに文字コードを自動変換する機能はありません。

エ 一部を除き，OSのソースコードは公開されておらず，公開の義務もありません。

解答 **イ**

Section 2

■テクノロジ系
Chapter 13 ソフトウェア

ファイル管理

Section 2はこんな話

パソコンの中にはたくさんのデータを保存することができますが，多数のデータを効率よく管理することもOSの大切な役割です。ここではファイル管理について学習していきます。

絶対パスと相対パスの違いと，3種類のバックアップの特徴を押さえましょう。

1 ファイルとフォルダ（ディレクトリ）

データのまとまりを**ファイル**といいます。そして，複数のファイルをまとめて保存する入れ物を**ディレクトリ**といいます。フォルダともいいます。

1つのディレクトリの中に複数のファイルやディレクトリが入り，枝分かれして広がっていく構造を**階層構造**といいます。

階層構造の最上位にあるディレクトリを**ルートディレクトリ**といい，ユーザが操作しているディレクトリを**カレントディレクトリ**といいます。

カレント（current）には「現在の」という意味があります。

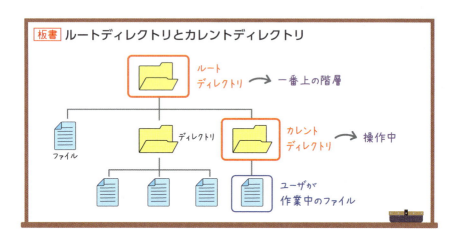

2 ファイルの保存場所

アプリケーションからコンピュータ内に保存されているファイルを開きたいとき，データの所在地を示す必要があります。この，所在地を示す文字列を**パス**といいます。パスには**絶対パス**と**相対パス**の2種類があります。

2種類のパスの違いを見る前に，パスで使う記号を覚えましょう。

記号	意味
「¥」または「/」	ディレクトリの区切り。パスの先頭に使うとルートディレクトリを意味する
「.」	カレントディレクトリ
「..」	1つ上の階層を示す

Ⅰ 絶対パス

　ルートディレクトリを基点として，目的のファイルへのすべての経路を順に記載したパスを絶対パスといいます。ファイルの保存場所やフォルダ名，ファイル名を変更しない限り絶対パスは変わることがなく，どの場所からでも目的のファイルにたどり着けるのが特徴です。

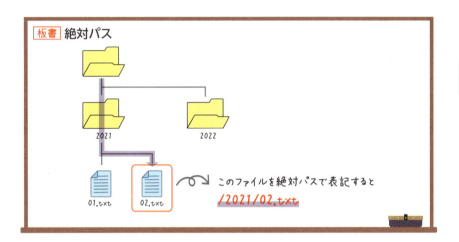

Ⅱ 相対パス

　現在地（カレントディレクトリ）を基点として，目的のファイルまでのすべての経路を記載したパスを相対パスといいます。同じファイルを示していても，ユーザがどこにいるかによってパスが変わるのが特徴です。

　現在地がわかっている場合は，絶対パスで記載するよりも記述量が少なくて済みます。ただし，現在地が変われば相対パスも変わるため，目的のファイルにたどり着けない「リンク切れ」が起きることがあります。

絶対パスは住所，相対パスは「今いる場所から目的地への道案内」のようなイメージです。両者は状況によって使い分けます。

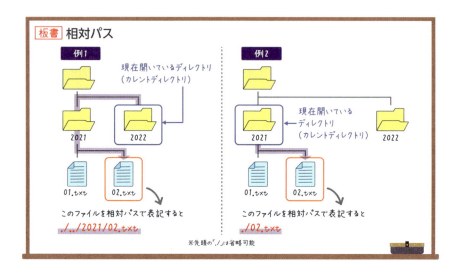

例題 ファイルパスの指定　　　　　　　　　　　　H31春-問96

　Webサーバ上において，図のようにディレクトリd1及びd2が配置されているとき，ディレクトリd1（カレントディレクトリ）にあるWebページファイル f1.html の中から，別のディレクトリd2にあるWebページファイル f2.html の参照を指定する記述はどれか。ここで，ファイルの指定方法は次のとおりである。

〔指定方法〕
(1) ファイルは，"ディレクトリ名/…/ディレクトリ名/ファイル名"のように，経路上のディレクトリを順に"/"で区切って並べた後に"/"とファイル名を指定する。
(2) カレントディレクトリは"."で表す。
(3) 1階層上のディレクトリは".."で表す。
(4) 始まりが"/"のときは，左端のルートディレクトリが省略されているものとする。

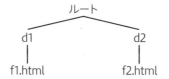

ア　./d2/f2.html　　　イ　./f2.html
ウ　../d2/f2.html　　　エ　d2/../f2.html

解説 カレントディレクトリ（現在のディレクトリ）であるd1から順に考えていきます。
　指定方法(3)より，ルートは1階層上のディレクトリであるため「..」で表します。
　次に，指定方法(1)より，d2は「../d2」，最後にf2.htmlは「../d2/f2.html」で表します。よって，答えはウです。
　それぞれを図で示すと次のようになります。

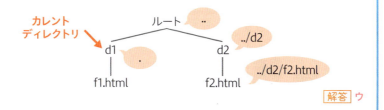

解答　ウ

3 ファイルのバックアップ

どれだけ気を付けていたとしても，誤操作やコンピュータの故障などにより，データが失われてしまう危険性があります。万が一に備えて，別の記憶媒体にデータをコピーしておくことを，バックアップといいます。重要度の高いデータほどバックアップが推奨されます。

バックアップを確実に行うため，以下の3点に注意する必要があります。

主なバックアップの作成方法は3つあります。

I フルバックアップ

毎回，すべてのデータをバックアップすることをフルバックアップといいます。障害が発生した場合，直前のフルバックアップだけあれば元の状態に戻せます。

バックアップのデータ量が多くなるため大容量の記憶媒体が必要で，バックアップに時間がかかるのが難点です。

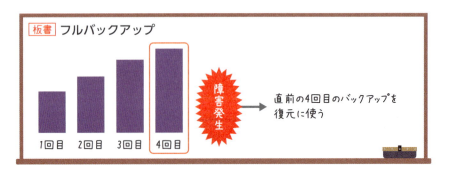

Ⅱ 差分バックアップ

　最後に行ったフルバックアップ以降に作成，変更されたファイルをバックアップすることを**差分バックアップ**といいます。障害が発生した場合は，フルバックアップと直前の差分バックアップを使って元の状態に戻します。
　フルバックアップと比べ，データ量が抑えられ，バックアップにかかる時間も短くできます。

Ⅲ 増分バックアップ

　直前に行ったバックアップ以降に作成，変更されたファイルをバックアップすることを**増分バックアップ**といいます。障害が発生したときにデータを復元するには，最後に行ったフルバックアップ以降のすべてのバックアップが必要です。
　データ量が最も少なく，バックアップにかかる時間も短くできます。

アーカイブ

アーカイブとは,「書庫」や「保存記録」という意味をもつ単語です。コンピュータの分野では,ファイルやフォルダを1つにまとめることを指します。

ファイル拡張子

ファイル名の後ろに付いている「.jpg」などの符号をファイル拡張子といいます。拡張子は,そのファイルがどんな形式のデータであるかを示します。

ファイル共有

複数のコンピュータあるいは利用者間で,ファイルやディレクトリを共有することをファイル共有といいます。ファイル共有サービスには,組織内でファイルを共有する「グループウェア」や,インターネット経由でファイルを共有する「オンラインストレージ」などが含まれます。

Section 3 ■テクノロジ系
Chapter 13 ソフトウェア

オフィスツール

Section 3はこんな話

表計算ソフトをはじめとして，業務の効率をアップさせるさまざまなソフトウェア（オフィスツール）があります。ここでは，主に表計算ソフトと関数の使い方を解説します。

相対参照と絶対参照の違いは必ず押さえておきましょう。

1 表計算ソフト

文書作成ソフトや**表計算ソフト**，**プレゼンテーションソフト**など，一般的な業務でよく使われるソフトウェアパッケージを総称して**オフィスツール**といいます。試験では，**表計算ソフト**の扱い方に関する問題がよく出題されます。

表計算ソフトはその名のとおり，「表」を作成してデータの集計や分析，自動計算などを行うソフトウェアです。表計算ソフトの画面は次の要素で構成されます。

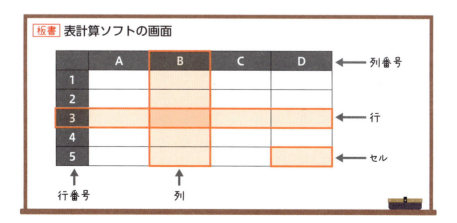

板書 表計算ソフトの画面

セルの場所はセル番地といい，列番号と行番号で示します。例えばＢ列の１行目にあるセルのセル番地は，「B1」です。

　複数のセルを同時に指定することも可能です。例えばC4，D4，C5，D5のセル範囲を指定する場合，左上のセル（C4）と右下のセル（D5）を「:（コロン）」でつなぎ，「C4:D5」という形で指定します。

板書 セル番地とセル範囲の指定

	A	B	C	D
1				
2				
3				
4				
5				

セル番地　B1

セル範囲　C4:D5

　表計算ソフトでは，セルに計算式を入れると計算結果が表示されます。また，セルを参照して計算を行うため，セルに入力した値を変更したり，参照するセル番地を変更したりすると再計算が行われます。

Ⅰ 表計算ソフトで使う演算子

　表計算ソフトでは，次の演算子を使います。演算子とは，「＋」「－」など計算式で用いられる記号のことです。

計算の内容	演算子	式の例
足し算	＋	1＋1＝2
引き算	－	5－2＝3
掛け算	＊	4＊4＝16
割り算	／	30／3＝10

Ⅱ 計算式の作成

　ここからは，実際に計算式を作っていきます。次の果物の売上表で，売上額を求める計算式を作っていきましょう。

　最初に，リンゴの売上額を求めるため，D2セルに式を入れます。単価に数量を掛ければ求められるので，計算式は「B2＊C2」になります。

	A	B	C	D
1	品名	単価	数量	売上額
2	リンゴ	180	5	B2＊C2
3	バナナ	100	10	
4	レモン	80	15	

🐻 相対参照

　上の例で，ほかの2つの売上額も同様に求めます。リンゴと同様に単価に数量を掛ければよいので，リンゴの売上額を求める計算式を下のセルにコピーします。

	A	B	C	D
1	品名	単価	数量	売上額
2	リンゴ	180	5	B2＊C2
3	バナナ	100	10	B3＊C3
4	レモン	80	15	B4＊C4

コピー

　このとき，コピー元の計算式「B2＊C2」がそのままコピーされるのではなく，3行目には「B3＊C3」，4行目には「B4＊C4」というように，コピー先のセルの行にあわせて計算式が自動的に調整されます。このようなセルの参照方法を相対参照といいます。

🐻 絶対参照

　相対参照は計算式が自動で調整され便利ですが，コピー先のセルにあわせて式が調整されないほうがよいケースもあります。

　例えば，次の表でリンゴ・バナナ・レモンの売上額の全体に占める割合を求める場合で考えてみましょう。各品目の売上額の割合は，各品目の売上額を合計の売上額で割れば求められます。

　3品目の合計はD5セルの「3100」円です。しかし，先に解説した例と同じように式をコピーすると，バナナではD6，レモンではD7を参照してしまいます。

293

	A	B	C	D	E
1	品名	単価	数量	売上額	割合
2	リンゴ	180	5	900	D2/D5
3	バナナ	100	10	1000	D3/D6
4	レモン	80	15	1200	D4/D7
5			合計	3100	

相対参照だと値の入っていないセル（D6やD7）を参照してしまう

この例のように，参照するセルを変えたくないときに使用する記号が「$」です。「$」を付けた行，列は固定され，式をコピーしても自動で行や列が調整されなくなります。このようなセルの参照方法を絶対参照といいます。

	A	B	C	D	E
1	品名	単価	数量	売上額	割合
2	リンゴ	180	5	900	D2/D$5
3	バナナ	100	10	1000	D3/D$5
4	レモン	80	15	1200	D4/D$5
5			合計	3100	

$を付けるとセル番地が自動で調整されなくなる

この例では行を固定しましたが，列だけを固定したいときは「$D5」，行と列の両方を固定したいときは「$D$5」のように，固定したいものの前に「$」を付けます。

🐻 CSV

コンマ（Comma）で区切った（Separated）値（Value）が入っているデータをCSVといいます。データサイズが小さいこと，さまざまなアプリケーションで開くことができることがメリットで，表計算ソフトで操作されることが多いです。

2 関数

セル番地を指定して演算子を使う計算式は，式が複雑になってくると手間がかかり，ミスも起きやすくなります。

このようなときに活躍するのが，複雑な計算式をひとまとまりにして簡単に呼び出すことができる「関数」です。関数は，次のように表記します。

> [板書] 関数
>
> 関数名（計算のもとになる値）
> ─呼び出したい関数の名前　─セル番地やセル範囲など

関数は種類が多いため，ここでは有名な関数を5つ紹介します。

関数	記載例	意味
合計	合計 (A1:A6)	セルA1からA6に入っている数値の合計を表示
平均	平均 (A1:A6)	セルA1からA6に入っている数値の平均を表示
最大	最大 (A1:A6)	セルA1からA6に入っている値のうち，一番大きな値を表示
最小	最小 (A1:A6)	セルA1からA6に入っている値のうち，一番小さな値を表示
個数	個数 (A1:A6)	セルA1からA6のうち，値が入っているセルの個数を表示 空白のセルはカウントしない

一般的な表計算ソフトでは，合計を求める関数は「SUM(A1:A6)」のように入力します。試験では「合計(A1:A6)」のように日本語で表記しますが，意味は同じです。

I IF関数

ここからは，関数の中では比較的出題頻度の高いIF関数を見ていきます。IF関数は，「もし○○なら××する」というような，条件に応じて結果を変えられる関数です。例えば，「テストの点数が75点以上なら合格とする」というような判定を行いたいときに使います。

> [板書] IF関数
>
> IF(条件, 条件が真の場合, 条件が偽の場合)
> ─もし○○なら　　─○○を満たすなら，××する　　─○○を満たさないなら，■■する
> ex.テスト75点以上　ex.75点以上なら合格　　ex.75点未満なら不合格

「条件」には，判定を行う条件を指定します。ここでは「テストの点数が75点以上」を条件とします。

「条件が真の場合」には，条件を満たすときにどのような結果を返すかを指定します。今回は条件を満たす場合は「合格」と表示することにします。

「条件が偽の場合」には，条件を満たさないときにどのような結果を返すかを指定します。今回は，条件を満たさない場合は「不合格」と表示することにします。

続いて，次の成績表にIF関数の式を入力します。表計算ソフトで文字列を表示させたいときは，文字列を「'」で囲みます。ここでは「'合格'」「'不合格'」のように入力します。

	A	B	C
1	名前	点数	結果
2	青木	82	if(B2 ≧ 75,'合格','不合格')
3	加藤	71	
4	佐野	95	

下の行にも式をコピーします。相対参照なので，コピー先のセルにあわせて，参照先のセル番地は自動で調整されます。

	A	B	C
1	名前	点数	結果
2	青木	82	if(B2 ≧ 75,'合格','不合格')
3	加藤	71	if(B3 ≧ 75,'合格','不合格')
4	佐野	95	if(B4 ≧ 75,'合格','不合格')

コピー

判定が行われ，結果が表示されます。テストの点数が71点だった加藤さんだけ不合格と表示され，IF関数で正しく判定されたことがわかります。

	A	B	C
1	名前	点数	結果
2	青木	82	合格
3	加藤	71	不合格
4	佐野	95	合格

IF関数の便利なところは、条件式を変更したらすぐに結果に反映されるところです。例えば、この例で条件式を「70点以上を合格とする」に変更した場合、71点だった加藤さんも合格になります（C3セルに「合格」と瞬時に表示されます）。

関数の入れ子

関数の中に、さらに関数を入れることもできます。これを関数の入れ子といいます。入れ子構造になっても、IF関数の「もし○○なら××する」の形は変わりません。例えば、テストの点数が90点以上ならS、75点以上ならA、それ以外はBと評価を分ける場合は、次のように表記します。

$$\text{IF}(\underbrace{B2 \geqq 90, 'S'}_{\text{90以上ならSと表示}}, \underbrace{\text{IF}(B2 \geqq 75, 'A', 'B')}_{\substack{\text{75以上ならAと表示、}\\\text{それ以外ならBと表示}}})$$

例題 IF関数　　　　　　　　　　　　　　　　　　　　　H28秋-問82

　セル B2～C8 に学生の成績が科目ごとに入力されている。セル D2 に計算式 "IF(B2 ≧ 50, '合格', IF(C2 ≧ 50, '合格', '不合格'))" を入力し，それをセル D3～D8 に複写した。セル D2～D8 において "合格" と表示されたセルの数は幾つか。

	A	B	C	D
1	氏名	数学	英語	評価
2	山田太郎	50	80	
3	鈴木花子	45	30	
4	佐藤次郎	35	85	
5	田中梅子	55	70	
6	山本克也	60	45	
7	伊藤幸子	30	45	
8	小林潤也	70	35	

ア 2　　**イ** 3　　**ウ** 4　　**エ** 5

解説 セル D2 に入力された計算式をセル D3～セル D8 に複写すると，次のようになります。

	A	B	C	D
1	氏名	数学	英語	評価
2	山田太郎	50	80	IF(B2 ≧ 50, '合格', IF(C2 ≧ 50, '合格', '不合格')
3	鈴木花子	45	30	IF(B3 ≧ 50, '合格', IF(C3 ≧ 50, '合格', '不合格')
4	佐藤次郎	35	85	IF(B4 ≧ 50, '合格', IF(C4 ≧ 50, '合格', '不合格')
5	田中梅子	55	70	IF(B5 ≧ 50, '合格', IF(C5 ≧ 50, '合格', '不合格')
6	山本克也	60	45	IF(B6 ≧ 50, '合格', IF(C6 ≧ 50, '合格', '不合格')
7	伊藤幸子	30	45	IF(B7 ≧ 50, '合格', IF(C7 ≧ 50, '合格', '不合格')
8	小林潤也	70	35	IF(B8 ≧ 50, '合格', IF(C8 ≧ 50, '合格', '不合格')

　この計算式では，次のように処理を行います。

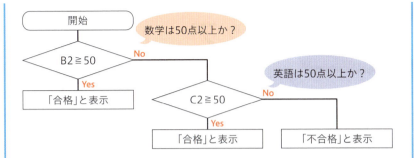

はじめにB列（数学）が50点以上かを判断し，Yesなら「合格」と表示します。山田太郎／田中梅子／山本克也／小林潤也が該当します。NoならC列（英語）が50点以上かを判断し，Yesなら「合格」と表示します。佐藤次郎が該当します。Noなら「不合格」と表示します。

	A	B	C	D
1	氏名	数学	英語	評価
2	山田太郎	50	80	IF(B2≧50,'合格',IF(C2≧50,'合格','不合格')
3	鈴木花子	45	30	IF(B3≧50,'合格',IF(C3≧50,'合格','不合格')
4	佐藤次郎	35	85	IF(B4≧50,'合格',IF(C4≧50,'合格','不合格')
5	田中梅子	55	70	IF(B5≧50,'合格',IF(C5≧50,'合格','不合格')
6	山本克也	60	45	IF(B6≧50,'合格',IF(C6≧50,'合格','不合格')
7	伊藤幸子	30	45	IF(B7≧50,'合格',IF(C7≧50,'合格','不合格')
8	小林潤也	70	35	IF(B8≧50,'合格',IF(C8≧50,'合格','不合格')

結果として，数学か英語いずれかが50点以上の学生**5名**は「**合格**」と表示されます。よって，答えは**エ**です。

解答　エ

3 その他のソフトウェアパッケージ

表計算ソフトのほかに，一般的な業務でよく使われる主なソフトウェアパッケージは次のとおりです。

文書作成ソフト	文書の作成および編集を行う
プレゼンテーションソフト	プレゼンテーション用の資料の作成および編集を行う

Section 4 オープンソースソフトウェア

■テクノロジ系
Chapter 13 ソフトウェア

Section 4はこんな話

ソースコードが公開されているソフトウェアをオープンソースソフトウェア（OSS）といいます。AndroidやFirefoxなど，私たちの身近にもさまざまなオープンソースソフトウェアがあります。

OSSの特徴と，代表的なOSSを覚えましょう。

1 オープンソースソフトウェア

プログラムをプログラム言語で記したものをソースコードといいます。

ソースコードが無償で公開されていて，誰でも複製や配布，改変ができるソフトウェアのことをオープンソースソフトウェア（OSS：Open Source Software）といいます。OSSと表記されることが多いので覚えておきましょう。

OSSは，無償で利用できるものが多いためソフトウェア開発の初期費用を抑えられ，自社のシステムにあわせてカスタマイズしやすいというメリットがあります。なお，改変され，有償で配布されているOSSや，企業の社員が業務の一環として開発に参加しているOSSもあります。

一方で，多くのOSSはサポートが提供されないため，トラブル発生時の対応が難しいのがデメリットです。ただし，製品によっては有償サポートが提供されている場合もあります。

ソースコードを公開するメリットは，より多くの開発者の目に触れるため，バグの発見や修正が早まること，特定の技術者に依存することなく開発を進められることなどがあります。

I OSSのライセンス条件

OSSは複製や配布，改変が可能ですが，「誰でも無条件に使える」という訳ではありません。著作権は放棄されていないため，原作者の定めるライセンス（使用許諾条件）によって制限されます。ライセンスに従って正しく利用しないと，著作権違反になるケースがあるため注意が必要です（Ch2 Sec1参照）。

II 代表的なOSS

代表的なOSSを次の表にまとめました。

名称	分野
Linux（リナックス）	OS
Android（アンドロイド）	OS
Firefox（ファイアフォックス）	Webブラウザ
Thunderbird（サンダーバード）	メールソフト
MySQL（マイエスキューエル）	データベース管理システム（DBMS）

試験では，「選択肢のソフトウェアの中で，OSSはどれか？」という問題が出題されることがあるので，覚えておくとよいでしょう。

OSSの対義語

OSSに対して，ソースコードが公開されていないソフトウェアを「プロプライエタリ・ソフトウェア（proprietary software）」といいます。proprietaryには「所有権のある」という意味があります。Microsoft社のWindowsやOffice，Adobe社のPhotoshopなどが代表的なプロプライエタリ・ソフトウェアです。

例題 OSSを利用した開発   H29春-問93

　OSS（Open Source Software）を利用した自社の社内システムの開発に関する行為として，<u>適切でないもの</u>はどれか。
ア　自社でOSSを導入した際のノウハウを生かし，他社のOSS導入作業のサポートを有償で提供した。
イ　自社で改造したOSSを，元のOSSのライセンス条件に同業他社での利用禁止を追加してOSSとして公開した。
ウ　自社で収集したOSSをDVDに複写して他社向けに販売した。
エ　利用したOSSでは期待する性能が得られなかったので，OSSを独自に改造して性能を改善した。

解説 OSSは誰でも利用できます。その派生物（改造したOSS）にも，同じライセンス条件が適用されるため，利用制限を追加するのは不適切です。よって，答えはイです。
ア　他社のOSSの導入サポートを有償で提供することは問題ありません。
ウ　OSSはインターネットで無償でダウンロードできます。DVDに複写して有償で販売することも禁止されていません。
エ　OSSは改変が認められているため，独自の改造を行っても問題ありません。

解答 イ

Section 5 情報デザインとインタフェース設計

■テクノロジ系
Chapter 13 ソフトウェア

Section 5はこんな話

人とシステムがやりとりする手段を「ヒューマンインタフェース」といいます。主なものとして，GUIとCUIがあります。

ユニバーサルデザインとwebアクセシビリティの特徴を覚えましょう。

1 情報デザイン

情報デザインとはアプリケーションソフトやコンテンツ作成において，情報を伝える際，受け手が理解できるように情報を伝えるための工夫をいいます。

I デザインの原則 新用語

デザインは見た目の美しさだけでなく，情報が適切に伝わることも重要です。デザインには「近接」「整列」「反復」「対比／強弱」という原則があり，これらをまとめて**デザインの原則**といいます。

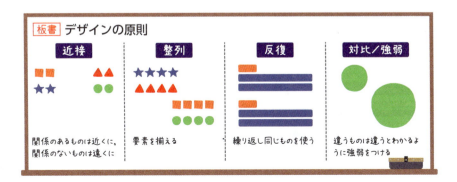

Ⅱ アフォーダンスとシグニファイア 新用語

デザインを考える際にデザイナーが意識しなければならないアフォーダンスとシグニファイアという概念があります。人をある行動へ結びつけるために必要なヒントを示すことをアフォーダンス，人に適切な行動を伝えるシグナルをシグニファイアといいます。例えばWebページで購入ボタンに立体感をつけることで押すという行動を促すことができます。

2 インタフェース

インタフェース（interface）とは，直訳すると「接点・境界面」という意味をもち，あるものとあるものの間に立ち，橋渡しをするもののことを指します。

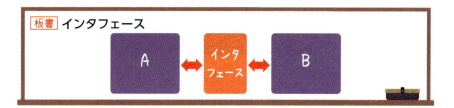

板書 インタフェース

Ⅰ ヒューマンインタフェース

人間と機械が情報をやり取りするための手段や装置，ソフトウェアなどをヒューマンインタフェースといいます。ヒューマンインタフェースに関する用語には次のようなものがあります。

ユーザビリティ 新用語	使用性。使いやすさや使い勝手のこと
アクセシビリティ 新用語	情報・サービスへのアクセスしやすさ
ジェスチャーインタフェース 新用語	手や指の動きによってコンピュータへ情報を伝達するインタフェース
VUI（Voice User Interface） 新用語	音によって情報のやり取りや操作をするインタフェース
UXデザイン（User Experience デザイン） 新用語	ユーザが得る体験をデザインすること

🐻 GUI

コンピュータの画面上に表示される**ウィンドウ**や**ボタン**，**アイコン**，**メニュー**など，**グラフィカルな要素を介して行うインタフェースのこと**を，**GUI**（Graphical User Interface）といいます。

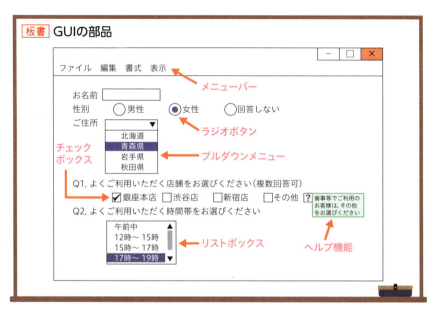

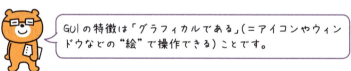

GUIの特徴は「グラフィカルである」（＝アイコンやウィンドウなどの"絵"で操作できる）ことです。

CUI

GUIに対して，**コマンド（文字による命令）で操作するインタフェース**を**CUI**（Character User Interface）といいます。

Ⅱ Webデザイン

Webページのレイアウトや配色などを決めることをWebデザインといいます。ブラウザを用いたWebシステムが普及している現在では、Webページのデザインは重要な意味をもつようになっています。

🐻 CSS

CSS（Cascading Style Sheets）は、Webページの文字のフォントや色、大きさなどのデザインや、レイアウトなどの表示形式を定義する仕組みで、見栄えをデザインすることができるものです。HTMLやXMLがWebページの文章の構造を作るのに対し、「HTMLやXMLで記述された各要素をどのように表示するか」を指示するのがCSSです。

🐻 モバイルファースト 新用語

モバイルファーストとは、スマートフォンの利用者が快適に利用できるデザインのWebサイトを作ることと思われがちですが、モバイル端末を意識したコンテンツやアイデアでこれまでにないWebにおけるイノベーションを起こすという概念を指す言葉です。

Ⅲ ユニバーサルデザイン

文化、言語、年齢、人種の違いや、障害の有無などにかかわらず、できるだけ多くの人が快適に利用できることを目指した設計をユニバーサルデザイン（UD：Universal Design）といいます。

> 身近な例の1つとして、幅の広い改札があります。大きな荷物をもった人や車椅子の人など、多くの人が快適に利用できます。

🐻 ピクトグラム 新用語

ピクトグラムとは、文字を使わない情報伝達を目的とした、「絵文字」や「絵単語」などの図記号を指します。街中の看板や公共施設、商業施設など、さまざまな場所で使われています。

板書 代表的なピクトグラム

トイレ　　車いす　　エレベーター

🐻 Webアクセシビリティ

　Webアクセシビリティとは，誰でもWebで提供されている情報にアクセスでき，利用できること，またはその「アクセスしやすさ」を指します。

板書 Webアクセシビリティの例

- ◆色覚異常のある方でも読みやすいよう
  Webサイトの背景と文字のコントラストに配慮する
- ◆環境によって表示できない場合があるため
  環境依存文字は使用しない
- ◆視覚異常のある方がテキスト読み上げができるよう
  代替テキストを設定する

Section 6

■テクノロジ系
Chapter 13 ソフトウェア

マルチメディア技術

私たちの身の回りには，音楽や動画，画像など，さまざまなメディア（記憶媒体）があります。データの形式にも種類があり，利用する状況にあわせて適切なものを選択します。

画像，動画，音声の主要なファイル形式を確認しましょう。

1 マルチメディア

マルチメディアとは，文字や音声，動画，画像などさまざまな種類や形式の情報を組み合わせて扱うことをいいます。「文字だけ」「音声だけ」といった単純なメディアと比較して，より多彩な手段を用いることで高い訴求力が得られます。

インターネットのWebサイトは典型的なマルチメディアです。

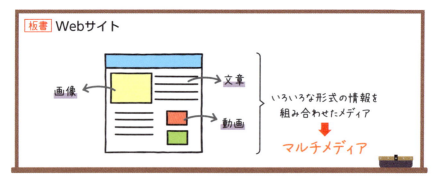

板書 Webサイト

いろいろな形式の情報を組み合わせたメディア
→ マルチメディア

2 ファイル形式

画像や動画，音声にはさまざまなファイル形式があります。主なファイル形式は次のとおりです。

種類	形式	特徴
画像	JPEG	一般的な写真のファイル形式。1677万色の24ビットフルカラーを表現できる。非可逆圧縮
	PNG	GIFの代替として開発されたファイル形式。48ビットフルカラーを表現できるので，写真に適している。可逆圧縮
	GIF	イラストや図形などに使われるファイル形式。256色まで対応できる。可逆圧縮
	BMP	静止画を非圧縮でドットの集まりとして保存する形式
動画	MPEG-4	インターネットの動画配信などに使われるファイル形式。可逆圧縮
	MPEG-2	デジタル放送やDVDなどで採用されているファイル形式。非可逆圧縮
	AVI	Windows標準の動画と音声の複合ファイル形式
音声	MP3	インターネットで配信される音楽などで使われるファイル形式。非可逆圧縮

🐻 可逆圧縮と非可逆圧縮

画像や動画のデータは，データ量が大きくなりがちです。そのため，圧縮するのが一般的です。

圧縮の方法は2種類あります。圧縮してもデータの損失が起こらず，伸長すれば圧縮前の状態に戻せる可逆圧縮と，データを伸長したときに完全に元に戻らず，データの一部が損失する非可逆圧縮です。非可逆圧縮は，人間が認識しにくい情報を捨てることで圧縮率を高める方法で，可逆圧縮よりもデータを小さくすることができます。なお，圧縮を行わないことは非圧縮といいます。

3 マルチメディア技術の応用

その他，マルチメディア技術を応用した技術は次のとおりです。

コンピュータグラフィックス (CG：Computer Graphics)	コンピュータによって画像処理を行う技術
バーチャルリアリティ (VR：Virtual Reality)	CGなどにより，現実世界のイメージに近い仮想現実の世界を，コンピュータ上で表現する技術
プロジェクションマッピング	立体物にCG（コンピュータグラフィックス）を用いた映像などを投影することで，特殊な視覚効果を演出する技術
4K	次世代の映像規格。画素数は3,840×2,160（約800万画素）。総画素数はフルハイビジョン（2K）の約4倍
8K	次世代の映像規格。スーパーハイビジョンともいわれる。画素数は7,680×4,320（約3,300万画素）。総画素数はフルハイビジョン（2K）の約16倍

I プロポーショナルフォントと等幅フォント

文字ごとに文字幅が異なるフォントをプロポーショナルフォントといいます。プロポーショナル（Proportional）には「釣り合った」「均衡のとれた」などの意味があります。一方，すべての文字で文字幅が同じフォントを等幅フォントといいます。

拡張現実（AR）

カメラなどで映した現実の風景に，コンピュータで作った情報を重ね合わせて表示する技術を拡張現実（AR：Augmented Reality）といいます。特定の場所に行き，アプリケーションを開いてモンスターを集めるゲームや，実際の店舗を訪れずにバーチャルで試着できるサービスなど，幅広い分野で活用されています。

テクノロジ系

Chapter 14

データベース

直近5年間の出題数

R3	4問
R2秋	4問
R1秋	4問
H31春	4問
H30秋	5問
H30春	3問
H29秋	4問
H29春	5問

- データを一元管理するデータベースについて学びます。
- Sec2からの出題数が多いです。E-R図, 主キー, 外部キーなど, データベースならではの用語も出てきます。意味をしっかり押さえましょう。

Section 1 ■テクノロジ系
Chapter 14 データベース

データベース

Section 1はこんな話

企業活動で得たさまざまなデータを分析・活用することは，利益を確保するために極めて重要です。目的ごとに集めたデータを一元管理しているものをデータベースといいます。

表，行，列の呼び方とDBMSの内容は必ず押さえましょう。

1 データベース

　体系的に整理された数値，文字列など目的ごとに集めたデータを一元管理しているものを**データベース**といいます。

データベースはデータの保管庫です。

Ⅰ 関係データベース

　データベースにはいくつかの種類がありますが，一番よく使われるのは，次のようにデータを行と列からなる表の形で管理する**関係データベース**です。
　表，**行**，**列**のことをそれぞれ**テーブル**，**レコード**，**フィールド**といいます。

表（テーブル）	データを格納するもの。行（レコード）と列（フィールド）で構成される
行（レコード）	表を構成する1行分のデータ
列（フィールド）	表を構成する1列分のデータ

312

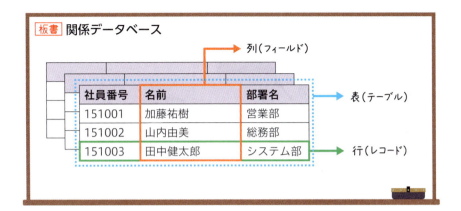

 関係データベースは，いくつかの表形式のデータの集合を互いに関連づけて扱うことができます。このため，リレーショナルデータベース（RDB）ともいいます。

2 データベース管理システム（DBMS）

　データを構造的に蓄積し，それらの一貫性を保ち，効率的に取り出すための機能を備えたソフトウェアをデータベース管理システム（DBMS：Database Management System）といいます。データベースサーバにDBMSを導入することで，複数のクライアントマシンのアプリケーションから同じデータに同一タイミングでアクセスしても，一貫性が保たれます。

　代表的なDBMSには，MySQL，PostgreSQL，Oracle Database，Microsoft SQL Serverなどがあります。関係データベース用のDBMSをRDBMSといいます。

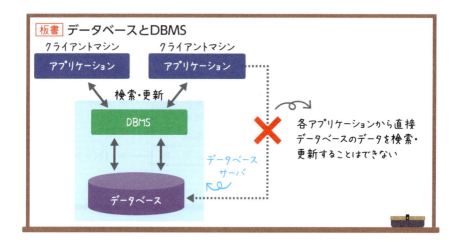

I SQL

　関係データベースを定義したり操作するための言語を SQL といいます。SQLを使ってアプリケーションから DBMS に命令を出します。

II NoSQL

　クラウドサービスやビッグデータの処理などでは，処理速度を重視して，関係データベース以外の形で実装したデータベースが用いられることも増えています。こういったデータベース技術を総称して，NoSQL (Not only SQL) といいます。データ構造が単純で，インターネット上のログデータ，画像や動画データなどの大量かつシンプルなデータの保存や参照に適しているという特徴があります。
　NoSQLの代表的なものを次に示します。

キーバリューストア (KVS) 新用語	保存したい値（バリュー）とその値の識別子となるキーを設定して管理するデータベース
ドキュメント指向データベース 新用語	1件のデータを「ドキュメント」と呼び，柔軟な構造でデータを扱えるデータベース
グラフ指向データベース 新用語	ノード（頂点），エッジ（辺），プロパティ（属性）で構成され，ノード間の関係を管理できるデータベース

例題 **DBMS**   H28秋-問77

次のa～dのうち，DBMSに備わる機能として，適切なものだけを全て挙げたものはどれか。
a ウイルスチェック
b データ検索・更新
c テーブルの正規化
d 同時実行制御

ア a, b, c　　　イ a, c
ウ b, c, d　　　エ b, d

解説

a DBMSにウイルスチェックの機能は備わっていません。
b DBMSはデータの検索・挿入・更新・削除などの処理を要求します。
c DBMSにテーブルを正規化する機能は備わっていません。
d DBMSには，データの一貫性を保つために同時実行制御機能が備わっています。
よって，答えはエ（b, d）です。

解答 エ（b, d）

Chapter
14

Section
1
データベース

Section 2 ■テクノロジ系
Chapter 14 データベース

データベースの設計

Section 2はこんな話

データベースを構築するには，データが適切な形で整理されている必要があります。そこで，データの関連性をわかりやすくするための設計図（E-R図）を作ります。

主キーと外部キーを理解し，選択と射影，結合を覚えましょう。

1 E-R図

E-R図（Entity Relationship Diagram）とは，要素（実体）同士の関係を示した図です。「E」はエンティティ（実体），「R」はリレーションシップ（関係）の頭文字です。E-R図を使うとデータ同士の関係がわかるため，データベースの設計図としてよく使われます。

リレーションシップは1対1だけでなく，1対多，多対多などの関係（カーディナリティ）があるため，下図のように「1」の場合は矢印のアタマなし，「多」の場合は矢印のアタマありで表記する方法もあります。

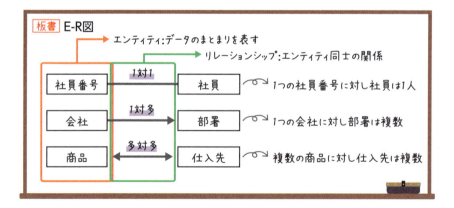

例題 **E-R図**　　　　　　　　　　　　　　　　　　　H23秋-問57

　社員数が50人で，部署が10ある会社が，関係データベースで社員や部署の情報を管理している。"社員"表と"部署"表の関係を示したE-R図はどれか。ここで，1人の社員が複数部署に所属することはない。下線のうち実線は主キーを，破線は外部キーを表す。E-R図の表記は次のとおりとする。

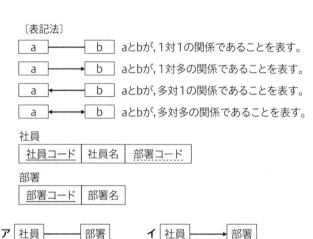

解説　複数の社員が部署に所属しているため，社員と部署は**多対多の関係（エ）**もしくは**多対1の関係（ウ）**に絞られます。1人の社員が複数の部署に所属することはないため，社員と部署が**多対1**の関係だとわかります。よって，答えは**ウ**です。

解答　**ウ**

2 主キーと外部キー

I 主キー

　データベースでは，1件1件の行が別のデータであることを識別できるようにしておかなければなりません。
　例えば，社員名簿からある社員のデータを参照したい場合に，同姓同名の社員がいたら，名前で検索すると検索結果は複数表示されてしまいます。

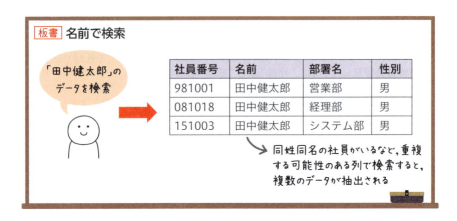

では，自分が探している田中健太郎さんのデータを見つけるには，どのように検索したらよいのでしょうか？ 答えは，「すべての行において絶対に重複しない列で検索する」です。このように，行を特定できる列のことを主キーといい，この例では社員番号が主キーになります。主キーで検索すれば必ず検索結果は1つになります。

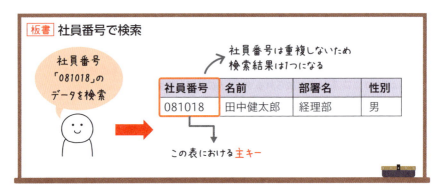

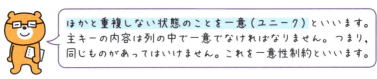

主キーには値を入れなければならない

データベースでは，値が入っていない状態のことをNULL(ヌル)といいます。主キーが空値だと行が特定できないため，主キーをNULLにすることはできません。これを非ヌル制約といいます。

II 複合主キー

表内に主キーとなる列が存在しない場合，複数の列を組み合わせて主キーとすることができます。これを複合主キーといいます。

例えば，生徒名簿でクラスと出席番号は重複するため単独で主キーにできませんが，組み合わせれば一意になるため，主キーにすることができます。

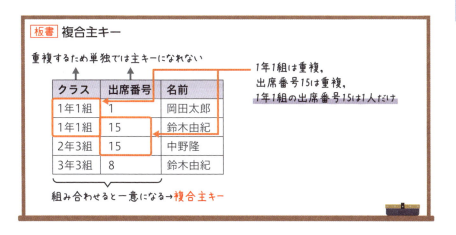

III 外部キー

関係データベースは，表と表を関連づけることができるのが特徴です。関連した表同士を結ぶために，ほかの表の主キーを参照する列のことを，外部キーといいます。

次の社員表では，部署表の主キーを参照する「部署番号」の列が外部キーになります。

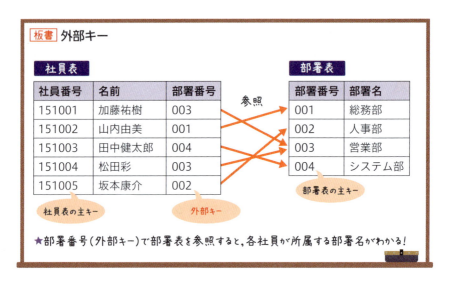

3 データの操作

I 選択と射影

DBMSで表から行を抜き出すことを選択といい，列を抜き出すことを射影といいます。

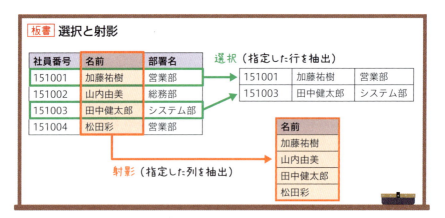

Ⅱ 結合

2つの表を1つの表にまとめることを，結合といいます。

板書 結合

社員番号	名前	部署番号	性別
151001	加藤祐樹	003	男
151002	山内由美	001	女
151003	田中健太郎	004	男
151004	松田彩	003	女

部署番号	部署名
001	総務部
002	経理部
003	営業部
004	システム部

結合 → 2つの(複数の)表をまとめる

社員番号	名前	部署番号	部署名	性別
151001	加藤祐樹	003	営業部	男
151002	山内由美	001	総務部	女
151003	田中健太郎	004	システム部	男
151004	松田彩	003	営業部	女

選択と射影，結合の操作内容は暗記しておきましょう。

| 例題 | データベースの結合 | H31春-問78 |

関係データベースの"社員"表と"部署"表がある。"社員"表と"部署"表を結合し，社員の住所と所属する部署の所在地が異なる社員を抽出する。抽出される社員は何人か。

社員

社員ID	氏名	部署コード	住所
H001	伊藤　花子	G02	神奈川県
H002	高橋　四郎	G01	神奈川県
H003	鈴木　一郎	G03	三重県
H004	田中　春子	G04	大阪府
H005	渡辺　二郎	G03	愛知県
H006	佐藤　三郎	G02	神奈川県

部署

部署コード	部署名	所在地
G01	総務部	東京都
G02	営業部	神奈川県
G03	製造部	愛知県
G04	開発部	大阪府

ア 1　　**イ** 2　　**ウ** 3　　**エ** 4

解説 "社員"表と"部署"表を結合すると，次のような表になります。

社員ID	氏名	部署コード	住所	部署名	所在地
H001	伊藤　花子	G02	神奈川県	営業部	神奈川県
H002	高橋　四郎	G01	神奈川県	総務部	東京都
H003	鈴木　一郎	G03	三重県	製造部	愛知県
H004	田中　春子	G04	大阪府	開発部	大阪府
H005	渡辺　二郎	G03	愛知県	製造部	愛知県
H006	佐藤　三郎	G02	神奈川県	営業部	神奈川県

表より，住所と部署の所在地が異なる社員は2人いるとわかります。よって，答えはイです。

解答 イ

Ⅲ 正規化

正規化とは，関係データベースでデータの矛盾や重複を未然に防ぐために，表の設計を最適化することをいいます。

例えば，社員表で「営業部」の部署名が来月から「営業企画部」に変更になるとし

ます。

　部署名だけの表だと，営業部の社員一人ひとりの「営業部」という部署名を「営業企画部」に書き換えなければなりません。修正するデータの数が多いため，修正漏れが発生し，データに不整合が生じる可能性があります。

　そこで，表を社員表と部署表に分割し，社員表には部署名ではなく部署番号を入れます。そうすることによって，部署表の「営業部」を「営業企画部」に変更するだけで作業が完了するため，修正漏れが発生する可能性が低くなります。

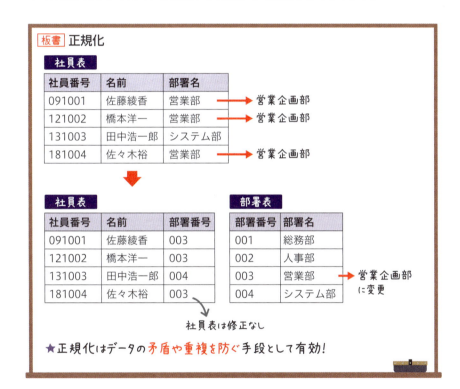

データを維持・管理しやすくするために，データベースの設計者が正規化を行います。

| 例題 | **データベースの正規化** | H30春-問81 |

　顧客名と住所，商品名と単価，顧客が注文した商品の個数と注文した日付を関係データベースで管理したい。正規化された表として，適切なものはどれか。ここで，下線は主キーを表し，顧客名や商品名には，それぞれ同一のものがあるとする。

ア　顧客

顧客番号	顧客名	住所

　商品

商品番号	商品名	単価

　注文

注文番号	顧客番号	商品番号	個数	日付

イ　顧客

顧客番号	顧客名	住所

　商品

商品番号	商品名	単価

　注文

注文番号	顧客名	商品名	個数	日付

ウ　顧客

顧客番号	顧客名	住所	日付

　注文

注文番号	顧客名	商品名	単価	個数

エ　商品

商品番号	商品名	単価	個数

　注文

注文番号	商品番号	顧客名	住所	日付

解説 正規化とは，関係データベースでデータの矛盾や重複を防ぐために，**表の設計を最適化**することです。

　アでは「顧客」表には1人の顧客に固有の情報がまとめられ，「商品」表には1つの商品に固有の情報がまとめられています。「注文」表には「顧客」表の主キーである**「顧客番号」**と商品表の主キーである**「商品番号」**が含まれているため**適切**です。

イ　「顧客」表と「注文」表の両方に「**顧客名**」が，「商品」表と「注文」表の両方に「**商品名**」が含まれているため**不適切**です。この表では顧客名や商品名が変更された際，一方のデータのみ更新されるなどデータの不整合が起こる可能性があります。

ウ　「顧客」表と「注文」表の両方に「**顧客名**」が含まれているため**不適切**です。

エ　「**顧客番号**」がないため不適切です。顧客名は重複する可能性があるため，データを識別するための「顧客番号」が必要です。

解答 ア

例題 関係データベースの操作

　関係データベースで管理された"商品"表と"売上"表から，売上日が4の付く日，かつ商品ごとの合計額が5,000円以上になっている商品を全て挙げたものはどれか。

商品

商品コード	商品名	単価(円)
001	商品A	450
002	商品B	800
003	商品C	1500

売上

売上番号	商品コード	個数	売上日
U00018	001	10	1/14
U00019	003	4	1/18
U00020	003	3	1/24
U00021	002	3	2/4
U00022	001	3	2/6
U00023	002	4	2/14

ア　商品A，商品B　　**イ**　商品A
ウ　商品B　　　　　　　**エ**　商品B，商品C

解説 売上表より，売上日が4の付く日の売上を抽出します。

売上番号	商品コード	個数	売上日
U00018	001	10	1/14
U00020	003	3	1/24
U00021	002	3	2/4
U00023	002	4	2/14

商品ごとの4が付く日の売上金額を求めます。
商品コード001，すなわち商品Aの売上金額は，単価450円×10個＝4,500円です。
商品コード002，すなわち商品Bの売上金額は，単価800円×（3＋4）個＝5,600円です。
商品コード003，すなわち商品Cの売上金額は，単価1,500円×3個＝4,500円です。
商品ごとの合計額が5,000円以上になっている商品は商品Bのみです。よって，答えはウです。

解答 ウ

インデックス

大量のデータが入っているテーブルは，データの検索に時間がかかることがあります。検索時間を短縮するために必要に応じて索引情報を作成します。これをインデックスといいます。

Section 3

■テクノロジ系
Chapter 14 データベース

データベース管理システムの機能

Section 3はこんな話

業務で使うシステムは，多くの場合，複数の人やシステムが同時にデータを操作します。そのため，DBMSには，データベースを守るための機能や，障害が起きたときに処理を取り消す機能などがあります。

排他制御とトランザクションは必ず覚えましょう。

1 同時実行制御（排他制御）

データベースには，データを必要なタイミングで参照したり，更新したりといった柔軟な対応が求められます。しかし，企業で利用するデータベースで複数のユーザが同時に操作を行えば，データの不整合が発生するおそれがあります。

例えば，Aさんが社員表を更新しているときに，Bさんも社員表を更新しようとしたとします。この場合，データベースではどちらか一方のデータしか保持できないため，どちらかが更新しようとした情報が上書きされてしまうか，間違った情報でデータが保存されてしまいます。そうしたことが起こらないよう，1人が更新しているときはほかの人が更新できないようにする仕組みを排他制御といいます。

排他制御は,「複数の人が同時に同じデータを操作できないようにデータをロックする機能」です。

　排他制御の種類には,共有ロックや占有ロックがあり,どちらもデータを更新中のユーザ以外は書き込みができません。内容を参照できるかどうかに違いがあります。

共有ロック	ほかの人が操作中のデータへの「書き込み」はできないが,「読み込み」はできる状態のこと
占有ロック	ほかの人が操作中のデータへの「書き込み」も「読み込み」もできない状態のこと

デッドロック 新用語

排他制御が原因で起こるデッドロックというものがあります。デッドロックは1回の操作で同時にロックすべきデータが2つ以上あるときに起こります。2人(以上)が同時にデータをロックし,お互いのロックが解除されるのを待ち続けて処理が進まない状態をいいます。いわゆるお見合い状態になり,いつまでたっても後続の処理が進みません。

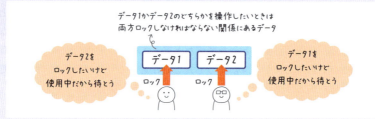

例題 排他制御　　　　　　　　　　　　　　　　R2秋-問72

2台のPCから一つのファイルを並行して更新した。ファイル中のデータnに対する処理が①～④の順に行われたとき，データnは最後にどの値になるか。ここで，データnの初期値は10であった。

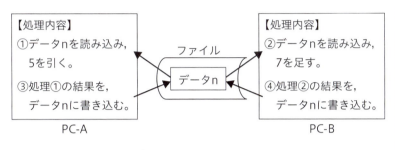

ア　5　　イ　10　　ウ　12　　エ　17

解説 複数のPCで同時にデータを更新することはできないため（排他制御），順番に処理されます。次のような流れでデータnに対する処理が行われます。
①PC-Aでデータn（初期値：10）を読み込み，5を引く。
10 − 5 = 5
PC-Aでは計算結果の「5」を保持します。このときデータnは更新しないので注意しましょう。
②PC-Bでデータn（初期値：10）を読み込み，7を足す。
10 + 7 = 17
PC-Bでは計算結果の「17」を保持します。このときもデータnは更新しないので注意しましょう。
③処理①の結果「5」をデータnに書き込む。
④処理②の結果「17」をデータnに書き込む。
よって，④までの処理が終わったデータnの値は「17」になりますので，答えはエです。

解答 エ

2 トランザクション　新用語

トランザクションとは，複数の処理や操作のまとまりを指します。
例えば，オンラインショップで商品を購入する場面を考えてみましょう。まず，購入したい商品を検索し，買い物カゴに入れます。次に，買い物カゴから購入手続

き画面に進み，支払い方法の設定，送付先の入力などを行います。最後に「購入」ボタンを押したら買い物が完了します。このような一連の流れを<u>トランザクション</u>といいます。また，一連のトランザクションの実行が成功したときに，データベースの更新内容を確定させます。これを<u>コミット</u>といいます。

　このとき，処理の途中でエラーが生じたらどうなるでしょうか。自分の画面では「購入が完了した」と表示されているのに，購入したショップの画面では購入した記録が表示されず，商品が発送されない……なんてことになったら困りますよね。そこで，1つのトランザクションの途中でエラーが生じた場合，一連の処理すべてを取り消すことでデータの不整合をなくします。

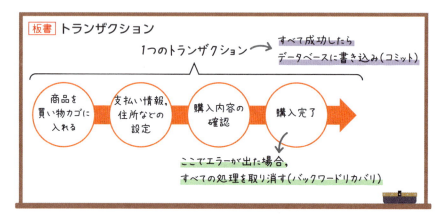

　一連の処理すべてを取り消し更新前ログファイルを使ってトランザクション開始前の状態に戻すことを，<u>バックワードリカバリ（ロールバック）</u>といいます。更新前ログファイルは，更新前のデータを保存しておくファイルです。

　データベースのディスク障害などの障害発生時には，更新後ログファイルを使い，障害発生前の状態に戻す<u>フォワードリカバリ（ロールフォワード）</u>が行われます。更新後ログファイルは，終了したトランザクションの更新後のデータを保存しておくファイルです。

　また，DBMSで完了したトランザクションのデータをディスクに書き込むタイミングのことを<u>チェックポイント</u>といいます。

ACID特性 [新用語]

トランザクション処理を行う上で必要不可欠とされる，4つの性質の頭文字を取り，**ACID特性**（アシッド）といいます。AはAtomicity（原子性），CはConsistency（一貫性），IはIsolation（独立性，隔離性），DはDurability（耐久性，永続性）です。

2相コミットメント [新用語]

複数の独立したシステムが関係する分散トランザクションにおいて，2段階に分けてコミットする手法を**2相コミットメント**といいます。1つでもエラーが出ると，全体にバックワードリカバリの指示が出されます。

3 アクセス権管理

あるシステムを使用する権限のことを<u>アクセス権</u>といいます。アクセス権をもつ人，すなわち許可されたユーザだけがシステムにアクセスできるように管理することを<u>アクセス権管理</u>といいます。

データベースが誰でも好きなように操作できる状態だと，重要なデータが変更・削除されてしまうおそれがあります。そのため，DBMSによって<u>利用できるユーザを制限すること</u>が重要です。

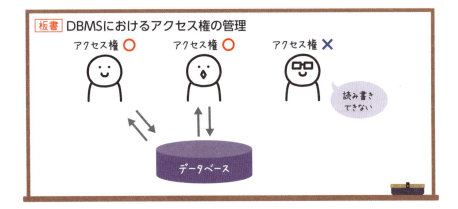

| 例題 | **トランザクション処理** | H25秋-問67 |

あるトランザクション処理は，①共有領域から値を読み取り，②読み取った値に数値を加算し，③結果を共有領域に書き込む手順からなっている。複数のトランザクションを並列に矛盾なく処理するためには，トランザクション処理のどの時点で共有領域をロックし，どの時点でロックを解除するのが適切か。

時間

時点（a）

①共有領域から値を読み取り

時点（b）

②読み取った値に数値を加算

時点（c）

③結果を共有領域に書き込む

時点（d）

	共有領域のロック	共有領域のロック解除
ア	時点（a）	時点（c）
イ	時点（a）	時点（d）
ウ	時点（b）	時点（c）
エ	時点（b）	時点（d）

| 解説 | 現在の値をもとに加算する数値を決める必要があるため，「①共有領域から値を読み取り」の時点では**すでにロック**されている必要があります。そのため，**共有領域は時点（a）でロック**します。

また，書き込み中にほかの操作が入るとデータに不整合が生じる可能性があるため，**ロックの解除は書き込まれたあとの時点（d）**で行います。よって，答えは**イ**です。

| 解答 | **イ**

332

テクノロジ系

Chapter 15

ネットワーク

直近5年間の出題数

R3	8問
R2秋	9問
R1秋	6問
H31春	10問
H30秋	9問
H30春	8問
H29秋	7問
H29春	9問

- ネットワークの基本的な用語の意味を押さえましょう。IPアドレス，LANなど，普段よく耳にする言葉も多く出てきます。
- 出題が多い分野です。用語の定義は正確に押さえましょう。

Section 1　■テクノロジ系　Chapter 15 ネットワーク

ネットワークの基本

Section 1はこんな話

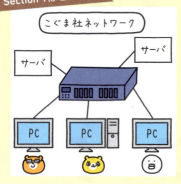

コンピュータネットワークは現代社会を支える重要なインフラの1つとなっています。ネットワークを理解するために，身近なネットワーク構築に必要な機器などを覚えていきましょう。

家庭用でもいいので，ネットワークを1つ組み上げてみると理解が進みます。

1 伝送速度

　ネットワークの性能は，単位時間当たりに伝送できるデータ量で決まります。これを**伝送速度**といいます。ビット／秒（**bps**：**bits per second**）という単位で，1秒間に何ビット送ることができるかを表します。

　伝送速度は，理論上の最大伝送速度ですが，実際の速度は伝送効率をふまえたものです。例えば最大伝送速度が100Mビット／秒で，伝送効率が60％のLANにおける実際の伝送速度は，100 × 0.6 = 60Mビット／秒です。

　このように，実際の伝送速度がわかれば，あるデータを伝送するのにかかる時間を以下の式で計算することができます。

板書 データの伝送にかかる時間

伝送時間 ＝ データ量 ÷ （実際の）伝送速度
　　　　　　　　　　　　　　↑
　　　　　　　　　最大伝送速度×伝送効率

| 例題 | **ファイルの転送にかかる時間** | H21秋-問82 |

100Mビット／秒の伝送速度のLANを使用して，1Gバイトのファイルを転送するのに必要な時間はおおよそ何秒か。ここで，1Gバイト＝10^9バイトとする。また，LANの伝送効率は20%とする。

ア 4　　**イ** 50　　**ウ** 400　　**エ** 5,000

| 解説 | まずは，伝送速度に伝送効率を掛け合わせ，実際の伝送速度を求めます。

100Mビット／秒 × 0.2 = 20Mビット／秒

M（メガ）は10^6なので，20×10^6ビット／秒と表すことができます。
ファイル転送にかかる時間は，1Gバイト÷20Mビット／秒となりますが，データ量はバイト，伝送速度はビットで単位が異なるので，どちらかに揃えなければ計算できません。ここではビットに揃えて計算します。1バイトは8ビットなので，データ量の10^9バイト（1Gバイト）に8をかければビットに揃えられます。
こうして転送にかかる時間を求めると次のようになります。

$(10^9 \times 8) \div (20 \times 10^6) = 400$

よって転送にかかる時間は**400秒**となり，正解は**ウ**です。

| 解答 | **ウ**

Chapter 15

Section 1　ネットワークの基本

---

2 ネットワークの分類

　コンピュータ同士を接続して構築するコンピュータネットワーク（以下ネットワークといいます）は，ファイル共有，Web，メール，SNSといった身近なものから，金融機関や官公庁の基幹システムまで，社会を支える欠かせないインフラとなっています。

　ネットワークはさまざまな軸で分類できますが，最も基本的で大きな分類は
LANと**WAN**です。

335

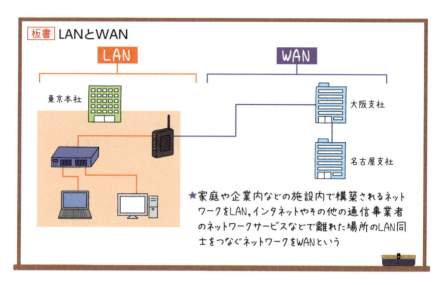

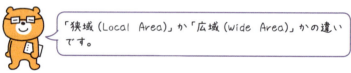

LANとWANの違いのほかに，現在のネットワークで忘れてはいけないのが**インターネット**です。インターネットは**ネットワーク同士をつないだネットワーク**です。

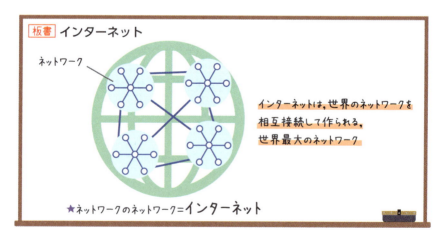

3 ネットワークの構成要素

　ここからは，LANを構築するときのコンピュータの接続形態や接続機器，技術などについて解説します。

Ⅰ LANの接続形態

　LANは，有線でつなぐ有線LANと，無線通信で行う無線LANがあります。有線LANの接続形態には，次のようなものがあります。

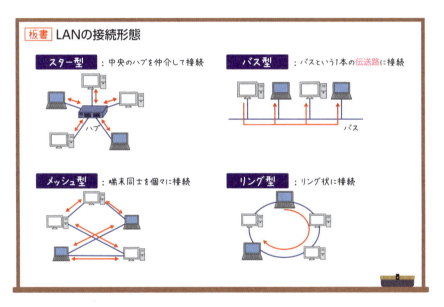

試験では「スター型」が出題されることが多いので，それだけでも覚えておきましょう。

II ネットワーク構築に使用する機器

ネットワークの構築にはさまざまな機器が必要になります。ここでは，LANに使われるものを中心に紹介していきます。LANの中心になるハブ（集線装置）は，リピータハブとスイッチングハブという種類があり，現在はほとんどスイッチングハブが使われています。スイッチともいいます。

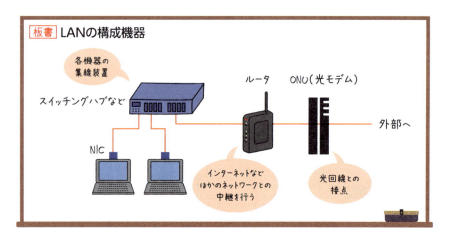

板書 LANの構成機器

機器	働き
NIC	ネットワークインタフェースカード。コンピュータにネットワークとの接続口を設けるための拡張カードをいう。現在はマザーボードに内蔵されることが多い
スイッチングハブ ブリッジ L2スイッチ	コンピュータやネットワーク機器を接続する集線装置
ルータ L3スイッチ	インターネットなどほかのネットワークとの中継を行う
ONU（光モデム）	NTTなどの通信事業者が提供する光ケーブル回線（FTTH）と接続するための機器

家庭用ではハブ，ルータ，光モデムが一体化した機器が多いです。

Ⅲ 無線LAN

　無線LANは，ケーブルで接続する有線LANの代わりに電波による無線通信を使ったLANです。

　無線LANでは，ハブの代わりにアクセスポイントという機器が中心となり，コンピュータやスマートフォンなど無線機能をもった無線子機と通信します。通信は誰でも傍受できるため，第三者に読み取られないよう通信内容を暗号化するのが一般的です。「WPA2」などの暗号化方式が使われています。

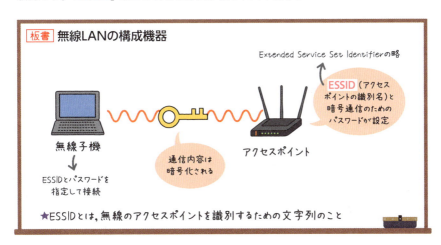

板書 無線LANの構成機器

無線LANで使われる2種類の周波数のうち，2.4GHz帯は壁などの障害物に強い代わりに混信による速度低下が起きやすく，5GHz帯は障害物には弱いが安定していて高速という特徴があります。

Wi-Fi

無線LANの規格は，IEEE 802.11として国際標準化されています。この伝送規格を使用した異なるメーカの無線LAN製品同士で，相互接続性が保証されていることを示すブランド名をWi-Fiといいます。

　無線LANは，周辺にあるほかの無線機器の影響を受けて伝送速度が低下したり，通信が不安定になったりすることがあります。無線LANのほか，家電などから発せられる電波の影響を受けることもあります。

🐻 Wi-Fi Direct 新用語

Wi-Fi Directとは，アクセスポイントを使わずに，Wi-Fi機能が搭載されている機器同士を無線で直接つなげる技術です。スマートフォンやパソコン，デジカメ，プリンタなどの機器で利用可能です。

🐻 メッシュWi-Fi 新用語

メッシュWi-Fiとは，メッシュ（網）のようにWi-Fiを張り巡らせる技術です。障害物などの影響を受けてつながりにくい場所（死角）をなくし，自宅やオフィスなどのどこからでも途切れない接続を目指して構築されるものです。

🐻 テザリング

スマートフォンをモバイル型のルータとして機能させ，パソコンなどのほかの機器をインターネットに接続することをテザリングといいます。

IV MACアドレス

ネットワークでデータを届けるためには，宛先と送り主を表すものが必要です。ネットワークに接続できる端末には出荷段階でMAC（Media Access Control）アドレスという番号が振られており，同じネットワーク内での宛先と送り主を表すために使われます。MACアドレスは2進数48桁の数値で，「：（コロン）」で区切った16進数12桁で表記します。前半部分は機器のメーカ，後半部分は個々の機器を表しており，世界中のすべての機器で，重複しないように固有の番号が割り当てられています。

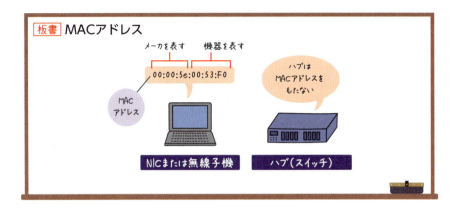

ハブ自体にはMACアドレスはありませんが、スイッチングハブは接続された機器のMACアドレスを学習し、効率よくデータを転送します。

🐻 MACアドレスフィルタリング

機器ごとに割り当てられた固有の番号であるMACアドレスの特長を生かし、無線LANに接続できる機器をMACアドレスによって制限することをMACアドレスフィルタリングといいます。

有線LANと無線LANの規格

有線LANと無線LANには以下のような規格(定義された基準)があります。

規格	説明
IEEE802.3	有線LANの規格。イーサネットともいう
IEEE802.11	無線LANの規格。b, g, a, n, ac, ad, axなどの種類があり、転送速度や使用周波数などが異なる

🟣 IoTネットワークに関する知識

IoT技術の活用の場は、多岐にわたります。IoTネットワークに適した無線通信方式としては、5GやLPWA、Bluetoothなどがあります。

名前	特徴
5G	4Gに続く無線通信システム。高速・大容量かつ低遅延で，同時に多数の端末を接続可能。消費電力が大きくなるが，多くの端末で同時にリアルタイム通信が必要な場合などに適している
LPWA	「Low Power Wide Area」の略で，少ない消費電力で広範囲の通信が可能な無線通信方式。IoTシステム向けに使われる無線ネットワークで，小型のバッテリ1つで数か月稼働でき，数km〜数十km程度の伝送距離をもつ。通信速度は一般的な無線LANよりも遅い
Bluetooth	Ch12 Sec3参照
BLE	Bluetooth Low Energyの略で，Bluetooth4.0から追加された低消費電力の通信モード。IoT機器などで用いられる
ZigBee	IoT機器のセンサーネットワークでおもに利用される通信。低コスト，低消費電力である無線通信規格の1つ

🐻 IoTエリアネットワーク

　IoTネットワークのうち，PCやIoT機器などを接続する小規模なネットワークをIoTエリアネットワークといいます。IoTエリアネットワークとインターネットを接続するには，IoTゲートウェイという接続装置が必要です。

🐻 テレマティクス

　テレマティクスとは,遠隔通信（Telecommunication）と情報科学（Informatics）を組み合わせた造語で，自動車や輸送車両などの移動体に通信システムを搭載し，リアルタイムに情報サービスを提供する仕組みのことをいいます。

　例えば，カーナビと連動して，ドライバー側はリアルタイムな渋滞情報などを把握することができます。

🐻 エッジコンピューティング

　エッジコンピューティングは，分散処理形態の1つで，データの蓄積や処理をすべてクラウドに集約するのではなく，各端末に近いローカルな領域に配置されたエッジサーバで一部を分散処理することによって，通信量の削減や通信遅延の解消などを図るものです。

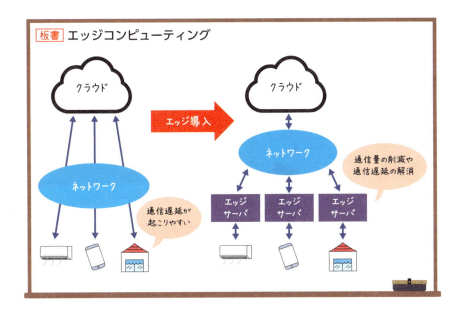

🐻 GPS

GPS（Global Positioning System）は全地球測位システムと訳され，複数の人工衛星から発信される電波を受信し，電波の発信時刻と受信時刻の差から端末の位置情報を取得するシステムです。GPSはカーナビやスマートフォン，IoT機器などに搭載されています。

🐻 ビーコン（Beacon）

ビーコンとは，無線信号を発する発信機や，そこから発せられる信号のことで，位置情報などの情報を取得することができるものです。ビーコンは通信範囲が狭い分，GPSよりも精密な位置の特定が可能で，人工衛星の電波の届かない建物内や地下でも利用することができます。

ピンポイントで情報の伝達ができるのが特徴です。博物館や美術館などの施設では，館内に設置されたビーコンから発信される情報を端末で受け取り，スマートフォンなどで作品の解説を見ることができます。

通信プロトコル

Section 2 ▸テクノロジ系 Chapter 15 ネットワーク

Section 2はこんな話

通信する両者がやり取りの手順を合わせないと，通信は成り立ちません。この通信手順やルールを「プロトコル」といい，ネットワークではさまざまなプロトコルが組み合わされて使われています。

各プロトコルがどんな仕事をしているのかを頭に入れておきましょう。

1 プロトコルとは

　ネットワーク上で通信を成功させるためには，通信用のソフトウェアや機器が同じルールに沿ってやり取りしなければいけません。この通信用のルールのことを通信プロトコル（または単にプロトコル）といいます。もともとは国同士の外交儀礼を指す用語が，IT分野で通信規約を指すようになったものです。

　プロトコルは1つではなく，「Webページのためのプロトコル」「メールのためのプロトコル」「無線LANのためのプロトコル」などさまざまなものがあります。ネットワークでは複数のプロトコルを組み合わせて通信を行っています。

板書 プロトコルのイメージ

2 プロトコルの階層モデル

さまざまなプロトコルを整理し，組み合わせやすくするために，プロトコルを階層化したモデルが使われます。階層モデルには**TCP/IP**モデル（インターネットプロトコルスイート）と**OSI参照モデル**の2つがあります。

板書 TCP/IPモデルとOSI参照モデル 新用語

TCP/IPモデル（4階層）	OSI参照モデル（7階層）	具体的なプロトコル
アプリケーション層 具体的な通信サービスを提供	Layer 7: アプリケーション層 具体的な通信サービスを提供	HTTP, POP, IMAPなど
	Layer 6: プレゼンテーション層 文字コードなどデータの表現方法を変換	
	Layer 5: セッション層 継続的な通信を行うために，必要に応じて再接続などを行う	
トランスポート層 エラー訂正などを行って通信の信頼性を高める	Layer 4: トランスポート層 エラー訂正などを行って通信の信頼性を高める	TCP, UDP
インターネット層 通信経路の選択（ルーティング）を行い，異なるネットワーク間の通信を行う	Layer 3: ネットワーク層 通信経路の選択（ルーティング）を行い，異なるネットワーク間の通信を行う	IP
ネットワークインタフェース層 通信機器のやり取りに関する仕様	Layer 2: データリンク層 機器の信号の通信ルール	イーサネットなど
	Layer 1: 物理層 コネクタ形状など機器の接続仕様など	

★TCP/IPモデルは最も広く利用されているプロトコルで，インターネットにも採用されていることから，インターネットプロトコルともいう

本書では，TCP/IPモデルでみていきましょう。

3 データを転送するプロトコル

Webページにしてもメールにしても，データを宛先まで届ける必要があります。TCP/IPモデルでは，「ネットワークインタフェース層」「インターネット層」「トランスポート層」のプロトコルがデータを宛先に届けるために使われます。

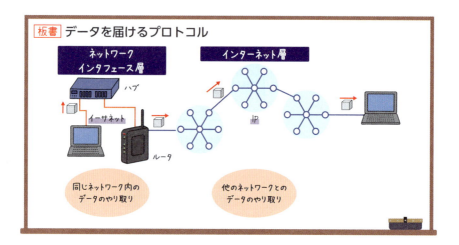

板書 データを届けるプロトコル

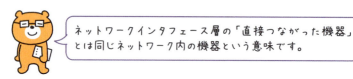

ネットワークインタフェース層の「直接つながった機器」とは同じネットワーク内の機器という意味です。

インターネット層のプロトコルでは **IP**（Internet Protocol）が代表的です。IPアドレスというネットワーク内で固有の番号を手がかりに世界の反対側までもデータを届けます。IPアドレスについては，Section3で解説します。

4 トランスポート層とポート番号

トランスポート層の主要なプロトコルには，**TCP**（Transmission Control Protocol）とUDP（User Datagram Protocol）があります。確実にデータを届け

たいときは再送制御ができるTCP，いくらかデータが抜け落ちても速度を優先させたい場合はUDPが使われます。

例えば，WebページやメールではTCP，動画ストリーミングやインターネット電話ではUDPが使われます。

TCPとUDPは，通信プログラムを識別するために16ビットのポート番号を使用します。ポート番号とは，トランスポート層のプロトコルで用いられる，論理的な情報の送受信口のことです。

ポート番号は，コンピュータ上で動作している通信アプリケーションの識別に使われます。

サーバ用プログラムでは待ち受け用ポートが決められており，ウェルノウンポートといいます。クライアント（サーバからサービスや機能の提供を受けるコンピュータ）用プログラムは一般的にポート番号が決まっておらず，1024番以上の空いているポート番号をランダムに選んで使用します。

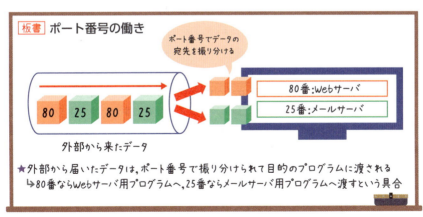

IPアドレスが宛先の家を表す住所とすると，ポート番号はどの部屋の人に渡すかを決めるものといえます。

5 TCP/IPのプロトコル

TCP/IPのプロトコルには，サービスに応じてたくさんの種類があります。代表的なものは，Webページやメールに使用するプロトコルがあります。

🐻 主なTCP/IPのプロトコル

プロトコル名	説明
HTTP	Webページを配信する。通信内容は暗号化されない
HTTPS	Webページを配信する。通信内容は暗号化される
POP	メールを受信する。メールをサーバからダウンロードしてから閲覧，削除，仕分けなどを行う
IMAP	メールを受信する。メールサーバに届いたメールをダウンロードしなくてもメールサーバ内で閲覧，削除，仕分けなどが行える
SMTP	メールを送信する
FTP	ファイルを転送する
NTP	時計の時刻合わせを行う。Network Time Protocolのこと
DHCP	機器にIPアドレスを割り当てる

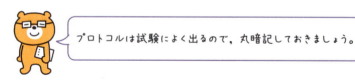

プロトコルは試験によく出るので，丸暗記しておきましょう。

DHCP（Dynamic Host Configuration Protocol）について補足しておきましょう。IPを利用して通信するためにはIPアドレスが必要ですが，ネットワークに接続した段階ではアドレスが割り当てられていないことがあります。DHCPはこのIPアドレスの割り当てを自動的に行ってくれます。

板書 **DHCPの働き**

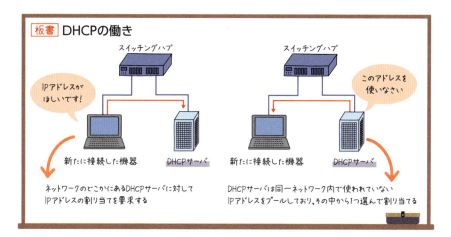

 家庭向けのブロードバンドルータはDHCPサーバ機能を内蔵しており，機器を接続するとすぐにIPアドレスを割り当ててくれます。

例題 **通信プロトコル**　　　　　　　　　　　H25秋-問65

通信プロトコルの説明のうち，適切なものはどれか。
ア　DHCPはWeb閲覧のプロトコルである。
イ　FTPはファイル転送のプロトコルである。
ウ　NTPは設定するIPアドレスなどの情報をサーバから取得するプロトコルである。
エ　POPはメールクライアントがメールを送信するプロトコルである。

解説　FTPはFile Transfer Protocolの略で，**ファイル転送のプロトコル**です。よって，答えは**イ**です。
ア　DHCPは**機器にIPアドレスを割り当てるプロトコル**です。
ウ　NTPは**時計の時刻合わせを行うプロトコル**です。
エ　POPは**メールを受信するプロトコル**です。

解答　イ

6 ユニキャスト, ブロードキャスト, マルチキャスト

　ユニキャスト，ブロードキャスト，マルチキャストは，データの送り方を表す用語です。1つの宛先に送信するユニキャストと，複数の宛先に同時に送信するブロードキャストとマルチキャストという通信方式があります。

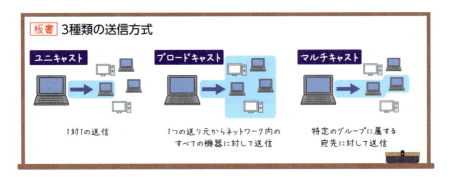

板書 3種類の送信方式

- ユニキャスト：1対1の送信
- ブロードキャスト：1つの送り元からネットワーク内のすべての機器に対して送信
- マルチキャスト：特定のグループに属する宛先に対して送信

ブロードキャストは宛先のIPアドレスやMACアドレスが不明なときなどに使われます。先に説明したDHCPでも，最初の割り当て要求時はDHCPサーバのアドレスがわからないため，ブロードキャストで送信します。

🐻 SDN

　SDN（**Software-Defined Networking**）とは，スイッチングハブやルータなどの物理的な構成の制約にとらわれずにネットワーク構成を管理しようという考え方です。ソフトウェアによってネットワークの構成や機能，性能などを制御することができます。

Section 3

■テクノロジ系
Chapter 15 ネットワーク

インターネットと IPアドレス

Section 3はこんな話

インターネットに接続するすべての機器には，IPアドレスという番号が割り当てられています。ここでは，IPアドレスの仕組みについて解説します。

IPアドレス，ルーティング，ドメイン名はとくに重要です。

1 IPアドレス

インターネットなどのTCP／IPネットワークでは，**IPアドレス**という番号で宛先の機器を識別します。IPアドレスとは，いわば住所や電話番号のようなもので，ネットワーク内で固有の（重複しない）番号です。インターネットの初期からある32ビットの**IPv4**と，IPv4のアドレス枯渇を受けて策定された128ビットの**IPv6**の2種類があります。

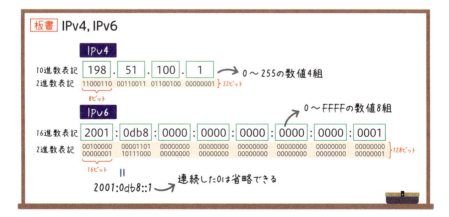

インターネットに接続するすべての機器は，IPv4またはIPv6どちらかのIPアドレスが必要です。
両者は併用されているので，1つの機器にIPv4とIPv6の両方が割り振られることも一般的です。

1 サブネットマスク・CIDR

IPアドレスは，その一部がネットワークを表し，残りがネットワーク内の特定の機器（ホスト）を表します。IPアドレスのネットワーク部とホスト部の境目を示すのがCIDR（サイダー）表現やサブネットマスクです。

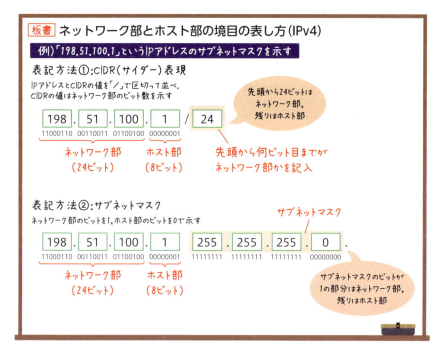

IPv6ではIPv4と違い，ネットワーク部は可変ではありません。前半64ビットがネットワーク部を表すと決まっています。

Ⅱ グローバルIPアドレスとプライベートIPアドレス

インターネットという全世界規模のネットワークで情報を確実に届けるためには，IPアドレスが重複しないよう個々の機器に割り当てられている必要があります。これを**グローバルIPアドレス**といい，専門の機関によって管理されています。

その一方で，家庭や企業内でパソコンを購入するたびに，専門の機関に申請してグローバルIPアドレスを割り当ててもらうのでは手間がかかりすぎます。そこで，家庭や企業内で使うための**プライベートIPアドレス**（ローカルIPアドレスともいいます）というものが別に決められています。プライベートIPアドレスは個人でも勝手に機器に割り当てることが許されています。企業ではネットワーク管理者などがLAN内で重複しないようにプライベートIPアドレスを割り当てます。家庭内など，個人で利用する場合は特別な設定を行わなくても，ブロードバンドルータが自動的にプライベートIPアドレスを割り当てます（特定のプライベートIPアドレスを設定することもできます）。

板書 プライベートIPアドレスの範囲

IPv4のプライベートIPアドレス

10.0.0.0 ～ 10.255.255.255
172.16.0.0 ～ 172.31.255.255
192.168.0.0 ～ 192.168.255.255

★IPアドレスのうち，決められた範囲がプライベートIPアドレスとなっている

プライベートIPアドレスは基本的にLAN内でしか通用しません。インターネットでの通信にはグローバルIPアドレスが必要です。

Ⅲ ネットワークアドレス変換（NAT）

プライベートIPアドレスは家庭内や企業内では重複しないように割り当てますが，例えばA社に「192.168.1.1」というIPアドレスのPCがあり，B社にも「192.168.1.1」という同じIPアドレスのPCがあったとします。もし，このままインターネットに接続し，通信しようとすると，インターネット側から「192.168.1.1」宛てのデータを送る際，A社とB社，どちらの「192.168.1.1」へ

データを送ったらよいかわからなくなってしまいます。そのため，インターネット上にあるルータは，プライベートIPアドレス宛てのデータは破棄するようあらかじめ設定されています。

このような理由から，インターネットで通信するためにはグローバルIPアドレスが必要なので，専門の機関から最低1つのグローバルIPアドレスを割り当ててもらいます。しかしそれでは，複数の機器でインターネットを利用することはできません。そこで，プライベートIPアドレスとグローバルIPアドレスを相互変換するネットワークアドレス変換（**NAT**）という技術が使われます。1つのグローバルIPアドレスを複数のプライベートIPアドレスに変換することを**NAPT**という場合もあります。

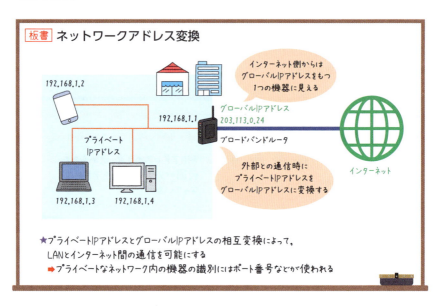

IPv4のアドレスは枯渇しており，アドレス変換はIPアドレスの節約に役立っています。

2 ルーティング

インターネットではグローバルなIPアドレスを指定するだけで，海の向こうにいる相手とも通信することができます。それを実現するのが**ルータ**と**ルーティング**（**経路決定**）です。ルータは，インターネットに属するネットワークが必ずもっている機器で，隣接するルータと情報を交換して，宛先までの経路を決定（ルーティング）します。ルータはインターネットでなくても同じ建物内の異なるネットワークをつなげる際にも使われます。ルータとL3スイッチ（レイヤ3スイッチ）は同じ役割をもつものです。

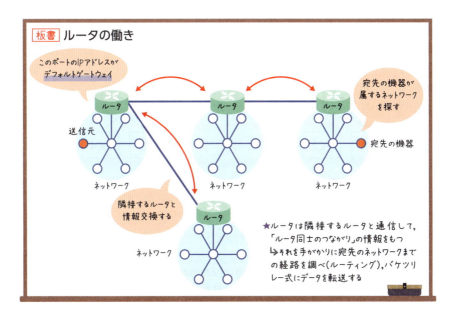

インターネットに属するネットワークは複雑につながりあっているので，ルータは最も効率的な経路を探します。

■ デフォルトゲートウェイ

デフォルトゲートウェイとは，ほかのネットワークと通信するとき，**自分のネットワークの出入口となる機器のIPアドレス**です。多くの場合は**ルータの自分のネットワーク側のIPアドレス**になります。

例題 デフォルトゲートウェイ　　　　　　　　　　　　　　H28春-問78

ハブとルータを使用してPC1〜4が相互に通信できるように構成したTCP/IPネットワークがある。ルータの各ポートに設定したIPアドレスが図のとおりであるとき，PC1に設定するデフォルトゲートウェイのIPアドレスとして，適切なものはどれか。

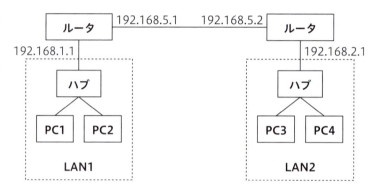

ア　192.168.1.1　　　イ　192.168.2.1
ウ　192.168.5.1　　　エ　192.168.5.2

解説 PC1はLAN1に属しているため同じLAN内の機器とは直接通信できますが，ほかのネットワークと通信するときは，一旦デフォルトゲートウェイ宛てにデータを送信します。デフォルトゲートウェイには，**自分のネットワーク側のルータのIPアドレス**，すなわちルータの**LAN1側のIPアドレス**を指定するため，**192.168.1.1**が適切です。よって，答えは**ア**です。

解答 ア

3 ドメイン名

これまでIPアドレスによる通信を解説してきましたが、日常でインターネット上の宛先を指定する場合は、英数字で構成された**URL**や**メールアドレス**などを使用しているはずです。このURLやメールアドレスに含まれる、**インターネット上の場所を表す名前**を**ドメイン名**といい、インターネット上で通信する際は**ドメイン名からIPアドレスへの変換**が行われています。

ドメイン名は階層構造をもっており、上位から順に「トップレベル」「第2レベル」「第3レベル」といいます。ドメイン名はIANAやJPNICなどの組織に、取得したい名前と紐付けるIPアドレスを申請して取得します。

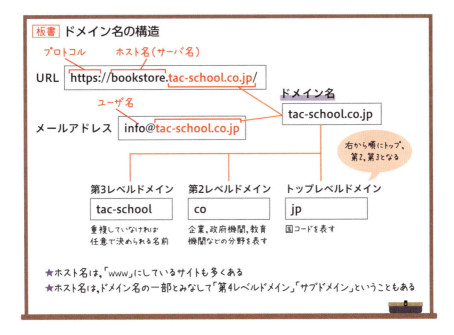

I DNS

ドメイン名とIPアドレスを対応させて相互変換する仕組みを**DNS**（Domain Name System）といい、相互変換を行うサーバを**DNSサーバ**といいます。インターネット上で通信する際は、まずDNSサーバに問い合わせてドメイン名からIP

アドレスへの変換を行い，IPアドレスを使って通信します。

DNSサーバは，DNSコンテンツサーバとDNSキャッシュサーバに分かれます。

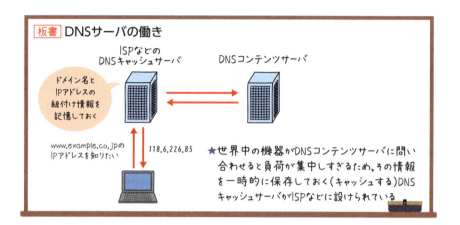

ドメイン名からIPアドレスを調べることを「正引き」，IPアドレスからドメイン名を調べることを「逆引き」といいます。

例題 ドメイン名とIPアドレスの変換　　H29春-問66

　情報処理技術者試験の日程を確認するために，Webブラウザのアドレスバーに情報処理技術者試験センターのURL "https://www.jitec.ipa.go.jp/" を入力したところ，正しく入力しているにもかかわらず，何度入力しても接続エラーとなってしまった。そこで，あらかじめ調べておいたIPアドレスを使って接続したところ接続できた。接続エラーの原因として最も疑われるものはどれか。

- ア　DHCPサーバの障害
- イ　DNSサーバの障害
- ウ　PCに接続されているLANケーブルの断線
- エ　デフォルトルータの障害

解説　ドメイン名とIPアドレスを相互変換する仕組みをDNSといい，相互変換を行うサーバをDNSサーバといいます。本問ではIPアドレスを使えば目的のサイトへ接続できたので，PCから接続先のWebサーバへの通信は正常に行えていることがわかります。そのため，ドメインをIPアドレスへ変換するDNSサーバに障害が起きていることが疑われます。よって，答えはイです。

解答　イ

Section 4

■テクノロジ系
Chapter 15 ネットワーク

インターネットに関するサービス

Section 4はこんな話

ここまではネットワークやインターネットの内部の仕組みを説明してきました。最後にユーザからの視点で、インターネットや通信に関わる「サービス」について見ていきます。

「インターネットサービス」と「通信サービス」に分けて見ていきましょう。

1 インターネットのサービス

I World Wide Web

World Wide Web（以降Web）はインターネットを代表するサービスです。その基本的な仕組みは、Webブラウザというアプリケーションで、インターネット上のWebサーバに問い合わせ（リクエスト）を行い、返送（レスポンス）されたデータをWebページという形で表示します。

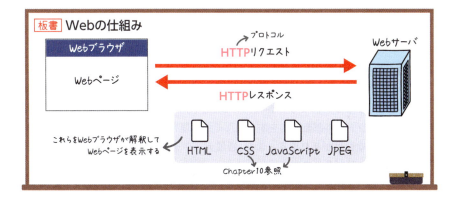

🐻 cookie

cookie（クッキー）は，Webサーバからの指示でWebブラウザ側に少量の情報を保存する仕組みです。保存されたcookieは，次以降同じWebサーバと通信する際のHTTPリクエストに含まれます。cookieの主な用途としては，会員制サービスなどでログイン中のユーザかどうかを判別することなどがあります。

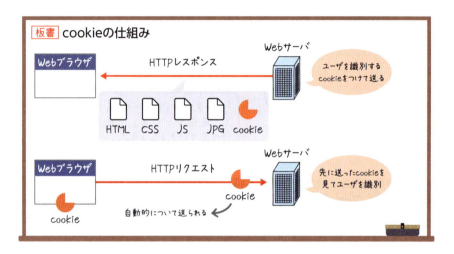

cookieは知らないうちに送られてきて保存されるため，ネットカフェなど不特定多数の人が同じパソコンを使う場合などは注意が必要です。

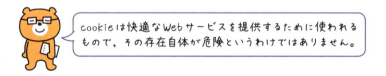

🐻 プロキシサーバ

プロキシサーバ（代理サーバ）は，サーバとクライアント（ユーザ）の間に配置して通信を中継するサーバです。企業内のDMZ（Ch16 Sec4参照）に配置して，社内のクライアントが外部と通信をする際にその代理をし，クライアントが直接攻撃されるのを防ぐ役目があります。また，通信データをキャッシュして，アクセスを速くする役目などがあります。

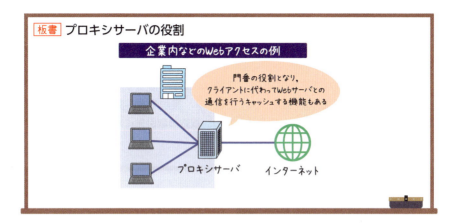

Ⅱ メール

メール（電子メール，eメール）は，インターネットにおける個人向けコミュニケーションサービスの代表格です。送信は **SMTP**，受信は **POP** と **IMAP** というプロトコルが使われます（Sec2参照）。

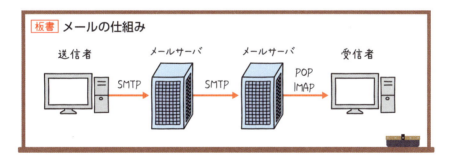

試験では，POPはPOP3，IMAPはIMAP4ということもあります。3，4はそれぞれバージョン表記です。

📧 メールの送信先

メールは「件名」「送信先」「本文」「添付ファイル」などから構成されます。メールの送信先は「To」「Cc (Carbon Copy)」「Bcc (Blind Carbon Copy)」の3種類があります。

メールのメインとなる送信先はToに指定し，主な送信先ではないがメールを見ておいてほしい相手をCcに指定します。Bccは，複数の送信相手に送るとき，他の送信相手にメールアドレスが見えないため，複数の取引先に同じメールを送るときなどに使います。

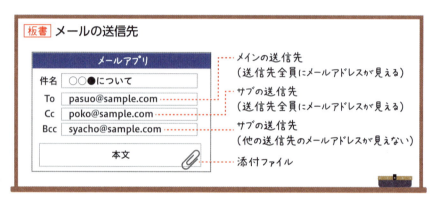

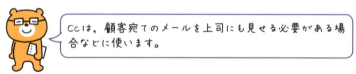

複数人でメールを何度もやり取りする必要がある場合，メーリングリストを利用するという手もあります。メーリングリスト用アドレスにメールを送信すると，それが登録済みの送信先全員に配信されるサービスです。

例題 メールの送信先の指定　　R2秋-問92

AさんがXさん宛ての電子メールを送るときに，参考までにYさんとZさんにも送ることにした。ただし，Zさんに送ったことは，XさんとYさんには知られたくない。このときに指定する宛先として，適切な組合せはどれか。

	To	Cc	Bcc
ア	X	Y	Z
イ	X	Y, Z	Z
ウ	X	Z	Y
エ	X, Y, Z	Y	Z

解説 メールの宛先は**To**，参考までに送りたい送信先は**Cc**に指定します。他の送信相手に見せたくない送信先は，**Bcc**に指定します。図で示すと次のようになります。よって，答えは**ア**です。

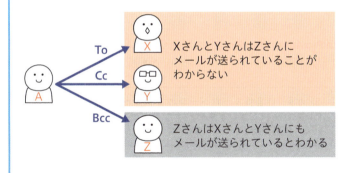

解答 ア

🐻 MIME

画像ファイルなどの添付ファイルを電子メールで送る方法を**MIME**(マイム)(Multi-purpose Internet Mail Extensions)といいます。MIMEでは，さまざまな形式のデータを文字コードに変換(**エンコード**)し，メールに埋め込んで送信することができます。

また，電子メールで送るデータを暗号化したり，ディジタル署名(Ch16 Sec6参照)を付与したりする機能を**S/MIME**といいます。

III その他のサービス

サービスの種類	説明
オンラインストレージ	インターネット上のサーバをファイルの保管先として提供するサービス。類似のサービスにファイル転送サービスがある
クローラ	Webページを定期的に検索し，自動的にデータベース化するプログラム
RSS	ブログやニュースサイトの更新情報を配信するための仕組み。「RSSフィード」ともいう。現在ではSNSによる告知などに取って代わられつつある

2 インターネットに接続するためのサービス

I インターネット接続サービス事業者（ISP）

個人や企業がインターネットに接続するためには，インターネットに所属するネットワークの一部となる必要があります。それを一般に提供しているのが **ISP**（Internet Service Provider：インターネット接続サービス事業者）です。ISPと契約することで，個人や企業がインターネットを利用できるようになります。

ISPの多くは自作ホームページの公開サービスやメールアドレスも提供していますが，主なサービスはインターネットへの接続です。

ただし，ISPは接続のための回線までは提供しません。回線を提供するのは通信事業者です。

II 通信事業者

通信事業者（電気通信事業者）は，電話やネットワークのための通信回線を提供する事業者です。スマートフォンなどで利用するモバイル通信事業者も含みます。NTTやKDDI，ソフトバンクなどの企業名を聞くとイメージしやすいでしょう。

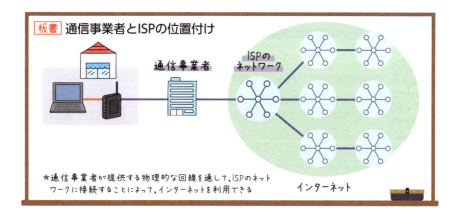

移動体通信事業者（MNO）

移動体通信事業者（Mobile Network Operator）とは，モバイル端末向けに無線による通信回線を提供している事業者です。自ら基地局などの設備をもち移動通信（Mobile Network）を提供しています。モバイル通信では，基地局から通信事業者のコアネットワークに接続し，そこからインターネットに接続します。移動に応じて最も電波が強い基地局に切り替わるようになっており，これをハンドオーバ（手渡し）といいます。

通信事業者のコアネットワークに接続するには，認証情報が書き込まれたSIM（Subscriber Identity Module）カードが必要です。

MVNO

移動体通信事業者をMNO（Mobile Network Operator）といい，これに「仮想」が加わるとMVNO（Mobile Virtual Network Operator：仮想移動体通信事業者）といいます。MVNOは基地局やコアネットワークなどの設備をMNOからレンタルして，ユーザに移動通信サービスを提供しています。

LTE

移動通信システムは，1980年頃の1G（1st Generation）から約10年ごとに世代が上がっており，2010年頃から4G，2020年頃から5Gへと更新されます。4Gの基準を満たす通信規格にはLTE（Long Term Evolution）やWiMAXなどがあり，

名前を知っている方も多いかもしれません。LTEとは，高速なデータ通信が可能な，スマートフォンや携帯電話の無線通信規格です。

回線交換方式／パケット交換方式

電話などを含めた通信方式には，回線交換とパケット交換の2通りがあります。回線交換は通信する2者が回線を占有する方式で，旧来の固定電話網で用いられていました。パケット交換は回線を複数で共有する方式で，データをパケット（小包）という小さなデータに分割し，少しずつデータを送っていきます。
コンピュータネットワークではもともとパケット通信が使われており，現在では電話サービスもパケット交換への切り替えが進んでいます。

Ⅲ その他の通信サービス

その他，通信サービスに関連する用語は次のとおりです。

従量制課金	使用量に応じた金額を支払う課金方式
定額制課金	毎月決まった金額を支払う課金方式
逓減制課金	使用量が増えるほど単価が下がっていく課金方式
キャリアアグリゲーション	無線通信において，700MHz帯，1.5GHz帯といった複数の周波数帯を同時に使用して通信する技術。データ伝送の高速化が期待できる
IP電話	IP（インターネットプロトコル）を利用した電話サービス。インターネットだけでなく，企業ネットワークのような閉じたネットワーク内にも構築できる

テクノロジ系

Chapter 16

セキュリティ

直近5年間の出題数

R3	21問
R2秋	19問
R1秋	17問
H31春	18問
H30秋	18問
H30春	19問
H29秋	21問
H29春	21問

- セキュリティを脅かす攻撃手法など，多くの用語が出てきます。どんなものかイメージしながら読んでいきましょう。
- 試験で一番よく出る分野です。1つでも多く得点できるようにしっかり対策しましょう。

Section 1 ■テクノロジ系
Chapter 16 セキュリティ

脅威と脆弱性, IoTのセキュリティ

Section 1はこんな話

コンピュータネットワークは, 情報伝達を劇的に効率化しましたが, その便利さの一方で常に情報漏えいの脅威にさらされています。こうした脅威から情報資産を守ることを情報セキュリティといいます。

情報セキュリティ対策は万全に！

脅威と脆弱性, 攻撃手法の種類と特徴を押さえましょう。

1 情報セキュリティの脅威

ほとんどの人がネットワークにつないでコンピュータを使う現代では, 悪意のある第三者から情報を盗まれたり, ネットワークそのものを破壊されたりするリスクと常に隣り合わせです。こうしたリスクから情報資産を守ることを**情報セキュリティ**といいます。

情報セキュリティを脅かすもの(リスクを引き起こす要因)を**脅威**といい, 大きく分けて**人的脅威**, **技術的脅威**, **物理的脅威**の3つがあります。

板書 3つの脅威

人的脅威	技術的脅威	物理的脅威
・誤操作 ・紛失,破損 ・内部不正 など	・マルウェア ・各種技術的 　攻撃手法 など	・災害 ・破壊 ・妨害行為 など

コンピュータをインターネットから切り離してしまえばリスクを減らせますが, それでは仕事になりません。安全性と利便性のバランスを考えなければならないという難しさがあります。

1 人的脅威の種類と特徴

人の行為が原因となって引き起こされる脅威を人的脅威といいます。情報の盗み見や盗聴，なりすまし，内部不正などの悪意をもって引き起こされる行為のほか，不注意や誤操作によるデータの紛失，漏えい，破損なども含みます。

ソーシャルエンジニアリング

人の心理的な隙や不注意につけ込み，情報を不正に入手する手法をソーシャルエンジニアリングといいます。例えば，社員を装って社外から電話をかけ，社内の機密情報を聞き出す行為や，パソコンやスマートフォンの画面を後ろから盗み見る行為（ショルダーハック）などがあります。

ショルダー（肩）越しにハッキングするので，「ショルダーハック」といいます。覗き見防止フィルムを貼るなどの対策が有効です。

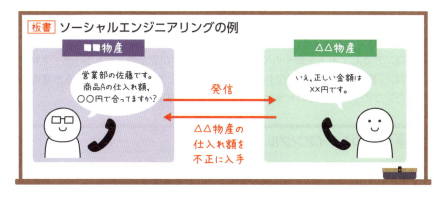

板書 ソーシャルエンジニアリングの例

クラッキング

悪意をもってネットワークにつながれたコンピュータに不正に侵入し，データを盗み見たりコンピュータシステムを破壊したりする行為をクラッキングといいます。

シャドーIT

企業のIT部門の公式な許可を得ないまま，社員が業務に利用している私物のデバイスやクラウドサービスのことをシャドーITといいます。

> **例題** シャドーIT R3-問65
>
> シャドーITの例として，適切なものはどれか。
> ア　会社のルールに従い，災害時に備えて情報システムの重要なデータを遠隔地にバックアップした。
> イ　他の社員がパスワードを入力しているところをのぞき見て入手したパスワードを使って，情報システムにログインした。
> ウ　他の社員にPCの画面をのぞかれないように，離席する際にスクリーンロックを行った。
> エ　データ量が多く電子メールで送れない業務で使うファイルを，会社が許可していないオンラインストレージサービスを利用して取引先に送付した。
>
> **解説** シャドーITとは，会社の許可を得ないまま，業務に利用している**私物のデバイス**や**クラウドサービス**を指します。**エ**の**オンラインストレージサービス**の利用は，シャドーITの例にあたります。よって，答えは**エ**です。
> ア　**遠隔バックアップ**の例です。
> イ　**ソーシャルエンジニアリング**の例です。
> ウ　**クリアスクリーン**の例です。
>
> **解答** エ

🗂 不正のトライアングル

　人は，どうして不正を働くのでしょうか。米国の犯罪学者ドナルド・R・クレッシーは，「**機会・動機・正当化**」の3つがそろったとき，不正が発生すると説明しました。この3つは**不正のトライアングル**といいます。

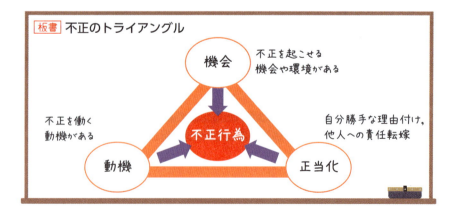

370

🐻 その他用語

その他，人的脅威に関連する用語は次のとおりです。

ビジネスメール詐欺（BEC）新用語	自社，あるいは関連会社の経営層や取引先になりすましてメールを送り，金銭をだまし取ることを目的としたサイバー攻撃。取引先の社員になりすまして偽の請求書を送りつける，経営者になりすまして指定の口座に振り込ませるなどの手口がある
ダークウェブ 新用語	通常の方法ではアクセスできないようになっている特定のWebサイト。非合法な情報やマルウェア，薬物取引などの温床となっており，近年問題視されている

Ⅱ 技術的脅威の種類と特徴

インターネットなどのサイバー空間において行われるサイバー攻撃を，技術的脅威といいます。サイバー攻撃とは，サーバやパソコンなどのシステムにプログラムを送り込むなどの方法で攻撃を仕掛けることです。

技術的脅威も人が引き起こすものなので人的脅威といえそうですが，人間が逐一指示を出さなくても，プログラムの自立的な働きによって引き起こされる脅威は技術的脅威に分類されます。

🐻 マルウェア

マルウェア（Malware）とは，malicious（悪意のある）とsoftware（ソフトウェア）を組み合わせた造語で，悪意をもって作り出されたソフトウェアの総称です。このあと解説するコンピュータウイルス，ボット，スパイウェア，ランサムウェアなどもマルウェアの一種です。従来はスパムメールなどに添付されたファイルからマルウェアに感染する例が多くみられましたが，近年はファイルではなくメモリ上で不正なコードを実行するファイルレスマルウェア 新用語 も増えています。

🐻 コンピュータウイルス

コンピュータウイルスは，コンピュータに侵入し不正行為などの悪さをするものです。実際のウイルスのようにプログラムからプログラムへと感染を広げ，コンピュータに深刻な影響を及ぼします。

主なコンピュータウイルスには次のような種類があります。

ワーム	単独で自身を複製しながら，ネットワークを介して他人のコンピュータに感染を広げるもの
トロイの木馬	一見，無害なプログラムに見せかけてユーザにインストール・実行させ，裏で不正な処理を行うもの
マクロウイルス	表計算ソフトなどに備わったマクロ機能を悪用して作られたもの

コンピュータウイルスは，OSやアプリのほか，機器に組み込まれたファームウェア（制御用のプログラム）にも感染します。

例題 コンピュータウイルス　　R2秋-問58

受信した電子メールに添付されていた文書ファイルを開いたところ，PCの挙動がおかしくなった。疑われる攻撃として，適切なものはどれか。
ア　SQLインジェクション　　イ　クロスサイトスクリプティング
ウ　ショルダーハッキング　　エ　マクロウイルス

解説　マクロ機能を悪用して作られたウイルスをマクロウイルスといいます。マクロウイルスは，マクロウイルスが仕込まれたファイルを開くことで感染します。
ア　データベースを使用するアプリケーションに対し，SQLを用いて不正な命令を注入する攻撃です。
イ　Webページにおいて攻撃者が悪意のあるスクリプトを脆弱性のあるサイトに対して実行し，このサイトを訪れたユーザを攻撃する手法です。
ウ　パソコンやスマートフォンなどの画面を肩ごしに後ろから盗み見る行為です。
解答　エ

🐻 ボット

他人のコンピュータに侵入し，不正に操作できるようにするプログラムをボットといいます。多数のコンピュータを感染させ，それらを介して特定のサーバへの一斉攻撃などを行います。「ボット」はロボットの略で，侵入されたコンピュータがロボットのように操られることからこの名前がつきました。感染すると自分のコンピュータが踏み台にされ，知らぬ間に犯罪に加担してしまう可能性があります。

🐻 スパイウェア

スパイウェアはユーザに気づかれないように個人情報や閲覧履歴といった情報を収集し，外部に送信するプログラムです。無害のプログラムに紛れてユーザが気づかないうちにインストールされてしまうケースがよくあります。

🐻 ランサムウェア

パソコンやスマートフォンのファイルをロックして使用できない状態にし，その制限を解除することと引き換えに金銭を要求するソフトウェアをランサムウェアといいます。

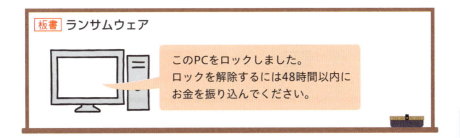

板書 ランサムウェア

このPCをロックしました。
ロックを解除するには48時間以内に
お金を振り込んでください。

🐻 クロスサイトスクリプティング（悪意のあるスクリプトの実行）

クロスサイトスクリプティング（悪意のあるスクリプトの実行）とは，Webの掲示板システムのように，訪問者が入力した内容をそのまま表示できるWebサイトに対し，攻撃者のサイトから悪意のあるスクリプト（簡易的なプログラム）を実行し，掲示板サイトに訪れたユーザを攻撃するものです。複数サイトをまたがって攻撃することから，クロスサイトスクリプティングといわれています。

また，HTML形式の電子メールでもWebページと同じようにスクリプトを記述できるため，悪意のあるスクリプトが埋め込まれたメールを開くことにより被害を受ける可能性があります。

🐻 DoS攻撃とDDoS攻撃

DoS（Denial of Service：サービス妨害）攻撃とは，攻撃したいWebサイトやサーバに大量のデータや不正なデータを送りつけることで相手方のシステムをダウンさせ，利用不能にする攻撃です。

DoS攻撃は1つのIPアドレスから攻撃されるため，同じIPアドレスからのアクセス回数を制限すれば攻撃を防ぐことが可能です。このような対策を受け，DoS

攻撃の手口が巧妙になったものが**DDoS攻撃**です。DDoS攻撃では複数のIPアドレスから同時に攻撃します。

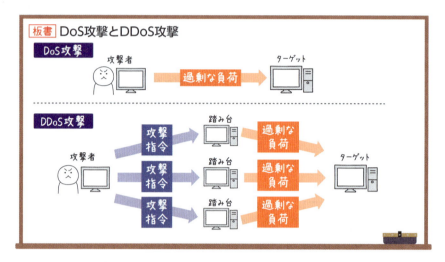

フィッシング

実在する企業などを装ったメールを送り，メール内のURLから偽のサイトへアクセスさせることで，IDやパスワード，暗証番号やクレジットカード番号などを不正に取得する行為を**フィッシング**といいます。

ゼロデイ攻撃

ソフトウェアの脆弱性が発見されて，修正プログラムが提供される前に，その脆弱性を攻撃することを**ゼロデイ攻撃**といいます。対策がとられる前に仕掛けてくるのでゼロデイ（0 Day）攻撃といいます。

🐻 その他の技術的脅威

ほかにも，さまざまな技術的脅威があります。次の表で内容を確認しておきましょう。

標的型攻撃	特定の個人や組織の機密情報を盗み取ることを目的とした攻撃。ウイルスを含む添付ファイルを送りつける「標的型メール」がある
ブルートフォース攻撃	あるIDに対し，パスワードとして使える文字の組み合わせを片っ端から入力する攻撃。ブルートフォース（Brute-force）には「強引な」「力ずくの」という意味がある。総当たり攻撃ともいう
バックドア	悪意をもったユーザが他人のコンピュータに侵入した際に，次回から入りやすいように裏口（バックドア）を設置しておく攻撃
RAT	「Remote Administration Tool」の略。管理者権限をもち，ネットワークを介してコンピュータを遠隔操作するための不正プログラム。バックドア型のマルウェア
キーロガー	ユーザがキーボードから入力した内容を記録・送信するソフトウェア。パスワード盗用などに悪用される
DNSキャッシュポイズニング	DNS（Ch15 Sec3参照）のキャッシュ情報を書き換え，ユーザを有害なサイトへ誘導する攻撃
ドライブバイダウンロード	PCで特定のWebサイトを閲覧しただけで，ユーザの知らない間にマルウェアや悪意のあるソフトウェアを一方的にダウンロードさせ，勝手にインストールさせてしまう攻撃
クロスサイトリクエストフォージェリ 新用語	悪意のあるスクリプトを埋め込んだWebページを訪問者に閲覧させ，別のWebサイトでその訪問者が意図しない操作を行わせる攻撃
クリックジャッキング 新用語	通常のWebページの上に，悪意のあるWebページへのリンクやボタンなどを表示し，訪問者にクリックさせる攻撃
クリプトジャッキング	ビットコインなどの暗号資産を入手するために行われるマイニング（採掘）という作業を，他人のコンピュータを使って気付かれないように行うこと。攻撃を受けると，CPUやメモリなどが大量に消費される
中間者（Man-in-the-middle）攻撃 新用語	攻撃者が通信を行う二者の間に割り込んで，盗聴や改ざんを行う攻撃

Ⅲ 物理的脅威の種類と特徴

災害に起因するシステム障害や，直接的な機器への破壊行為，盗難など，物理的に損害を受ける脅威を物理的脅威といいます。地震や火事などの災害のほか，第三者が建物に侵入し機器を破壊するなどの妨害行為が該当します。

2 情報セキュリティの脆弱性

ここまでに紹介した各種の脅威につけ込まれそうな弱点を，脆弱性といいます。

例えば，先に解説したソーシャルエンジニアリングでは，セキュリティ意識の低い社員から，機密情報を聞き出すというものがありました。この場合，「社員のセキュリティ意識の低さ」が脆弱性に該当します。

また，コンピュータシステムに存在する弱点や欠陥のことをセキュリティホールといいます。一般的に，「脆弱性」はセキュリティホールのことを指すケースが多いです。

試験では，選択肢の項目が脅威と脆弱性のどちらに該当するか選ぶ問題が出題されます。脆弱性＝弱点と覚えておきましょう。

3 IoTのセキュリティ

近年急速に利用が拡大しているIoTシステムやIoT機器は，その普及とともにリスクへの対策も重要度を増しています。ここでは，IoTのセキュリティについて見ていきます。

Ⅰ IoTセキュリティガイドライン

IoTセキュリティガイドラインは，一般利用者がIoTに潜むセキュリティリスクを認識し，正しく利用することを目的に，IoT推進コンソーシアム，総務省，経済産業省が共同で策定・公表したガイドラインです。

Ⅱ コンシューマ向けIoTセキュリティガイド

コンシューマ（一般利用者）向けのIoT製品のセキュリティ対策について，IoT製品の開発者が考慮すべき事柄をまとめたガイドラインをコンシューマ向けIoTセキュリティガイドといいます。本ガイドラインにはIoTセキュリティの現状や，想定される脅威と対策などが記載されています。

> IoT機器のセキュリティは、従来のセキュリティ対策では不十分で、機器を作る企業、使用する企業、エンドユーザなどが互いに協力し合うことでその効果を高められます。

III アプリケーションソフトやIoTシステムのセキュリティ用語

その他、セキュリティに関する用語は次のとおりです。

セキュリティバイデザイン 新用語	IT機器の企画／設計（デザイン）段階から、必要なセキュリティ対策を組み込み、セキュリティを確保するという考え方
プライバシーバイデザイン 新用語	ユーザのプライバシー（私的情報・個人情報）を取り扱うシステムを構築する際に、企画段階からユーザのプライバシーが適切に取り扱われるための方策を技術面・運用面・物理面から作ること
SQLインジェクション対策 新用語	SQLインジェクションは、データベースを使用するアプリケーションに対し、SQLを用いて不正な命令を注入する（インジェクションする）攻撃。監視カメラなどのIoTデバイスでもSQLインジェクションの脆弱性が見つかっており、対策が必要

Section 2 リスクマネジメント

■テクノロジ系　Chapter 16 セキュリティ

Section 2はこんな話

情報資産を守るためには，リスクを明確に把握し適切な対策をとることが重要です。企業は個々のリスクに優先度をつけ，どのような対策をとるか決定します。

リスクマネジメントの4つの手順と，リスク対応の4つの分類は必ず覚えましょう。

1 リスクマネジメント

企業がもつ情報資産を守るためには，情報資産にどのような危険（リスク）があるのかを明確にする必要があります。リスクを把握し，その影響を回避または最小におさえるための一連のプロセスをリスクマネジメントといいます。

リスクマネジメントは次のような4つの手順で進められます。このうちリスク特定，リスク分析，リスク評価の3つの手順をリスクアセスメントといい，リスクを明確にし，把握するためのプロセスに該当します。

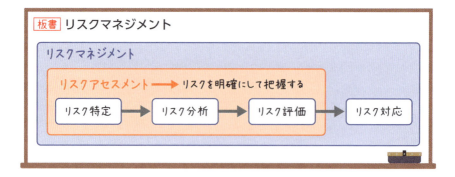

I リスクアセスメント

リスクアセスメントで最初に行う手順は**リスク特定**です。言葉のとおり、リスクを洗い出し、特定することをいいます。次に、洗い出したリスクが発生した場合の影響度や発生確率を明らかにする**リスク分析**を行います。そして、リスク分析の結果を可視化し、あらかじめ定めた基準によって分析したリスクの優先順位付けを行う**リスク評価**を行います。

分析して評価するところまでがリスクアセスメントです。リスクに対する具体的な行動は含まれません。

II リスク対応

リスクマネジメントの4つの手順の最後に行うのが、**リスク対応**です。リスク評価で決定した方法に従って対策を講じます。

リスクへの対策方法は、**リスク回避**、**リスク移転（転嫁）**、**リスク低減（軽減）**、**リスク受容（保有）**の4つに分類されることが一般的です。企業は、4つのうちのいずれか、もしくは複数を選ぶことにより、限られた時間と費用の中で最適なリスク対応を目指します。

🐻 リスク回避

リスク回避とは、脅威の発生源を取り除き、問題を発生させないようにすることです。例えば、個人情報を取り扱うことはリスクが高いため最初から取得しない、外部インターネットからの不正アクセスを避けるため、業務で外部インターネットを使用しない、などが挙げられます。

🐻 リスク移転（転嫁）

リスク移転とは、脅威の発生源になりやすい部分や脅威の影響を受ける部分の責任などを自社で保有または対応せずに、より信頼性の高い他社のサービスなどに移す（または委託する）ことです。また、不正アクセスやコンピュータウイルスなどの不測の事態で生じた損失を補償する「サイバー保険」（Sec3 ❷ 参照）に加入することなどが該当します。

🐻 リスク低減（軽減）

リスクの発生確率を下げる，または発生した場合の影響を最小化することをリスク低減といいます。例えば，地震により機器が故障するのを防ぐために耐震補強をする，コンピュータウイルスの脅威に備えるためセキュリティソフトを導入する，などが挙げられます。

🐻 リスク受容（保有）

リスクに対する対応を行わず，リスクを受け入れることをリスク受容といいます。現状，実施できる情報セキュリティ対策がない場合や，コストに見合う効果が望めない場合などに選択します。例えば，サーバ室には限られた社員しか入室できないため，機器盗難のための追加の対策を行わないことなどがあります。

リスク回避，リスク移転，リスク低減のいずれも効果が見込めない場合，あえて「何もしない（＝リスクを受け入れる）」こともあります。これがリスク受容です。ただし「何もしない」場合でも，リスクが発生した場合の負担がどの程度あるか想定しておくことが重要です。

板書 4つのリスク対応

リスク回避	リスク移転（転嫁）
・リスクを取り除く ・リスクの大きいサービスからの撤退	・リスクを他社に移す

リスク低減（軽減）	リスク受容（保有）
・リスクの発生確率を下げる ・リスクの影響を最小化する	・リスクを受け入れる

> **例題** リスク対応　　　　　　　　　　　　　　　H28秋-問62
>
> 　セキュリティリスクへの対応には，リスク移転，リスク回避，リスク受容及びリスク低減がある。リスク低減に該当する事例はどれか。
> ア　セキュリティ対策を行って，問題発生の可能性を下げた。
> イ　問題発生時の損害に備えて，保険に入った。
> ウ　リスクが小さいことを確認し，問題発生時は損害を負担することにした。
> エ　リスクの大きいサービスから撤退した。
>
> **解説** リスク低減は，**リスクの発生確率を下げ**，**リスクの影響を最小化**するために行う対応です。セキュリティ対策を行い，問題が発生する可能性を下げることはリスク低減に該当します。よって，答えは**ア**です。
> イ　**リスク移転**の事例です。
> ウ　**リスク受容**の事例です。
> エ　**リスク回避**の事例です。
>
> **解答** ア

リスクマネジメントの見直し

リスクマネジメントは「作ったら終わり」ではなく，定期的に**PDCAサイクル**（Ⅲ参照）に従った見直しが必要です。また，その際リスクマネジメントの実施によりどの程度の効果を上げたかを測定し，最適な対応をとります。

Ⅲ PDCAサイクル（継続的改善）

　Plan（計画），Do（実行），Check（評価），Act（改善）の4段階を繰り返すことにより，継続的に業務などを改善する取り組みを，4段階の頭文字を取って**PDCAサイクル**といいます。

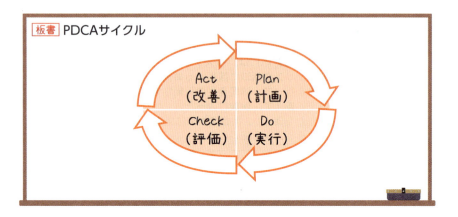

Section 3 ■テクノロジ系
Chapter 16 セキュリティ

情報セキュリティマネジメントシステム（ISMS）

Section 3はこんな話

脅威には適切な対策が必要です。そのためには，機密性・完全性・可用性のどれか1つだけを対策するのではなく，3要素のバランスをとることが重要です。

情報セキュリティの3要素とISMSの内容を理解しましょう。

1 情報セキュリティの3要素

「情報セキュリティ」と聞いて，何を思い浮かべますか？ 多くの場合，コンピュータの脅威とその対策に目が向きがちですが，ISO／IEC27000シリーズ（JIS Q 27000）という規格で情報セキュリティには「**機密性・完全性・可用性**」という3要素の確保が明確に定義づけられています。

さまざまな脅威と対策があり，何をすべきか見失いがちなため，土台となる3要素を意識して対策を練ることが重要です。

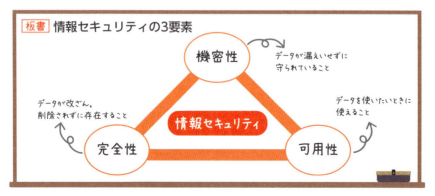

I 機密性

機密性とは，重要なデータが漏えいせずに守られていることです。例えば，データの暗号化などが該当します。

II 完全性

完全性とは，意図しない要因によるデータの改ざんや削除が発生せず，正確な状態を保つようにすることです。例として，ディジタル署名を付与し，改ざんを検出できるようにすることなどが挙げられます。

III 可用性

可用性とは，使いたいデータや機器を必要に応じてすぐに使えるようにしておくことです。例えば，ハードウェアの二重化によって故障率を下げることなどが該当します。

情報セキュリティでは，3要素のうちいずれかを優先しすぎてほかの2つが確保できなくなることがあります。とくに機密性と可用性は互いに反する側面があるため注意が必要です。例えば，機密性を重視するあまり，バックアップや二重化をしない場合，データの破損などが起きた際に可用性が低くなってしまいます。実際の運用では，3つをバランスよく確保することが重要です。

試験では，「選択肢の事象のうち，機密性が保たれなかった例はどれか？」という形で出題されることが多いです。

IV その他の要素

情報セキュリティには，上に挙げた3つのほかに，次に示す4つの要素も含めることもあります。

名称	説明
真正性	エンティティ（情報を使用する組織等）は，それが主張するとおりのものであるという特性
責任追跡性	あるエンティティの動作が，その動作から動作主のエンティティまで一意に追跡できることを確実にする特性
否認防止	主張された事象又は処置の発生，及びそれらを引き起こしたエンティティを証明する能力
信頼性	意図する行動と結果とが一貫しているという特性

試験では「真正性」が出ることがあります。

2 情報セキュリティマネジメントシステム

企業がもつ情報資産の安全を確保し，維持するための仕組みを，情報セキュリティマネジメントシステム（ISMS：Information Security Management System）といいます。

ISMSと表記されることが多いので，必ず覚えましょう。一過性のものではなく継続して行うことと，トップダウンで構築し，運用は組織全体で行うことがポイントです。

ISMSでは，業務を継続的に改善するため，PDCAサイクル（Sec2参照）の手法がとられます。ISMSを確立するまでの流れは，JIS Q 27001:2014で次のように定義されています。

板書 ISMSを確立するまでの流れ
1 組織及びその状況の理解
2 利害関係者のニーズ及び期待の理解
3 情報セキュリティマネジメントシステムの適用範囲の決定
4 情報セキュリティマネジメントシステムの確立

1 情報セキュリティポリシ

ISMSのPDCAサイクルのうち「Plan」に該当する段階では、情報セキュリティポリシ（情報セキュリティ方針）という文書を作成します。

情報セキュリティポリシは、企業や組織の情報セキュリティへの取り組み方を規定する文書であり、これに基づいてISMSを確立することになります。情報セキュリティポリシは、自社の事業内容や組織の特性及び所有する情報資産の特徴を考慮して策定します。情報セキュリティポリシの文書構成に決まりはありませんが、①基本方針、②対策基準、③実施手順の3階層で構成することが一般的です。ここでのポイントは、基本方針は組織のトップ（経営者）が確立しなければならないという点です。

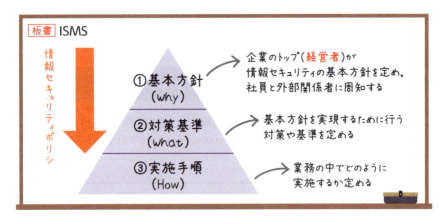

情報セキュリティインシデント

情報セキュリティリスクが現実化した事象を情報セキュリティインシデントといいます。とくに、事業の運営を危うくする確率や、情報セキュリティを脅かす確率の高いものが該当します。

ISMS適合性評価制度

企業などの組織において、ISO/IEC27000シリーズ（JIS Q 27000）の規格に沿って、ISMSが適切に構築・運用されていることを審査・認証する制度をISMS適合性評価制度といいます。

| 例題 | ISMSの特徴 | H27春-問81 |

組織の活動に関する記述a～dのうち，ISMSの特徴として，適切なものだけを全て挙げたものはどれか。

a 一過性の活動でなく改善と活動を継続する。
b 現場が主導するボトムアップ活動である。
c 導入及び活動は経営層を頂点とした組織的な取組みである。
d 目標と期限を定めて活動し，目標達成によって終了する。

ア a, b   **イ** a, c
ウ b, d   **エ** c, d

解説
a ISMSは企業の情報資産の安全を確保・維持するための仕組みなので，一過性の活動でなく継続して行う活動です。よって正しいです。
b ISMSは組織のトップが基本方針を定めるトップダウン活動です。よって誤りです。
c ISMSの導入及び活動は経営層が頂点となり，社員や外部関係者に周知して組織的に取り組みます。よって正しいです。
d ISMSは企業の情報資産の安全を確保・維持するために継続して行う活動です。よって誤りです。

よって，答えはイ（a, c）です。

解答 イ

Ⅱ 個人情報保護

プライバシー保護はシステム運用においても必須の事項になりつつあります。プライバシー保護に関する法規としては，個人情報保護法があります（Ch2 Sec2参照）。
また，プライバシー保護関連の認証用規格としては，JIS Q 15001があります。これは「個人情報保護マネジメントシステムの要求事項」であり，認証を受けた組織はプライバシーマーク（Pマーク）を使用することができます。プライバシーマーク（Pマーク）を取得している事業者は，個人情報保護に関する理念や取り組みを文書化して，プライバシーポリシ（個人情報保護方針）として社内外に宣言します。

🐻 サイバー保険

サイバー攻撃などの不正アクセスによる個人情報の流出といったサイバーリスクに起因して発生するさまざまな損害を補償する保険をサイバー保険といいます。セキュリティ事故が起きた際に，保険会社から保険金が支払われます。

Chapter
16

Section
3

情報セキュリティマネジメントシステム（ISMS）

3 その他の関連用語

その他，情報セキュリティに関する用語を解説します。目を通しておきましょう。

用語	説明
CSIRT	情報漏えいなどのセキュリティ事故が発生した際に，被害の拡大を防止するために活動する組織。事故の原因解析や利用者のセキュリティ教育なども行う。「Computer Security Incident Response Team」の略
情報セキュリティ委員会	企業が保有する情報資産の安全性を管理するために，企業内に設置される組織。各部門とは独立して設置され，経営トップによって必要な権限が与えられる
SOC	「Security Operation Center」の略で，情報セキュリティに関する問題の対応を行う組織。ネットワークやデバイスの常時監視，ログの分析などを行うことで，インシデントの早期発見を主な目的としている
コンピュータ不正アクセス届出制度	国内で不正アクセス被害が生じた場合に，情報処理推進機構（以下「IPA」という）に届け出る制度
コンピュータウイルス届出制度	コンピュータウイルスを発見または感染した場合に，IPAに届け出る制度
ソフトウェア等の脆弱性関連情報に関する届出制度	国内で利用されているソフトウェア，DBMS，ソフトウェアを組み込んだハードウェアなどの脆弱性を発見した場合に，IPAなどに届け出る制度
J-CSIP（サイバー情報共有イニシアティブ）	公的機関であるIPAが発足した制度。参加組織間で情報を共有し，高度なサイバー攻撃への対策につなげていく取組み。J-CSIPは「Initiative for Cyber Security Information sharing Partnership of Japan」の略
サイバーレスキュー隊（J-CRAT）	IPAが発足させた，標的型サイバー攻撃の被害拡大防止のための支援体制。"標的型サイバー攻撃特別相談窓口"で相談や情報提供を受け付け，情報分析や助言などの支援活動を行う。J-CRATは「Cyber Rescue and Advice Team against targeted attack of Japan」の略
SECURITY ACTION 新用語	中小企業が情報セキュリティ対策に取り組むことを自ら宣言する制度
ディジタルフォレンジックス	コンピュータに関する犯罪について，法的な証拠を集めて保全する技術。Forensicsには鑑識という意味がある

Section 4 ■テクノロジ系
Chapter 16 セキュリティ

脅威への対策

Section 4はこんな話

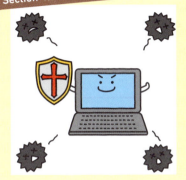

脅威は人的脅威・技術的脅威・物理的脅威の3つに分類できることをSection1で学びました。ここでは、それぞれの脅威に対する対策を見ていきます。

選択肢に並んだ対策がどの脅威への対策なのか回答できるようにしておきましょう。

1 人的セキュリティ対策

人的セキュリティ対策は、人が引き起こす脅威への対策です。

I アクセス権

人的セキュリティ対策の代表的な例が、アクセス権の設定です。アクセス権の設定（アクセス制御）とは、社内で共有している書類を、「許可された人だけが読み書きできる」ようにすることです。

もし、アクセス権を設定せずに誰でも書類を読み書きできる状態にしておいたら、重要な書類が変更、削除されたり、本来は限られた人だけで共有したい情報が知られてしまったりするおそれがあります。

アクセス権は個人に設定することも,「営業部」「人事部」などのグループ単位で設定することもできます。

Ⅱ セキュリティ教育

　社員のセキュリティ意識を高め, ソーシャルエンジニアリングやウイルス感染などの脅威から情報資産を守るには, セキュリティ教育が有効な対策です。
　情報セキュリティ訓練の一環として, 疑似的な標的型メールを訓練対象者に配信し, 実際の標的型メールへの対応力を高める訓練プログラムなどもあります。

ひとこと
人的セキュリティ対策の適用範囲
組織の方針に従った情報セキュリティの運用を要求する相手は従業員だけではありません。業務を委託している他社も自社の情報を扱うため, 組織が定めた情報セキュリティを守るよう要求します。

2 技術的セキュリティ対策

　技術的セキュリティ対策は, 技術的な手段によって引き起こされる脅威への対策です。

I ファイアウォール

企業などの内部ネットワークを外部のネットワークから守る仕組みを**ファイアウォール**といいます。火災時の延焼を防ぐ役割をもつ「防火壁」に由来しており，外からの不正なアクセスを火事とみなし，被害を食い止める存在という意味です。

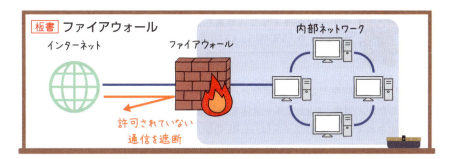

パーソナルファイアウォール

通常のファイアウォールは組織内のネットワークに設定されていますが，個人のPCにインストールして使うファイアウォールをパーソナルファイアウォールといいます。

II DMZ

社内にWebサーバのような外部と通信する機器がある場合，社内のネットワークとはセキュリティ要件が違うため，分離しておく必要があります。分離され，外部に公開された領域を**DMZ**（DeMilitarized Zone：非武装地帯）といいます。Webサーバ，メールサーバ，プロキシサーバ，DNSサーバなどが配置されます。

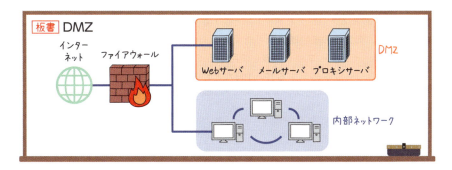

Ⅲ SSL／TLS

Webサーバとブラウザ間の通信を暗号化し，第三者から情報を盗み見されることを防ぐ技術を **SSL**（**Secure Sockets Layer**）または **TLS**（**Transport Layer Security**）といいます。

TLSが主流となりつつありますが，一般的には現在も「SSL」や「SSL/TLS」という表記が使われます。

以前は個人情報を入力する画面など，一部のWebページを暗号化することが一般的でしたが，近年，Webサイト全体を暗号化するサイトも増えてきました。

暗号化されているWebサイトは，URLの頭が「https://」から始まります。暗号化されたWebサイトでは，送信と受信双方向の通信が暗号化されます。

板書 暗号化対応／非対応のWebサイト通信

Ⅳ VPN

社内ネットワークの通信を暗号化して公衆ネットワークに流し，遠隔地でも1つの社内ネットワークのように利用できるようにする技術を **VPN**（**Virtual Private Network**：仮想プライベートネットワーク）といいます。通信のやり取りが暗号化されるため，安全性の高い通信が可能です。

VPNには，インターネット回線を使用するインターネットVPNや，通信事業者の独自ネットワークを使用するIP-VPNなどがあります。それぞれメリット・デメリットがあります。

	メリット	デメリット
インターネットVPN	コストが抑えられる	回線／通信の品質が低い セキュリティリスクあり
IP-VPN	回線／通信の品質が高い セキュリティリスクが小さい	コストがかかる

マルウェア対策

　コンピュータがウイルスなどのマルウェアに感染しないようにするための仕組みの代表的なものに，セキュリティパッチの適用があります。セキュリティパッチとは，プログラムに脆弱性が見つかった際に，問題を修正するためのプログラムです。日々，新たなマルウェアが生まれているので，セキュリティパッチは常に最新版をインストールしておくことが重要です。

　また，コンピュータでマルウェアを検知した際は，すぐに該当のコンピュータをネットワークから切断し，システム管理者に連絡する必要があります。

コンピュータがマルウェアに感染したときに最初に行うことは？　という問題が出題されたら，何よりも先にネットワークからの切断を行うと覚えておいてください。

| 例題 | **コンピュータウイルスへの感染** | H31春-問88 |

ウイルスの感染に関する記述のうち，適切なものはどれか。
ア　OSやアプリケーションだけではなく，機器に組み込まれたファームウェ
　　アも感染することがある。
イ　PCをネットワークにつなげず，他のPCとのデータ授受に外部記憶媒体
　　だけを利用すれば，感染することはない。
ウ　感染が判明したPCはネットワークにつなげたままにして，直ちにOSや
　　セキュリティ対策ソフトのアップデート作業を実施する。
エ　電子メールの添付ファイルを開かなければ，感染することはない。

解説 ウイルスはOSやアプリケーションに限らず，機器に組み込まれたファームウェ
アやルータなどの周辺機器にも感染することがあります。よって，答えはアです。
イ　外部記憶媒体がウイルスに感染することもあるので，そこからウイルスに感染
　　する可能性があります。
ウ　ネットワーク上の他のPCにウイルス感染を広げないために，ウイルス感染時
　　には最初に感染したPCをネットワークから切断する必要があります。
エ　ウイルスの感染経路は電子メールの添付ファイル経由のほか，ネットワーク経
　　由，Webアクセス経由，外部記憶媒体経由などさまざまなので，電子メールの
　　添付ファイルを開かなくても，他の感染経路から感染する可能性があります。

解答 ア

◆ その他の技術的セキュリティ対策

ほかにもさまざまな技術的セキュリティ対策があります。出題頻度はそれほど高
くありませんが，ひととおり確認しておきましょう。

MDM	Mobile Device Management（モバイルデバイス管理）の略。業務で使用するモバイル端末を遠隔で管理できるようにするシステム
ペネトレーションテスト	ハッカーからの攻撃を想定し，システムへの侵入を試みるテスト。外部ネットワークからの不正侵入口を見つけることができる。ペネトレーションは「侵入」という意味をもつ
ハッシュ関数	任意のデータから一定の長さの値（ハッシュ値）を得るための関数。ハッシュ関数によって，同じデータからは同じハッシュ値が得られる。また，ハッシュ値からもとのデータを復元することはできない。データの改ざんの検知に使われる

ブロックチェーン	暗号資産の管理に使われる技術。複数の取引のデータをまとめた「ブロック」を順番に作成する際に，直前のブロックのハッシュ値を埋め込むことで，データ同士を関連づけ，ブロックをチェーン状に管理しているユーザによる改ざんを防ぐ技術
検疫ネットワーク	検査専用のネットワークで，PCなどの端末を社内ネットワークに接続する前に接続するネットワーク。PCのセキュリティに問題がないことが確認できたら社内ネットワークにつなぎ，問題があれば隔離するなどの対応をとる
耐タンパ性	不正な読取りに対する耐性（コンピュータシステムの内部構造の解析のしづらさや見破られにくさ）
サニタイジング	SQLインジェクション（Sec1参照）への対策として，有害な文字列を無害な文字列に置き換えること
WAF 新用語	Web Application Firewallの略。SQLインジェクションなどWebアプリケーションの脆弱性を突いた攻撃からWebサイトを守るセキュリティ対策
IDS 新用語	Intrusion Detection System（侵入検知システム）の略。不正なアクセスを検知した際に，管理者へ通知する
IPS 新用語	Intrusion Prevention System（侵入防止システム）の略。IDSから一歩進んで，不正なアクセスの侵入を遮断する
PCI DSS	Payment Card Industry Data Security Standardの略。クレジットカードの会員データを安全に取り扱うことを目的に策定された，クレジットカード情報の保護に関するセキュリティ基準

③ 物理的セキュリティ対策

　火災，地震，不審者の侵入などの物理的な被害を防ぐために行う対策を物理的セキュリティ対策といいます。代表的な物理的セキュリティ対策を次の表にまとめました。

入退室管理	人の出入りを管理すること。サーバ室への入退室などを，ICカードや指紋を用いて管理する場合もある。その他，セキュリティ区間を設けて鍵の貸し出し管理を行い，不正な立ち入りがないかチェックする方法もある
作業監視	警備員や監視カメラによって，室内での作業を監視する
クリアデスク	離席する際に，書類を机の上に置いたままにしないこと
クリアスクリーン	離席中に他人がパソコンを操作できないようにロックをかけること
セキュリティケーブル	パソコンやモニタなどの盗難防止のため設置するケーブル

Chapter
16

Section
4
脅威への対策

395

施錠管理	重要書類や電子機器などを，キャビネットなど鍵のかかった場所に保管すること
遠隔バックアップ	天災などに備え，重要なデータを複製しオフィスとは離れた場所に保存すること
ゾーニング	取り扱う情報の重要度に応じて，空間を物理的に区切ること

4 利用者認証

1 生体認証（バイオメトリクス認証）

　顔や指紋，虹彩などの身体的特徴や，筆跡などの行動的特徴を用いて利用者を認証する方法を生体認証（バイオメトリクス認証）といいます。
　従来のID・パスワードや暗証番号を用いた認証と比べ「なりすまし」のリスクが低く，利用者がパスワードを記憶する必要がないというメリットがあります。一方で，体調の変化などの理由から認証に失敗することもあるというデメリットもあります。そのため，多くのシステムでは，生体認証に数回失敗するとパスワード認証に切り替える仕組みが採用されています。

身体的特徴だけでなく，行動的特徴を用いた認証も生体認証に含まれる点がポイントです。

　生体認証は便利な仕組みですが，必ずしも毎回確実に認証できるわけではありません。これに関連して，次の用語も押さえておきましょう。

本人拒否率	本人を誤って拒否する確率。低くなるように設定すると利便性が高まる
他人受入率	本人ではないのに本人と認識してしまう確率。低くなるように設定すると安全性が高まる
多要素認証（二要素認証）	知識による認証，所持品による認証，生体認証のいずれか2種類以上を組み合わせて認証に利用する方式
二段階認証	2つの段階を経て認証する方式。IDとパスワードで認証したあと，ワンタイムパスワードを入力するとログインできるなど他要素認証とは異なり，同じ種類の認証を組み合わせた認証も含む

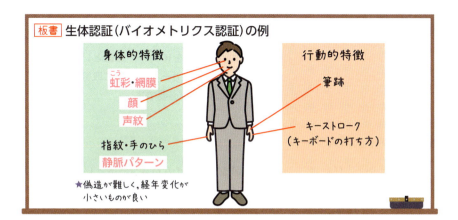

ひとこと 生体認証の情報更新は必要？

セキュリティを高めるために，パスワードは定期的に更新することが推奨されますが，生体認証のうち，経年変化のない特徴は更新する必要がないとされています。網膜や虹彩，静脈などが経年変化のない特徴です。

II ログイン（利用者ID・パスワード）

システム利用者の認証に最もよく使われるのが，利用者IDとパスワードです。利用者IDはユーザー人ひとりに対して割り当てられた識別番号で，パスワードはユーザしか知り得ない文字列です。ログイン時に利用者IDとパスワードが正しい組み合わせで入力された場合のみ，正しいユーザであることが確認できます。

パスワードを割り出す方法として，ブルートフォース攻撃（Sec1参照），あるWebサイトから流出したパスワードで，別のWebサイトへの不正ログインを試みるパスワードリスト攻撃があります。パスワードリスト攻撃は，他のWebサイトで流出した利用者IDとパスワードを利用して不正アクセスを試みる手法です。複数のWebサイトで同じIDとパスワードを設定しないようにする対策が有効です。

III アクセス管理

あるシステムを使用する権限のことをアクセス権といいます。アクセス権をもつ人，すなわち許可されたユーザだけがシステムにアクセスできるように管理することをアクセス管理といいます。

IV ICカード認証

ICカード（Ch4 Sec2参照）を用いた利用者認証をICカード認証といいます。ICカードをもたない限り認証に成功しない反面，ICカードを不正に取得すれば認証に成功してしまうので，盗難や紛失に十分な注意が必要です。

V ワンタイムパスワード

一度だけ使える使い捨てのパスワードをワンタイムパスワードといいます。30秒～1分程度の短い時間でパスワードが更新され，一度ログインに成功したワンタイムパスワードはその時点で利用できなくなるため，万が一パスワードを盗まれたとしても，悪用されるリスクが低いのが特徴です。

VI シングルサインオン

1つのIDとパスワードで複数のWebサービス，アプリケーションにログインする仕組みをシングルサインオンといいます。最初に1回認証すれば，あとは許可された複数のサービスにその都度ログインする必要がないため，利用者の利便性が向上します。

また，認証に使うパスワードを盗まれたら複数のサービスを不正利用されてしまうというリスクはあります。

VII SMS認証 新用語

SMS認証とは，ほとんどすべてのスマートフォンで対応しているSMS（ショートメッセージサービス）を利用した個人の認証機能です。ログインの際，スマートフォンのショートメッセージとして認証番号（ワンタイムパスワード）が送られ，この番号をログイン画面で入力することで認証されます。Webサービスやアプリなどの本人確認に用いられます。

Section 5

■テクノロジ系
Chapter 16 セキュリティ

暗号化技術

Section 5はこんな話

情報を盗み見られるおそれがあるインターネット上で、個人情報やパスワードなどを隠さずやり取りするのは大きなリスクを伴います。そのため、他人に読まれないようデータを「暗号化」して送受信します。

共通鍵暗号方式と公開鍵暗号方式の特徴を理解しましょう。

1 暗号化

　私たちがインターネット上でやり取りする情報の中には、パスワード、クレジットカード番号、ネットバンキングの口座情報など、第三者に知られてはいけない情報が含まれます。不特定多数が利用するインターネットで、これらの情報を誰でも読み取れる状態でやり取りするのは大変危険です。

　そこで、これらの情報をやり取りする際は、データの内容を第三者が読み取れないようにする暗号化を行います。暗号化されていない元データを平文、暗号化されたデータを暗号文といいます。また、暗号文を平文に戻すことを復号といいます。暗号化・復号には「鍵」が使われます。「鍵」とは、暗号化・復号に必要な値のことです。

板書 暗号化

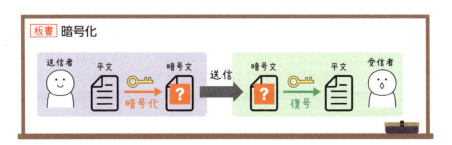

2 共通鍵暗号方式

同じ鍵で暗号化と復号を行う仕組みを，共通鍵暗号方式といいます。共通鍵暗号方式では，データの送信者が鍵を使ってデータを暗号化し，送信します。受信者は受け取ったデータを送信者と同じ鍵を使って復号します。鍵は第三者に知られてはいけないため，秘密鍵暗号方式ともいいます。

鍵をもってさえいればデータを復号できてしまうため，共通鍵は使い回すことができず，通信相手ごとに異なるものを用意する必要があります。

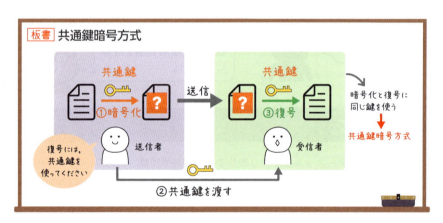

共通鍵暗号方式では，どうやって安全に共通鍵を相手に渡すのかが重要です。

3 公開鍵暗号方式

鍵を安全に受け渡すことができないという共通鍵暗号方式の欠点を補うために考えられたのが，公開鍵暗号方式です。公開鍵暗号方式では，暗号化に使う鍵と復号に使う鍵が別物です。暗号化に使う鍵は公開鍵，復号に使う鍵は秘密にするため秘密鍵といいます。

公開鍵と秘密鍵はペアになっており，公開鍵によって暗号化された暗号文はペア

の秘密鍵でしか復号できません。最初にデータの受信者側で公開鍵と秘密鍵を用意し，公開鍵を送信者に渡します。送信者側は受け取った公開鍵でデータを暗号化し，送信します。受信者はペアの鍵である秘密鍵で復号します。

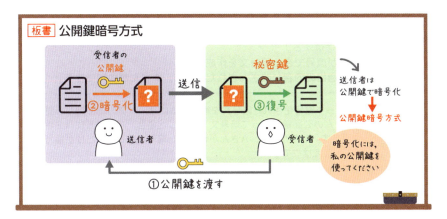

共通鍵暗号方式のメリット

ここで解説した内容では，共通鍵暗号方式は鍵を安全に渡すのが難しく，すべて公開鍵暗号方式で行えばよいのでは？と感じた方もいるのではないでしょうか。

実は，公開鍵暗号方式は鍵の受け渡しはスムーズに行えるものの，暗号化・復号処理に時間がかかるというデメリットがあります。一方で共通鍵暗号方式は，公開鍵暗号方式と比べて処理速度が速いのです。そのため，共通鍵暗号方式も実際に使われています。

| 例題 | **公開鍵による暗号化** | H29春-問86 |

　ＡさんはＢさんの公開鍵をもっている。Ｂさんの公開鍵を使ってＡさんができることはどれか。

ア　Ａさんのディジタル署名を作成でき，Ｂさんへの通信に付与する。
イ　Ｂさんが確実に受け取ったという通知を自動返信させることができる電子メールを送信する。
ウ　Ｂさんだけが復号できる暗号文を作成する。
エ　Ｂさんへの通信の内容が改ざんされた場合に，Ａさんが検知できる。

| 解説 | 公開鍵によって暗号化された暗号文を復号するには，ペアの秘密鍵が必要です。ＡさんがもＢさんの公開鍵を使って暗号文を作成した場合，その復号にはＢさんの秘密鍵が必要です。したがって，Ａさんが作成した暗号文はＢさんだけが復号できます。よって，答えはウです。

ア　ディジタル署名は送信者（Ａさん自身）の秘密鍵を使って作成するため，Ｂさんの公開鍵を使うことはできません。なお，ディジタル署名については，Section6を参照してください。
イ　電子メールの送信と公開鍵には関係がないため誤りです。
エ　Ｂさんへの通信の内容が改ざんされているか検知するためには，Ｂさんの公開鍵ではなくＡさんの公開鍵を使ってディジタル署名を付与します。また，ディジタル署名を付与した場合，改ざんを検知できるのはＡさんではなくＢさん（受信者）です。なお，ディジタル署名については，Section6を参照してください。

| 解答 | ウ

4 ハイブリッド暗号方式

共通鍵暗号方式と公開鍵暗号方式を組み合わせた**ハイブリッド暗号方式**という方法があり、**SSL／TLS**（Sec4参照）や**S/MIME**（Ch15 Sec4参照）などで用いられています。この仕組みでは、**公開鍵暗号方式で共通鍵を相手に送り、以降は共通鍵を使ってデータをやり取りします**。その他、次の暗号化も目を通しておきましょう。

ディスク暗号化	ハードディスク全体を暗号化する
ファイル暗号化	ファイル単位で暗号化する
無線LANの暗号化	盗聴への対策として、**WPA2**などの暗号化方式を用いて通信を暗号化する

例題 情報漏えいを防ぐ手段　　　　　　　H30春-問98

A社では紙の顧客名簿を電子化して、電子データで顧客管理を行うことにした。顧客名簿の電子データからの情報漏えいを防ぐ方法として、適切なものはどれか。
ア　データにディジタル署名を付与する。
イ　データのバックアップを頻繁に取得する。
ウ　データをRAIDのディスクに保存する。
エ　データを暗号化して保存する。

解説 **データを暗号化**すると、内容を第三者が読み取れないようにできるため、**データの情報漏えいを防ぐ方法として**有効です。
ア　ディジタル署名は**改ざんやなりすましを検知することは可能**ですが、情報漏えいを防ぐ方法ではありません。
イ　バックアップの回数を増やしても**情報漏えいを防ぐことはできません**。
ウ　RAIDは複数のHDDで**データのアクセスや保存の高速性・信頼性を高める技術**です。RAIDのディスクにデータを保存しても、情報漏えいを防ぐことはできません。

解答 エ

Chapter
16

Section
5
暗号化技術

403

Section 6 ■テクノロジ系
Chapter 16 セキュリティ

ディジタル署名

Section 6はこんな話

ネットワークの通信では，「改ざん」や「なりすまし」が行われている危険性があります。ここでは，これらを防止する「ディジタル署名」と「認証局」について解説します。

ディジタル署名の特徴と認証局の役割を押さえましょう。

1 ディジタル署名

　ネットワークの通信では，改ざんや**なりすまし**が行われる危険が潜んでいます。改ざんは，データをやり取りする途中で第三者に内容を書き換えられてしまうこと，なりすましは，第三者が別人になりすましてメッセージの送受信を行うことです。

　Section5で学習した公開鍵暗号方式の仕組みを応用し，改ざんとなりすましを検知できるようにした技術を**ディジタル署名**といいます。ディジタル署名によって，データが改ざんされていないこと，メッセージの作成者が作成者本人であることを検証し，証明できます。

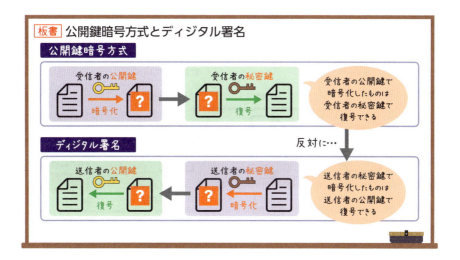

　仮に，メッセージの送信者をAさんとし，受信者をBさんとします。Aさんは自ら公開鍵と秘密鍵を用意し，秘密鍵でメッセージを暗号化します。

　ここでいう暗号化とは，実際にメッセージ全体を暗号化するのではなく，Aさんはハッシュ関数（Sec4参照）という関数を使ってメッセージ（平文）から短い要約データ（メッセージダイジェスト）を作成し，これを暗号化してディジタル署名とします。そして，（平文の）メッセージとディジタル署名をBさんに送ります。

　Bさんは受け取ったディジタル署名を復号します。そして，受信した平文のメッセージから同じハッシュ関数を使ってメッセージダイジェストを作成し，復号したメッセージダイジェストと一致することを確認します。これにより改ざんを検知できます。

　両者が一致すれば，メッセージが改ざんされていないことが証明されます。また，Aさんの公開鍵でディジタル署名を復号できたことで確かにAさんから送られてきたメッセージであることが確認できます。これにより，なりすましを防ぐことができます。

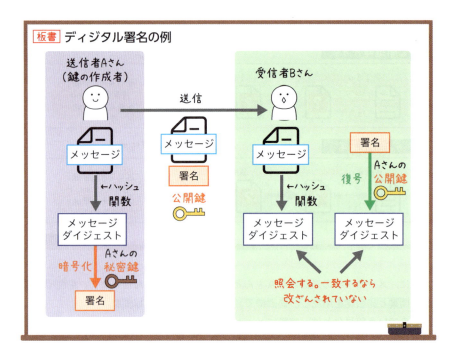

2 認証局 新用語

　公開鍵の作成者を認証する仕組みとして，認証局（CA：Certification Authority）があります。認証局は，データに付加されている公開鍵が本人によるものであること（公開鍵が改ざんされていないこと）を，電子証明書（ディジタル証明書）という証明書を発行することで証明する第三者機関です。

　ここではAさんの電子証明書を発行する流れを説明します。

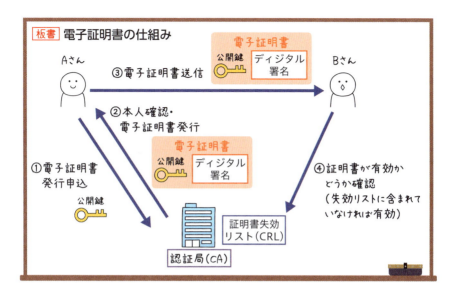

電子証明書は次のような流れで発行します。

① Aさんが認証局に公開鍵を送り，電子証明書の発行を申し込む（Aさんの公開鍵が本人によって作られたものであることを証明するため）
② 認証局がAさんの本人確認を行い，確認が取れたら電子証明書を発行する
③ AさんがBさんに電子証明書を送る
④ Bさんは電子証明書から公開鍵を取り出し，ディジタル署名を復号する。このディジタル署名が，Bさんがあらかじめもっている認証局の公開鍵で復号できればAさんの公開鍵だと確認できる。必要に応じて，認証局で公開している証明書失効リストで証明書が有効かどうか確認できる

CRL（証明書失効リスト） 新用語

電子証明書には有効期限があり，とくに問題がなければ有効期限まで使用できます。ただし，秘密鍵を紛失した場合や証明書を誤って発行した場合には，認証局に申請して証明書を失効させ，悪用を防ぎます。このように有効期限より前に失効させた証明書の一覧を **CRL（Certificate Revocation List：証明書失効リスト）** といいます。このリストに載っている証明書は，信頼できない証明書とみなされます。

Ⅰ PKI

PKI（**Public Key Infrastructure：公開鍵基盤**）とは，公開鍵暗号方式を使って暗号化通信するための基盤です。公開鍵暗号方式やディジタル署名はこの基盤によって実現されています。

例題 **ディジタル署名**　　　　　　　　　　　　　　　　　　　R2秋-問100

　　電子メールにディジタル署名を付与して送信するとき，信頼できる認証局から発行された電子証明書を使用することに比べて，送信者が自分で作成した電子証明書を使用した場合の受信側のリスクとして，適切なものはどれか。

ア　電子メールが正しい相手から送られてきたかどうかが確認できなくなる。
イ　電子メールが途中で盗み見られている危険性が高まる。
ウ　電子メールが途中で紛失する危険性が高まる。
エ　電子メールに文字化けが途中で発生しやすくなる。

解説 認証局は，データに付加されている公開鍵が本人のものであることを，電子証明書を発行することで証明する第三者機関です。送信者が自分で作成した電子証明書は，その証明書が本人によって作成されたものかどうかを確認することができません。別の第三者が作成したものである可能性があります。よって，答えはアです。

解答 ア

索引

数字

1次データ	20
2軸グラフ	18
2次データ	20
2進数	198
2相コミットメント	331
3C分析	74
4C	79
4G	365
4K	273, 310
4P	79
5G	342, 365
8K	273, 310
10進数	198
16進数	199

A～D

ABC分析	14
ACID特性	331
AI	217
AIアシスタント	103
AIサービスの責任論	103
AI利活用ガイドライン	100
AI利用者の悪意による	
バイアス	102
AND	211
Android	282, 301
APIエコノミー	97
AR	310
ASP	130
AVI	309
BASIC	234
Bcc	362
BCM	7
BCP	7
BD	269
BI	21
BLE	342

Bluetooth	273, 342
BMP	309
BPM	124
BPO	131
BPR	124
bps	334
BSC	87
BYOD	125
CA	406
CAD	104
CAL	44
CASE	114
Cc	362
CD	269
CDP	6
CEO	10
CFO	10
Chrome OS	282
CIDR	352
CIO	10
CMMI	164
CMS	125
COBOL	234
COO	10
cookie	360
CPU	262
CRL	407
CRM	89
CSF	87
CSIRT	388
CSR	3
CSS	234, 236, 306
CSV	294
CUI	305
CVC	97
C言語	234
DaaS	129
DBMS	313

DDoS攻撃	374
DevOps	163
DFD	122
DHCP	348
DisplayPort	273
DMZ	391
DNS	357
DNSキャッシュ	
ポイズニング	375
DNSサーバ	357
DoS攻撃	373
DRAM	266
DVD	269
DVI	273
DX	11

E～H

EA	119
EC	108
EDI	110
EFT	110
ELSI	62
ERP	89
E-R図	121, 316
ESG投資	77
ESSID	339
EUC	120
e-ラーニング	6
FAQ	185
FinTech	110
Firefox	301
FMS	105
Fortran	234
FTP	348
GIF	309
GPS	343
GPU	271
GUI	305

409

HDD	269	ISO 14000	69	MP3	309
HDMI	273	ISO 26000	69	MPEG-2	309
HEMS	114	ISO 9000	68	MPEG-4	309
HRM	6	ISO/IEC 27000	69	MRP	107
HRテック	6	ISP	364	MTBF	253
HTML	234	ITIL	182	MTTR	253
HTTP	348	ITU	69	MVNO	365
HTTPS	348	ITガバナンス	196	MySQL	301
		ITリテラシ	132	NAPT	354
I～L		JANコード	67	NAS	245
IaaS	129	Java	234	NAT	353
ICT	99	JavaScript	237	NFC	273
ICカード	98	J-CSIP	388	NIC	338
ICカード認証	398	JIS	68	NoSQL	314
IDS	395	JIS Q 38500	69	NOT	211
IE	13	JIT	107	NTP	348
IEEE	69	JPEG	309	O2O	109
IEEE802.11	341	KGI	86	Off-JT	6
IEEE802.3	341	KPI	86	OJT	6
IMAP	348, 361	L2スイッチ	338	ONU	338
iOS	282	L3スイッチ	338	OR	13, 211
IoT	113	LAN	335	OS	280
IoTエリアネットワーク	342	Linux	282, 301	OSI参照モデル	345
IoTセキュリティ		LPWA	342	OSS	300
ガイドライン	376	LTE	365	PaaS	129
IoTデバイス	275			PCI DSS	395
IP	346	**M～P**		PDCAサイクル	183, 381, 385
IPS	395	M&A	75	PDS	126
IPv4	351	MaaS	114	PERT	175
IPv6	351	Mac OS	282	PKI	408
IP-VPN	393	MACアドレス	340	PL法	59
IPアドレス	351	MACアドレス		PMBOK	169
IP電話	366	フィルタリング	341	PNG	309
IrDA	274	MBO	76	PoC	131
ISBN	68	MDM	394	POP	348, 361
ISMS	385	MIME	363	POSシステム	98
ISMS適合性評価制度	386	MNO	365	PPM	74
ISO	68	MOT	94	PROM	266

Python	234

Q~T

QRコード	67
RAID	248
RAID 0	249
RAID 1	249
RAID 5	250
RAM	265
RAT	375
RDB	313
RDBMS	313
RFI	142
RFID	99, 273
RFM分析	82
RFP	143
ROE	36
ROI	138
ROM	265
RPA	102
RSS	364
Ruby	234
R言語	234
S/MIME	363
SaaS	129
SCM	90
SDGs	4
SDN	350
SECURITY ACTION	388
SEO	84
SFA	99
SGML	236
SLA	183
SLCP	136, 148
SLM	183
SMS認証	398
SMTP	348, 361
SNS	126

SOC	388
Society5.0	12
SoE	120
SoR	120
SPOC	184
SQL	314
SQLインジェクション対策	377
SRAM	266
SRI	4
SSD	269
SSL	392
SWOT分析	72
TCO	257
TCP	346
TCP/IPモデル	345
Thunderbird	301
TLS	392
To	362
TOB	76
TOC	91
TQC	91
TQM	91

U~X

UNIX	282
UPS	186
URL	357
USB	272
UX	81
UXデザイン	304
VC	97
VDI	244
VPN	392
VRIO分析	75
VUI	304
W3C	69
WAF	395
WAN	335

WBS	170
Webアクセシビリティ	307
Webカメラ	270
Webシステム	242
Webデザイン	306
Webブラウザ	359
Webマーケティング	84
Wi-Fi	339
Wi-Fi Direct	340
Windows	282
WPA2	339, 403
XML	234, 236
XOR	211
XP	162
ZigBee	342

あ行

アーカイブ	290
アーリーアダプタ	82
アウトソーシング	131
アクセシビリティ	133, 304
アクセス管理	397
アクセス権	331, 389
アクセス制御	389
アクセスポイント	339
アクチュエータ	276
アクティベーション	43
アジャイル開発	161
圧縮率	309
アナログ	273
アナログデータ	205
アフォーダンス	304
アプリケーション ソフトウェア	280
アライアンス	76
アルゴリズム	226
アルゴリズムのバイアス	102
アローダイアグラム	175

暗号化	399	エンジニアリングシステム	104	カニバリゼーション	77
暗号資産	111	エンタープライズサーチ	120	株式会社	3
アンゾフの成長マトリクス	80	応用ソフトウェア	280	株式公開買付け	76
イーサネット	341	オープンイノベーション	97	株主総会	3
意匠権	40	オープンソース		仮名化	51
一般データ保護規則	51	ソフトウェア	44, 300	可用性	383
イテレーション	161	オピニオンリーダ	82	カレントディレクトリ	283
イノベーションのジレンマ	95	オフィスツール	291	簡易言語	237
イメージスキャナ	270	オブジェクト指向	163	環境マネジメントシステム	69
因果	16	オフショア開発	163	関係データベース	312
インシデント管理	184	オプトアウト	50	監査証拠	191
インターネット	336	オプトイン	50	監査証跡	191
インターネットVPN	393	オプトインメール広告	84	監査役	3
インタフェース	304	オペレーティングシステム	280	関数	294
インデックス	326	オムニチャネル	85	関数の入れ子	297
インバウンドマーケティ		オンプレミス	130	完全性	383
ング	85	オンラインストレージ	290, 364	ガントチャート	174
ウェアラブル端末	260			カンパニ制組織	10
ウェアラブルデバイス	114	**か行**		かんばん方式	107
ウォータフォールモデル	158	回帰テスト	156	官民データ活用推進基本法	12
受入れテスト	156	回帰分析	217	管理図	14
請負契約	54, 58	会計監査	188	キーバリューストア	314
売上原価	33	改ざん	62	キーボード	270
運用コスト	257	会社法	64	キーロガー	375
運用テスト	154	回線交換	366	記憶	261
営業外収益	33	階層構造	283	記憶階層	267
営業外費用	33	外部環境	72	記憶機能	261
営業秘密	42	外部キー	319	機械学習	218
営業利益	32	外部設計	153	企画プロセス	137
エスカレーション	185	鍵	399	企業活動	2
エスクローサービス	111	可逆圧縮	309	企業理念	2
エッジコンピューティング	342	拡張現実	310	擬似相関	16
エネルギー		瑕疵担保責任	58	技術的脅威	368, 371
ハーベスティング	276	仮説検定	217	技術的セキュリティ対策	390
遠隔バックアップ	396	仮想化	243	基数変換	200
エンコード	363	仮想マシン	244	機能要件	150
演算	261	加速度センサ	276	揮発性	265
演算機能	262	稼働率	252	機密性	383

キャッシュフロー計算書 … 34	クロスサイト	個人情報保護方針 …… 387
キャッシュメモリ ……… 266	スクリプティング …… 373	国家戦略特区法 ……… 12
キャッシュレス決済 …… 110	クロスサイトリクエスト	固定費 …… 29
キャリアアグリゲーション 366	フォージェリ …… 375	コネクテッドカー …… 114
キュー …… 224	クロス集計法 …… 19	コモディティ化 …… 79
行 …… 312	クロスメディア	雇用契約 …… 53
脅威 …… 368	マーケティング …… 85	コンカレント
強化学習 …… 218	クロスライセンス …… 44	エンジニアリング …… 105
教師あり学習 …… 218	クロック …… 262	コンシューマ向け
教師なし学習 …… 218	クロック周波数 …… 262	IoTセキュリティガイド … 376
共通鍵暗号方式 …… 400	経営管理システム …… 89	コンテナ型 …… 244
共通フレーム …… 135	経営資源 …… 5	コンピュータウイルス … 371
共同レビュー …… 151	経営戦略 …… 2, 118	コンピュータウイルス
業務監査 …… 188	経営理念 …… 2	届出制度 …… 388
業務要件 …… 139	経常利益 …… 32	コンピュータ
共有ロック …… 328	ゲーミフィケーション … 133	グラフィックス …… 310
金融商品取引法 …… 64	結合 …… 321	コンピュータ不正
組込みシステム …… 115	結合テスト …… 154	アクセス届出制度 …… 388
クライアントサーバシス	検疫ネットワーク …… 395	コンプライアンス …… 60
テム …… 241	減価償却 …… 36	
クラウドコンピューティ	検索エンジン最適化 …… 84	**さ行**
ング …… 128	コアコンピタンス …… 77	サージ防護 …… 186
クラウドソーシング …… 112	公益通報者保護法 …… 63	サービスデスク …… 184
クラウドファンディング … 110	公開鍵暗号方式 …… 400	サービスマネジメント … 182
クラスタ …… 242	公開鍵基盤 …… 408	サービスマネジメント
クラッキング …… 369	構成管理 …… 184	システム …… 183
グラフ指向データベース … 314	構造化データ …… 20	サービスレベル管理 …… 183
クリアスクリーン …… 395	コーチング …… 7	サービスレベル合意書 … 183
クリアデスク …… 395	コーディング …… 153	災害 …… 375
グリーンIT …… 4, 186	コードレビュー …… 153	在庫回転率 …… 24
クリックジャッキング … 375	コーポレートガバナンス … 62	最早結合点時刻 …… 179
グリッド	コールドスタンバイ …… 248	最遅結合点時刻 …… 179
コンピューティング …… 242	国勢調査 …… 21	サイトライセンス契約 … 44
クリティカルパス …… 181	故障率 …… 256	サイバー・フィジカル・
クリプトジャッキング … 375	個人識別符号 …… 49	セキュリティ対策
グループウェア …… 125, 290	個人情報取扱事業者 …… 50	フレームワーク …… 52
グローバルIPアドレス … 353	個人情報保護委員会 …… 50	サイバー空間 …… 371
クローラ …… 364	個人情報保護法 …… 49, 387	サイバー攻撃 …… 371

413

サイバーセキュリティ基本法	45	
サイバーセキュリティ経営ガイドライン	46	
サイバーフィジカルシステム	99	
サイバー保険	387	
サイバーレスキュー隊	388	
最頻値	215	
財務諸表	31	
作業監視	395	
サニタイジング	395	
サブスクリプション	43	
サブネットマスク	352	
差分バックアップ	289	
産業財産権	38, 40	
散布図	17	
シェアウェア	43	
シェアリングエコノミー	126	
ジェスチャーインタフェース	304	
自家発電装置	186	
磁気センサ	276	
事業継続管理	7	
事業継続計画	7	
事業部制組織	8	
資金決済法	59	
シグニファイア	304	
自己資本比率	36	
資産	32	
市場調査	78	
システムインテグレーション	131	
システム化計画	138	
システム化構想の立案	138	
システム監査	188	
システム監査基準	190	
システム監査計画書	190	

システム監査人	189	
システム監査報告書	191	
システム管理基準	52	
システム設計	151	
システムテスト	154	
システム方式設計	152	
システム要件	139	
システム要件定義	150	
下請法	59	
シックスシグマ	91	
質的データ	20	
実用新案権	40	
死の谷	95	
シミュレーション	13	
ジャイロセンサ	276	
射影	320	
社会的責任	3	
社会的責任投資	4	
社会の様態によって生じるバイアス	102	
シャドーIT	369	
社内ベンチャ組織	10	
集合	208	
集中処理	240	
従量制課金	366	
主キー	317	
主記憶装置	266	
受注生産方式	106	
出力	261	
純資産	32	
ジョイントベンチャ	77	
紹介予定派遣	57	
消去権	51	
使用許諾契約	43	
商標権	40	
情報銀行	126	
情報公開法	65	
情報システム戦略	118	

情報セキュリティ	368	
情報セキュリティ委員会	388	
情報セキュリティインシデント	386	
情報セキュリティ監査	188	
情報セキュリティポリシ	386	
情報セキュリティマネジメントシステム	385	
情報デザイン	303	
証明書失効リスト	407	
初期コスト	257	
職能別組織	9	
職務分掌	64, 194	
ショルダーハック	369	
シンクライアント	245	
シングルサインオン	398	
人工知能	217	
人工知能学会倫理指針	100	
真正性	385	
人的脅威	368	
人的セキュリティ対策	389	
信頼性	385	
信頼できるAIのための倫理ガイドライン	100	
真理値表	212	
親和図法	26	
垂直統合	77	
スイッチ	338	
スイッチングハブ	338	
推定	217	
スーパコンピュータ	260	
スキミングプライシング	85	
スクラム	162	
スクリプト言語	237	
スケールアウト	242	
スケールアップ	242	
スタック	224	
ステークホルダ	4, 169	

ストライピング	249	ソーシャルメディアポリシ	62	著作権	38
ストレージ	268	ソースコード	153, 300	著作権の帰属先	40
スパイウェア	371, 373	ゾーニング	396	通信プロトコル	344
スパイラルモデル	160	ソフトウェア	280	提案書	144
スマートシティ	99	ソフトウェア受入れ	156	ディープラーニング	219
スマートデバイス	260	ソフトウェア受入れ支援	156	定額制課金	366
スマート農業	114	ソフトウェア詳細設計	153	定期発注方式	24
正規化	322	ソフトウェア等の脆弱性関連		逓減制課金	366
制御	261	情報に関する届出制度	388	ディジタル	273
制御機能	261, 262	ソフトウェア方式設計	152	ディジタル証明書	406
脆弱性	376	ソフトウェア保守	157	ディジタル署名	404
生体認証	396	ソフトウェア要件定義	152	ディジタルディバイド	132
赤外線センサ	276	損益計算書	32	ディジタルデータ	205
責任追跡性	385	損益分岐点	30	ディジタル	
セキュリティ教育	390			フォレンジックス	388
セキュリティケーブル	395	**た行**		ディスク暗号化	403
セキュリティパッチ	393	ダーウィンの海	95	ディスクロージャ	4
セキュリティホール	376	ダークウェブ	371	定量発注方式	24
セキュリティホールバイ		第4次産業革命	11	ディレクトリ	283
デザイン	377	第三者提供	49	データウェアハウス	21
セグメントマーケティング	85	貸借対照表	32	データ駆動型社会	12
施錠管理	396	耐タンパ性	395	データ構造	222
絶対参照	293	ダイナミックプライシング	85	データサイエンス	23
絶対パス	285	代入	228	データサイエンティスト	23
接頭語	204	ダイバーシティ	4	データベース管理システム	313
ゼロデイ攻撃	374	ダイレクトマーケティング	85	データマイニング	23
センサ	275	対話型処理	245	テーブル	312
全数調査	21	他人受入率	396	テキストマイニング	23
選択	320	多要素認証	396	デザイン思考	97
占有ロック	328	タレントマネジメント	7	デザインの原則	303
相関	16	単体テスト	154	テザリング	340
総資本回転率	36	チェックポイント	330	デシジョンツリー	27
送信防止措置依頼	61	知的財産権	38	デジタル社会形成基本法	12
相対参照	293	チャットボット	185	デジタルツイン	99
相対パス	285	中央値	214	デジタルトランスフォー	
増分バックアップ	289	中間者攻撃	375	メーション	11
ソーシャル		超音波センサ	276	テスト駆動開発	163
エンジニアリング	369	調達	141	デッドロック	328

415

デバイスドライバ	274	トロッコ問題	103	派遣契約	54
デバッグ	153			箱ひげ図	17
デファクトスタンダード	66	**な行**		パス	284
デフォルトゲートウェイ	356	内部環境	72	バスタブ曲線	256
デュアルシステム	247	内部設計	153	パスワード	397
デュプレックスシステム	248	内部統制	63, 193	パスワードリスト攻撃	397
テレマティクス	342	内部統制報告制度	63	ハッカソン	97
テレワーク	7	流れ図	227	バックアップ	288
展開管理	184	なりすまし	404	バックキャスティング	97
電子入札	103	ナレッジマネジメント	91	バックドア	375
伝送速度	334	二段階認証	396	バックプロパゲーション	219
統計	214	ニッチ戦略	77	ハッシュ関数	394, 405
統計的バイアス	102	入出力インタフェース	272	発信者情報開示請求権	61
同質化戦略	77	入退室管理	395	バッチ処理	245
等幅フォント	310	ニューラルネットワーク	219	発注点方式	24
盗用	62	入力	261	発注元	134
ドキュメント指向		二要素認証	396	バナー広告	84
データベース	314	人間中心のAI社会原則	100	ハブ	338
特性要因図	15	認証局	406	パブリックドメイン	
独占禁止法	59	ネチケット	62	ソフトウェア	44
特徴量	219	ねつ造	62	バリューエンジニアリング	88
特定商取引法	59	ネットワーク組織	10	バリューチェーン	
特定デジタルプラット				マネジメント	91
フォームの透明性及び公		**は行**		パレート図	14
正性の向上に関する法律	59	バーコードリーダ	270	ハンドオーバ	365
特定電子メール法	52	バーチャルリアリティ	310	販売費及び一般管理費	33
特別損失	33	ハードウェア	280	汎用AI	100
特別利益	33	バイオメトリクス認証	396	汎用コンピュータ	260
匿名化	51	排他制御	327	ピアツーピア	242
匿名加工情報	50	排他的論理和	211	非圧縮	309
特化型AI	100	バイト	203	ビーコン	343
特許権	40	ハイパバイザ型	244	ヒートマップ	19
ドメイン名	357	ハイブリッド暗号方式	403	非可逆圧縮	309
ドライブバイダウンロード	375	配列	223	非機能要件	150
トランザクション	329	ハウジングサービス	127	ピクセル	271
トレーサビリティ	99	破壊	375	ピクトグラム	306
トロイの木馬	372	パケット交換	366	非構造化データ	20
ドローン	114	パケット通信	366	ビジネスメール詐欺	371

ビジネスモデルキャンバス ·· 97	復号 399	プロジェクト憲章 ······· 168
ビジネスモデル特許 ······ 41	複合グラフ 18	プロジェクトコスト
ビジョン ················ 2	複合主キー 319	マネジメント ·········· 169
ヒストグラム 16	負債 32	プロジェクトコミュニ
ビッグデータ 22	不正アクセス禁止法 ···· 47	ケーションマネジメント ·· 169
ビット 203	不正競争防止法 ······· 42	プロジェクト人的資源
否認防止 385	不正指令電磁的記録に	マネジメント ·········· 169
ヒューマンインタフェース ·· 304	関する罪 51	プロジェクトスコープ
表 312	不正のトライアングル ··· 370	マネジメント ······· 169, 170
表計算ソフト 291	プッシュ戦略 82	プロジェクトステーク
標準化 66	物理的脅威 368, 375	ホルダマネジメント ···· 169
標準偏差 217	物理的セキュリティ対策 ·· 395	プロジェクト組織 10
標的型攻撃 375	プライバシーバイデザイン ·· 377	プロジェクトタイム
標的型メール 390	プライバシーポリシ ···· 387	マネジメント ······· 169, 173
標本抽出 21	プライベートIPアドレス 353	プロジェクト調達
標本調査 21	プラグアンドプレイ ···· 275	マネジメント ·········· 169
品質マネジメントシステム ·· 68	ブラックボックステスト ·· 155	プロジェクト統合
ファームウェア 116	フラッシュメモリ 266	マネジメント ·········· 169
ファイアウォール ······ 391	フランチャイズ 77	プロジェクト品質
ファイル 283	フリーソフトウェア ···· 43	マネジメント ·········· 169
ファイル暗号化 403	フリーミアム 109	プロジェクトマネージャ 166
ファイル拡張子 ········ 290	ブリッジ 338	プロジェクトマネジメント ·· 166
ファイル共有 290	ブルーオーシャン戦略 ·· 77	プロジェクトリスク
ファイルレスマルウェア ·· 371	ブルートフォース攻撃 ·· 375	マネジメント ······· 169, 171
ファクトチェック ······ 62	プル戦略 82	プロセスイノベーション 95
ファシリティマネジメント ·· 185	フルバックアップ 288	プロセッサ 262
ファブレス 77	ブレードサーバ 246	プロダクトイノベーション ·· 95
ファンクションポイント法 ·· 157	ブレーンストーミング ··· 27	プロダクトライフサイクル 83
フィールド 312	ブレーンライティング ··· 28	ブロックチェーン 395
フィッシュボーンチャート ·· 15	プレゼンテーションソフト ·· 299	プロトコル 344
フィッシング 374	フレックスタイム制 ···· 55	プロトタイピングモデル 159
フールプルーフ 256	フローチャート 227	プロバイダ 60
フェイクニュース 62	ブロードキャスト 350	プロバイダ責任制限法 ·· 60
フェールセーフ 256	プロキシサーバ 360	プロポーショナルフォント 310
フェールソフト 256	プログラミング 153	分散 217
フォールトトレラント ··· 256	プログラム言語 ···· 153, 233	分散処理 240
フォローアップ 191	プロジェクション	文書作成ソフト 299
不揮発性 265	マッピング 310	ペアプログラミング ···· 162

417

平均値	214	マクロウイルス ········· 372
ペネトレーションテスト · 394		マシンビジョン ········· 114
ペネトレーション		マトリックス組織 ········ 9
プライシング	85	魔の川 ················ 95
ペルソナ法	97	マルウェア ············ 371
ヘルプデスク	184	マルチキャスト ········· 350
変更管理	184	マルチコアプロセッサ ···· 263
ベン図	209	マルチメディア ········· 308
変数	232	見込生産方式 ·········· 106
ベンダ	134	見積書 ··············· 144
ベンチマーキング	77	ミラーリング ··········· 249
ベンチマークテスト	252	無線LAN ·········· 337, 339
変動費	29	無線LANの暗号化 ······· 403
妨害行為	375	命題 ················· 209
法人税等	33	メインメモリ ··········· 266
ポート番号	347	メーリングリスト ········ 362
ポジショニング	80	メールアドレス ········· 357
母集団	21	メタデータ ············· 20
補助記憶	267	メッシュWi-Fi ·········· 340
ホスティングサービス	128	メッセージダイジェスト ··· 405
ホスト型	244	メンタリング ············ 7
ボット	371, 372	モデリング ············ 121
ホットスタンバイ	248	モニタリング ··········· 195
ボトルネック	242	モバイルファースト ······ 306
ボリュームライセンス契約	44	問題管理 ·············· 184
ホワイトボックステスト · 155		
本調査	190	
本人拒否率	396	

ら行

ライセンス	301
ライブマイグレーション · 245
ライフログ	126
ランサムウェア ····· 371, 373
リアルタイム処理	245
リーンスタートアップ ··· 97
リーン生産方式	107
利益	29
リスク	189
リスクアセスメント · 7, 171, 378
リスク回避	171, 379
リスク軽減	171, 379
リスク受容	171, 379
リスク対応	379
リスク転嫁	171, 379
リスク特定	379
リスクのコントロール ··· 189
リスク評価	379
リスク分析	379
リスクマネジメント	378
リスティング広告	85
リバースエンジニアリング · 163
リファクタリング	163
流動比率	36
利用者ID	397
量的データ	20
リリース管理	184
ルータ	338, 355
ルーティング	355
ルートディレクトリ	283
ルールベース	218
レーダチャート	16
レコード	312
レコメンデーション	85
レジスタ	264
レスポンスタイム	252
列	312

ま行

マークアップ言語	235
マーケティング	78
マーチャンダイジング	79
マイナポータル	103
マイナンバー	50, 103
マイナンバーカード	103
マイナンバー法	50
マウス	270

や行

ユーザ	134
ユーザビリティ	304
ユースケース	163
有線LAN	337
ユニキャスト	350
ユニバーサルデザイン	306
要件定義	138
要配慮個人情報	50
予備調査	190

418

レピュテーションリスク … 195
レプリケーション ……… 250
労働基準法 ……………… 55
労働者派遣法 …………… 56
ロードマップ …………… 96
ロールバック …………… 330
ロールフォワード ……… 330
ロジスティクス ………… 77
ロボティクス …………… 116
ロングテール …………… 108
論理演算 ………………… 210

わ行

ワークエンゲージメント … 6
ワークフロー …………… 124
ワークライフバランス … 6
ワーム …………………… 372
ワイヤレス給電 ………… 114
ワンタイムパスワード … 398

MEMO

MEMO

本書は、教科書編と、問題集編で、2冊に分解できる「セパレートBOOK形式」を採用しています。

★セパレートBOOKの作りかた★

白い厚紙から、表紙のついた冊子を抜き取ります。
※表紙と白い厚紙は、のりで接着されています。乱暴に扱いますと、破損する危険性がありますので、ていねいに抜き取るようにしてください。

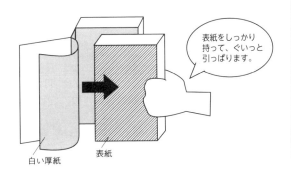

※抜き取るさいの損傷についてのお取替えはご遠慮願います。

問題集編
CONTENTS

ストラテジ系

Chapter **1** 企業活動 ･･････････････････････ 2

Chapter **2** 法務 ･･････････････････････ 20

Chapter **3** 経営戦略マネジメント ･････････････ 38

Chapter **4** 技術戦略マネジメント ･････････････ 50

Chapter **5** システム戦略 ･･････････････････ 62

マネジメント系

Chapter **6** システム開発技術 ･･････････････ 78

Chapter **7** プロジェクトマネジメントとサービスマネジメント ･･･ 88

Chapter **8** システム監査 ･･････････････････ 98

テクノロジ系

Chapter **9** 基礎理論 ･･･････････････････ 106

Chapter **10** アルゴリズムとプログラミング ･･･････ 110

Chapter **11** システム ･･････････････････ 112

Chapter **12** ハードウェア ･･････････････ 118

Chapter **13** ソフトウェア ･･････････････ 126

Chapter **14** データベース ･･････････････ 136

Chapter **15** ネットワーク ･･････････････ 142

Chapter **16** セキュリティ ･･････････････ 160

1

Chapter 1 企業活動

Section 1 企業の経営と責任

問題1　R1秋-問12

企業の経営理念を策定する意義として，最も適切なものはどれか。
ア　企業の経営戦略を実現するための行動計画を具体的に示すことができる。
イ　企業の経営目標を実現するためのシナリオを明確にすることができる。
ウ　企業の存在理由や価値観を明確にすることができる。
エ　企業の到達したい将来像を示すことができる。

問題2　H25春-問26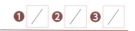

株主総会の決議を必要とする事項だけを，全て挙げたものはどれか。
a　監査役を選任する。　　　b　企業合併を決定する。
c　事業戦略を執行する。　　d　取締役を選任する。
ア　a，b，d　　イ　a，c　　ウ　b　　エ　c，d

問題3　H26秋-問26

監査役の役割の説明として，適切なものはどれか。
ア　公認会計士の資格を有して，会社の計算書類を監査すること
イ　財務部門の最高責任者として職務を執行すること
ウ　特定の事業に関する責任と権限を有して，職務を執行すること
エ　取締役の職務執行を監査すること

解答1  教科書 Ch1 Sec1 ❶

経営理念とは，それぞれの企業が**最も大切にする基本的な考え方**のことです。
ア **経営計画**を策定する意義について書かれています。
イ **経営戦略**を策定する意義について書かれています。
エ **経営ビジョン**を策定する意義について書かれています。

正解　**ウ**

解答2 教科書 Ch1 Sec1 ❷

株主総会は，会社の**最高意思決定機関**で，**取締役・監査役の選任（a，d）**，会社の**解散・合併（b）**などの**重要な事柄の決議**を行います。したがって，a，b，dが株主総会での決議事項となりますので，正解は**ア（a，b，d）**となります。cの**事業戦略の執行**（＝経営）に株主総会（＝所有者）の決議は必要ありません。

正解　**ア（a，b，d）**

解答3  教科書 Ch1 Sec1 ❷

監査役は**取締役の職務執行**や，株主に損害を与えていないかなどを**監査**し，企業の**公正かつ健全な運営**を支える役割を担っています。
ア **会計監査人**の役割の説明です。
イ **最高財務責任者（CFO）**の役割の説明です。（Ch1 Sec2 ❸）
ウ **執行役員**の役割の説明です。

正解　**エ**

問題4　H30秋-問8

小売業A社は，自社の流通センタ近隣の小学校において，食料品の一般的な流通プロセスを分かりやすく説明する活動を行っている。A社のこの活動の背景にある考え方はどれか。

ア　CSR
イ　アライアンス
ウ　コアコンピタンス
エ　コーポレートガバナンス

問題5　H30春-問7

性別，年齢，国籍，経験などが個人ごとに異なるような多様性を示す言葉として，適切なものはどれか。

ア　グラスシーリング
イ　ダイバーシティ
ウ　ホワイトカラーエグゼンプション
エ　ワークライフバランス

問題6　R2秋-問9

国連が中心となり，持続可能な世界を実現するために設定した17のゴールから成る国際的な開発目標はどれか。

ア　COP21
イ　SDGs
ウ　UNESCO
エ　WHO

解答4 　　　　　　　　　　　　　　　　📖教科書 Ch1 Sec1 ❸

　企業には**社会的責任**（**CSR：Corporate Social Responsibility**）があり，**法令遵守や環境保護**などの社会的責任を果たすことが，企業価値の向上につながると考えられています。小学校において流通プロセスを説明する活動は，**社会貢献活動**の一環であるため，この活動の背景には**CSR**の考え方があります。
　イ　2つ以上の企業が連携して事業を行うことです。（Ch3 Sec1 ❷）
　ウ　自社の強みとなる技術やノウハウです。（Ch3 Sec1 ❷）
　エ　企業の健全な運営を監視する仕組みのことです。（Ch2 Sec4 ❸）

正解　**ア**

解答5 　　　　　　　　　　　　　　　　📖教科書 Ch1 Sec1 ❸

　ダイバーシティとは，年齢，性別，国籍，経験などが個人ごとに異なる**多様性**のことです。
　ア　グラスシーリング（Glass ceiling：ガラスの天井）とは，能力があるにもかかわらず，性別や人種を理由に組織内での**昇進が阻まれている状態**を指す言葉です。
　ウ　労働時間に関係なく，**成果**に対して報酬を支払う制度です。
　エ　「**仕事と生活の調和**」と訳され，多様な生き方が選択・実現できる社会を目指す考え方です。（Ch1 Sec2 ❶）

正解　**イ**

解答6 　　　　　　　　　　　　　　　　📖教科書 Ch1 Sec1 ❸

　持続可能な世界を実現するために国連が採択した，2030年までに達成されるべき開発目標を示す言葉を，**SDGs**（エスディージーズ）といいます。
　ア　**国連気候変動枠組条約第21回締結国会議**のことです。
　ウ　**国際連合教育科学文化機関**のことです。
　エ　**世界保健機関**のことです。

正解　**イ**

Section 2 経営資源と組織形態

問題 7 H28春-問24

部下の育成・指導事例のうち、OJTに当たるものはどれか。
ア 部下に進路と目標を設定させ、その達成計画を立てさせた。
イ 部下の進路を念頭において、人事部主催の管理者養成コースを受講させた。
ウ 部下の設計能力の向上のために、新規開発のプロジェクトに参加させた。
エ 部下の専門分野と進路に合った外部主催の講習会を選定し、受講させた。

問題 8 R3-問26

企業の人事機能の向上や、働き方改革を実現することなどを目的として、人事評価や人材採用などの人事関連業務に、AIやIoTといったITを活用する手法を表す用語として、最も適切なものはどれか。
ア e-ラーニング　　イ FinTech　　ウ HRTech　　エ コンピテンシ

問題 9 R3-問24

テレワークに関する記述として、最も適切なものはどれか。
ア ITを活用した、場所や時間にとらわれない柔軟な働き方のこと
イ ある業務に対して従来割り当てていた人数を増員し、業務を細分化して配分すること
ウ 個人が所有するPCやスマートデバイスなどの機器を、会社が許可を与えた上でオフィスでの業務に利用させること
エ 仕事の時間と私生活の時間の調和に取り組むこと

解答7

　OJT（On the Job Training）は実際の業務を通じて，仕事で必要な知識や技術を習得させる教育訓練です。
　　ア　組織における目標による管理（MBO：Management by Objectives）の例です。
　　イ，エ　通常の業務から離れた場所で行われる教育訓練（Off-JT）の例です。

正解　ウ

解答8 教科書 Ch1 Sec2 ❶

　ビッグデータ，IoT，AIなど最先端のIT技術を活用する新しい人事・組織サービスをHRTechといいます。HR（Human Resource：人的資源）とテクノロジー（Technology）を組み合わせた造語です。
　　ア　インターネットを用いた学習形態のことです。
　　イ　銀行などの金融機関においてIT技術を活用し，これまでにない革新的なサービスを開拓することです。（Ch4 Sec4 ❷）
　　エ　高い業績を残す人に共通している行動特性のことです。

正解　ウ

解答9

　情報通信技術（ICT）を活用した，場所や時間にとらわれない柔軟な働き方のことをテレワークといいます。
　　イ　ワークシェアリングの記述です。
　　ウ　BYOD（Bring Your Own Device）の記述です。（Ch5 Sec2 ❷）
　　エ　ワークライフバランスの記述です。（Ch1 Sec2 ❶）

正解　ア

問題10 H27秋-問7

地震,洪水といった自然災害,テロ行為といった人為災害などによって企業の業務が停止した場合,顧客や取引先の業務にも重大な影響を与えることがある。こうした事象の発生を想定して,製造業のX社は次の対策を採ることにした。対策aとbに該当する用語の組合せはどれか。

〔対策〕
a 異なる地域の工場が相互の生産ラインをバックアップするプロセスを準備する。
b 準備したプロセスへの切換えがスムーズに行えるように,定期的にプロセスの試験運用と見直しを行う。

	a	b
ア	BCP	BCM
イ	BCP	SCM
ウ	BPR	BCM
エ	BPR	SCM

問題11 H28秋-問25

図によって表される企業の組織形態はどれか。

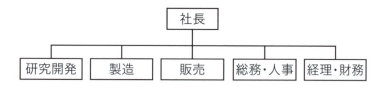

ア 事業部制組織　　イ 社内ベンチャ組織
ウ 職能別組織　　　エ マトリックス組織

問題12 H29秋-問23

企業経営に携わる役職の一つであるCFOが責任をもつ対象はどれか。
ア 技術　　イ 財務　　ウ 情報　　エ 人事

解答10

📖 教科書 Ch1 Sec2 ❷

BCP（Business Continuity Plan）とは，災害やシステム障害などの非常事態において，損害を最小限に抑えつつ，事業の継続・迅速な復旧ができるようにするための計画のことです。また，BCM（Business Continuity Management）とは，BCPを策定し，その運用・見直し（マネジメント）を継続的に行うことです。

aは，非常事態時にどのように対応するかの計画・準備なので，BCP（事業継続計画）に該当します。また，bは，BCPの運用・管理に該当するため，BCM（事業継続管理）です。なお，BPR（Business Process Reengineering）は，業務プロセスの全面的な見直し，改善を意味します（Ch5 Sec2 ❷参照）。SCM（Supply Chain Management）は，経営管理システムの1つです（Ch3 Sec4 ❶参照）。

正解 ア

解答11

📖 教科書 Ch1 Sec2 ❸

研究開発，製造，販売といった職種ごとの組織を構成しているので，本問の組織は「職能別組織」となります。

- **ア** 1つひとつの事業部が意思決定権をもち，業務を行う組織形態をいいます。
- **イ** 新規プロジェクトを行う際に，既存の事業部門から独立した社内企業を運営する組織形態をいいます。
- **エ** 2つの異なる組織に社員が所属する組織形態をいいます。

正解 ウ

解答12

📖 教科書 Ch1 Sec2 ❸

CFO（Chief Financial Officer）は，企業の財務戦略の責任をもちます。

- **ア** CTO（Chief Technology Officer：最高技術責任者）が責任をもつ対象です。
- **ウ** CIO（Chief Information Officer：最高情報責任者）が責任をもつ対象です。
- **エ** CHO（Chief Human resource Officer：最高人事責任者）が責任をもつ対象です。

正解 イ

Section 3　社会におけるIT利活用の動向

問題13　オリジナル問題

　政府は，サイバー空間と現実空間とが融合された"超スマート社会"の実現を推進している。必要なものやサービスが人々に過不足なく提供され，年齢や性別などの違いにかかわらず，誰もが快適に生活することができるとされる"超スマート社会"実現への取組みは何と呼ばれているか。

- ア　DX
- イ　Society5.0
- ウ　国家戦略特区
- エ　ワークエンゲージメント

Section 4　業務分析とデータ利活用

問題14　H29秋-問8

　不良品や故障，クレームなどの件数を原因別や状況別に分類し，それを大きい順に並べた棒グラフと，それらの累積和を折れ線グラフで表した図はどれか。

- ア　管理図
- イ　系統図
- ウ　パレート図
- エ　マトリックス図

解答 13 　　教科書 Ch1 Sec3 ❶

サイバー空間と現実空間を融合させたシステムによって，**経済の発展と社会的課題の解決を両立**させる「**人間中心**」の社会実現への取組みを **Society5.0** といいます。

- ア　IT の浸透によって，ビジネスや人々の生活があらゆる面でよい方向に変化することをいいます。
- ウ　"世界で一番ビジネスをしやすい環境"を作ることを目的に，地域や分野を限定し，規制・制度の緩和や税制面での優遇を行う制度です。
- エ　仕事に対するポジティブで充実した心理状態をいいます。（Ch1 Sec2 ❶）

正解　**イ**

解答 14 　　教科書 Ch1 Sec4 ❷

パレート図は**棒グラフ**と**折れ線グラフ**を組み合わせたもので，重要度を分析する **ABC 分析**などで使用します。

- ア　**異常なデータ**を見つけるために使われる**折れ線グラフ**のことです。
- イ　目的を達成する手段を段階的に掘り下げて記載した図のことです。**目標を達成するのに最適な手段**を見つけるために使用します。
- エ　2つの要素を行と列に配置し，重なったところに結果などを書く図のことです。要素が全体の中でどの位置にあるかがわかりやすくなります。

正解　**ウ**

問題15 H26春-問4

ソフトウェアの設計品質には設計者のスキルや設計方法，設計ツールなどが関係する。品質に影響を与える事項の関係を整理する場合に用いる，魚の骨の形に似た図形の名称として，適切なものはどれか。

- ア　アローダイアグラム
- イ　特性要因図
- ウ　パレート図
- エ　マトリックス図

問題16 H27春-問6

ビジネスに関わるあらゆる情報を蓄積し，その情報を経営者や社員が自ら分析し，分析結果を経営や事業推進に役立てるといった概念はどれか。

- ア　BI
- イ　BPR
- ウ　EA
- エ　SOA

問題17 H31春-問28

意思決定に役立つ知見を得ることなどが期待されており，大量かつ多種多様な形式でリアルタイム性を有する情報などの意味で用いられる言葉として，最も適切なものはどれか。

- ア　ビッグデータ
- イ　ダイバーシティ
- ウ　コアコンピタンス
- エ　クラウドファンディング

解答 15

特性（結果）に影響を与えた要因（原因）を書き出した，魚の形に似た図を**特性要因図**といいます。
- **ア** 1つひとつの作業の所要時間と前後関係を整理して，全体の所要日数を把握するために用いられる図です。(Ch7 Sec2 ❸)
- **ウ** 数値を大きい順に並べた**棒グラフ**と，棒グラフの数値の累積比率を**折れ線グラフ**で表した図です。
- **エ** 2つの要素を行と列に配置し，重なったところに結果などを書く図です。

正解　**イ**

解答 16 　　教科書 Ch1 Sec4 ❹

日々の業務の中で企業に蓄積された大量のデータを，収集・分析・加工し，経営戦略のための意思決定に役立てることを**BI（Business Intelligence）**といいます。
- **イ** 企業の目標を達成するために業務プロセスを全面的に見直し，改善することです。(Ch5 Sec2 ❷)
- **ウ** 比較的規模の大きな企業における，情報システム全体の基本設計（アーキテクチャ）です。(Ch5 Sec1 ❷)
- **エ** Service-Oriented Architectureの略で，ソフトウェアの機能とサービスをネットワーク上で連携させてシステムを構築する手法です。

正解　**ア**

解答 17

従来のデータベース管理システムで扱うのが困難なほど巨大で，多種多様なデータのことを，**ビッグデータ**といいます。ビッグデータの分析によって得られる知見をビジネスの意思決定に役立てることで，従来の分析方法では得られなかった競争優位性が手に入ることが期待されています。
- **イ** 年齢，性別，国籍，経験などが個人ごとに異なる多様性のことです。(Ch1 Sec1 ❸)
- **ウ** 自社の強みとなる技術やノウハウのことです。(Ch3 Sec1 ❷)
- **エ** 夢や活動を支援してくれる（資金を出してくれる）人をインターネットで集める仕組みです。(Ch4 Sec4 ❷)

正解　**ア**

問題18　H30秋-問16

ある会社の昨年度の売上高は3,000万円，年度末の在庫金額は600万円，売上総利益率は20%であった。このとき，在庫回転期間は何日か。ここで，在庫回転期間は簡易的に次の式で計算し，小数第1位を四捨五入して求める。

在庫回転期間＝（期末の在庫金額÷1年間の売上原価）×365

ア　58　　イ　73　　ウ　88　　エ　91

問題19　R1秋-問26

製品Aの生産計画量，部品Bの総所要量及び在庫量が表のとおりであるとき，第2週における部品Bの発注量aは何個か。

〔条件〕
- 製品Aの生産リードタイム（着手から完成までの期間）は無視する。
- 製品Aを1個生産するためには部品Bが2個必要であり，部品Bは製品Aの生産以外には使われない。
- 部品Bの発注は，各週の生産終了後に行い，翌週の生産開始までに入荷する。
- 部品Bの安全在庫は，当該週の部品Bの総所要量の25%とする。
- 部品Bの第1週の生産開始前の在庫量を100個とする。

単位　個

	第1週	第2週	第3週
製品Aの生産計画量	40	40	20
部品Bの総所要量	80	80	40
部品Bの在庫量（生産終了後）	20		
部品Bの発注量		a	

注記　網掛けの部分は表示していない。

ア　30　　イ　40　　ウ　60　　エ　80

解答18   教科書 Ch1 Sec4 ⑤

在庫回転期間を求める式は問題文に示されているので，これを使って計算します。式に含まれる要素のうち，「1年間の売上原価」だけ問題文に示されていないため，最初に計算します。

売上総利益率が20％とは，すなわち**売上高の80％が原価**であったことを示しています。よって，3,000万円 × 80％ = **2,400万円**が1年間の売上原価です。

すべての要素の値がわかったので，式に当てはめると，次のようになります。
在庫回転期間 =（600万 ÷ 2,400万）× 365 = 91.25
小数第1位を四捨五入し，答えは**91**です。

正解　エ

解答19   教科書 Ch1 Sec4 ⑤

この問題では，各週の生産終了後に部品Ｂの発注を行います。このとき，次週の生産で部品が不足しないよう，翌週の生産に必要な量と，安全在庫を合わせた量を発注する必要があります。ただし，余りを出さないために，各週の生産で残った部品Ｂの量を引く必要があります。よって，部品Ｂの発注量は次の式で表せます。

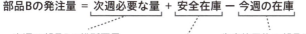

上の式に当てはめて，第1週の部品Ｂの発注量を求めます。
部品Ｂの発注量 = 80 + 80 × 0.25 − 20 = **80**
よって，第1週の発注量は**80個**です。
続いて第2週の発注量を求めるために，第2週の生産終了後の在庫を計算します。
第1週の生産終了後の在庫量20個に加え，80個を発注したため，第2週の生産開始前の在庫量は**100個**であるとわかります。そこから第2週の総所要量80個を引けばよいので，第2週の生産終了後の在庫量は**20個**です。
最後に，第2週における部品Ｂの発注量ａを式に当てはめて求めます。
発注量ａ = 40 + 40 × 0.25 − 20 = **30**
よって発注量ａは**30個**です。

正解　ア

Section 5 会計・財務

問題20 R1秋-問34

売上高,変動費,固定費,営業日数が表のようなレストランで,年間400万円以上の利益を上げるためには,1営業日当たり少なくとも何人の来店客が必要か。

客1人当たり売上高	3,000円
客1人当たり変動費	1,000円
年間の固定費	2,000万円
年間の営業日数	300日

ア 14　　イ 20　　ウ 27　　エ 40

| 解答20 | 📖 教科書 **Ch1 Sec5** ❶ |

利益は，次の式で計算します。

利益＝売上高－（固定費＋変動費）

年間の来店客数をxとして，問題文の条件を上の式に当てはめると次のようになります。

$400万 = 3,000x － （2,000万 + 1,000x）$

$400万 = 3,000x － 2,000万 － 1,000x$

$2,000x = 2,400万$

$x = $ **12,000**

1営業日当たりに必要な来店客数を求めるので，最後に，年間の来店客数12,000人を年間の営業日数300日で割ります。

$12,000 ÷ 300 = $ **40**

よって，年間400万円の利益を出すために1営業日当たり少なくとも**40人**の来店客が必要とわかります。

正解 エ

17

問題21 H29秋-問9

販売価格1,000円の商品の利益計画において，10,000個売った場合は1,000千円，12,000個販売した場合は1,800千円の利益が見込めるとき，この商品の1個当たりの変動費は何円か。

ア　400　　イ　600　　ウ　850　　エ　900

問題22 H29秋-問3

企業の財務状況を明らかにするための貸借対照表の記載形式として，適切なものはどれか。

ア

借方	貸方
資産の部	負債の部
	純資産の部

イ

借方	貸方
資本金の部	負債の部
	資産の部

ウ

借方	貸方
純資産の部	利益の部
	資本金の部

エ

借方	貸方
資産の部	負債の部
	利益の部

解答21

　変動費は商品1つひとつにかかる費用のため、販売数が増えたことにより増加した費用が変動費となります。すなわち、10,000個売った場合と12,000個売った場合の**売上高の金額差**から**利益の金額差**を引いた金額が変動費です。

　まず最初に、10,000個売った場合と12,000個売った場合の売上高を求めます。

　10,000個売った場合の売上高は1,000円 × 10,000個 = 10,000千円、12,000個売った場合の売上高は1,000円 × 12,000個 = 12,000千円ですので、売上高の金額差は12,000千円 − 10,000千円 = 2,000千円です。

　次に利益の金額差を計算すると、1,800千円 − 1,000千円 = 800千円となります。

　売上高の金額差から利益の金額差を引くと、2,000千円 − 800千円 = 1,200千円となります。

　最後に商品1個当たりの変動費を求めるために、変動費を販売数の差（2,000個）で割ると、1,200千円 ÷ 2,000個 = **600円**

　よって商品1個当たりの変動費は**600円**です。

正解　イ

解答22

　貸借対照表はバランスシートとも呼ばれ、**資産**、**負債**、**純資産**がわかるものです。**資産**（会社がもつお金）から**負債**（借金）を引いたものが**純資産**となります。すなわち、**負債**と**純資産**を足すと**資産**になるという関係のため、正しい貸借対照表は**ア**です。

正解　ア

Chapter 2 法務

Section 1 知的財産権

問題1 R1秋-問24

著作権法における著作権に関する記述のうち，適切なものはどれか。
ア 偶然に内容が類似している二つの著作物が同時期に創られた場合，著作権は一方の著作者だけに認められる。
イ 著作権は，権利を取得するための申請や登録などの手続が不要である。
ウ 著作権法の保護対象には，技術的思想も含まれる。
エ 著作物は，創作性に加え新規性も兼ね備える必要がある。

問題2 H28秋-問23

特段の取決めをしないで，A社がB社にソフトウェア開発を委託した場合，ソフトウェアの著作権の保有先として，適切なものはどれか。
ア ソフトウェアの著作権はA社とB社の双方で保有する。
イ ソフトウェアの著作権はA社とB社のどちらも保有せず，消滅する。
ウ ソフトウェアの著作権は全てA社が保有する。
エ ソフトウェアの著作権は全てB社が保有する。

問題3 H28春-問23

知的財産権のうち，全てが産業財産権に該当するものの組合せはどれか。
ア 意匠権，実用新案権，著作権
イ 意匠権，実用新案権，特許権
ウ 意匠権，著作権，特許権
エ 実用新案権，著作権，特許権

問題4 H30春-問16

特許法における特許権の存続期間は出願日から何年か。ここで，存続期間の延長登録をしないものとする。
ア 10　　イ 20　　ウ 25　　エ 30

20

解答1

📖教科書 Ch2 Sec1 ❷

著作権は，著作物を創作した時点で発生する権利で，**権利を得るために特別な手続は必要ありません。**

- **ア** 偶然に内容が酷似している2つの著作物が同時期に創られた場合でも，**それぞれの著作者に著作権が認められます。**
- **ウ** **技術的思想**は**創作物ではない**ため，著作権法の保護対象になりません。
- **エ** **新規性**（客観的に新しいこと）は，著作物の要件ではありません。ただし，ある表現が著作物と認められるためには，**創作性が必要**です。誰が表現しても同じような表現になるものは，創作性がなく，著作物にはなりません。

正解　**イ**

解答2

📖教科書 Ch2 Sec1 ❷

ソフトウェアの開発を外部の会社に依頼した場合でも，ソフトウェアの著作権は**開発した会社がもちます。**よって，この問題では開発を担当した**B社**が著作権を保有します。

正解　**エ**

解答3

📖教科書 Ch2 Sec1 ❸

特許権，**実用新案権**，**意匠権**，**商標権**の4つが**産業財産権**です。よって正解は**イ**です。**著作権**は産業財産権ではないので注意しましょう。

正解　**イ**

解答4

📖教科書 Ch2 Sec1 ❸

特許権の存続期間は出願日から**20年**と定められています。医薬品等の分野では，5年を限度に存続期間を延長できることがあります。

正解　**イ**

問題5 H30春-問24

営業秘密の要件に関する記述a～dのうち，不正競争防止法に照らして適切なものだけを全て挙げたものはどれか。
a 公然と知られていないこと
b 利用したいときに利用できること
c 事業活動に有用であること
d 秘密として管理されていること

ア a, b　　イ a, c, d　　ウ b, c, d　　エ c, d

Section 2　セキュリティ関連法規

問題6 R1秋-問25

経営戦略上，ITの利活用が不可欠な企業の経営者を対象として，サイバー攻撃から企業を守る観点で経営者が認識すべき原則や取り組むべき項目を記載したものはどれか。
ア IT基本法
イ ITサービス継続ガイドライン
ウ サイバーセキュリティ基本法
エ サイバーセキュリティ経営ガイドライン

問題7 H31春-問29

公開することが不適切なWebサイトa～cのうち，不正アクセス禁止法の規制対象に該当するものだけを全て挙げたものはどれか。
a スマートフォンからメールアドレスを不正に詐取するウイルスに感染させるWebサイト
b 他の公開されているWebサイトと誤認させ，本物のWebサイトで利用するIDとパスワードの入力を求めるWebサイト
c 本人の同意を得ることなく，病歴や身体障害の有無などの個人の健康に関する情報を一般に公開するWebサイト

ア a, b, c　　イ b　　ウ b, c　　エ c

解答5　教科書 Ch2 Sec1 ❹

営業秘密の要件は，**秘密管理性**，**有用性**，**非公知性**の3つです。よって，a，c，d が営業秘密の要件に該当するため，正解は**イ（a, c, d）**となります。なお，bは**可用性**の説明で，営業秘密の要件ではありません。

正解　**イ（a, c, d）**

解答6　教科書 Ch2 Sec2 ❷

企業の経営者向けにサイバーセキュリティの基本的な考え方を示したものを，**サイバーセキュリティ経営ガイドライン**といいます。
- ア　国民がITの成果を享受できるネットワーク社会の確立を目指し，2001年に施行された法律です。
- イ　経済産業省が示したガイドラインで，事業継続管理（BCM）に必要なITサービス継続を確実にするための枠組み，具体的な実施策を示しています。
- ウ　サイバーセキュリティに関する**国の責務**などを定めた法律です。

正解　**エ**

解答7　教科書 Ch2 Sec2 ❸

不正アクセス禁止法の**不正アクセス**とは，他人のID・パスワードを使ってシステムへログインするなど，本来権限をもたない人が不正にアクセスする（しようとする）行為を指します。bは不正に他人のID・パスワードを入手する行為なので，**不正アクセス禁止法**の規制対象となります。よって正解は**イ（b）**です。なお，aは**不正指令電磁的記録に関する罪（ウイルス作成罪）**の規制対象，cは**個人情報保護法**の規制対象になります。

正解　**イ（b）**

問題8 R1秋-問27

取得した個人情報の管理に関する行為a〜cのうち，個人情報保護法において，本人に通知又は公表が必要となるものだけを全て挙げたものはどれか。

a 個人情報の入力業務の委託先の変更
b 個人情報の利用目的の合理的な範囲での変更
c 利用しなくなった個人情報の削除

ア a　　イ a, b　　ウ b　　エ b, c

問題9 H30春-問14

個人情報取扱事業者における個人情報の管理に関する事例a〜dのうち，個人情報保護に関する管理上，適切でないものだけを全て挙げたものはどれか。

a 営業部門では，許可された者だけが閲覧できるように，顧客リストを施錠管理できるキャビネットに保管している。
b 総務部門では，住所と氏名が記載された社員リストを，管理規程を定めずに社員に配布している。
c 販促部門では，書店で市販されている名簿を購入し，不要となったものは溶解処理している。
d 物流部門では，運送会社に配送作業を委託しており，配送対象とはならない顧客も含む全顧客の住所録をあらかじめ預けている。

ア a, b　　イ b, c　　ウ b, d　　エ c, d

問題10 H29春-問1

個人情報保護法で定める個人情報取扱事業者に該当するものはどれか。

ア 1万人を超える預金者の情報を管理している銀行
イ 住民基本台帳を管理している地方公共団体
ウ 受験者の個人情報を管理している国立大学法人
エ 納税者の情報を管理している国税庁

解答8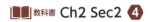

　個人情報は，利用目的を明確にし，目的外に利用することはできません。また，個人情報の利用目的を変更する場合は，本人に通知または公表が必要です。bの行為は，本人に通知または公表する必要があります。よって正解はウ（b）です。

　なお，aの個人情報の入力業務の委託先を変更した場合，cの個人情報の削除は，利用目的の変更にあたらないため本人への通知または公表の義務はありません。

正解　ウ（b）

解答9

　社員リストを管理規程を定めずに社員に配布する行為（b）は不適切です。また，配送対象とはならない顧客も含む全顧客の住所録をあらかじめ預ける行為（d）も不適切です。よって正解はウ（b, d）です。

　なお，aは正しい管理方法です。個人情報の漏えいを防ぐために，個人情報は施錠できる棚などに保管する必要があります。cも正しい処理です。不要になった個人情報はすぐに消去するよう努めなければなりません。

正解　ウ（b, d）

解答10

　個人情報を事業活動に利用している者を，個人情報取扱事業者といいます。ただし，国の機関や地方公共団体，独立行政法人などは除きます。よって，選択肢のうち個人情報取扱事業者に該当するのは銀行だけであるため，正解はアです。

正解　ア

問題 11　H31春-問24

刑法には，コンピュータや電磁的記録を対象としたIT関連の行為を規制する条項がある。次の不適切な行為のうち，不正指令電磁的記録に関する罪に抵触する可能性があるものはどれか。

ア　会社がライセンス購入したソフトウェアパッケージを，無断で個人所有のPCにインストールした。
イ　キャンペーンに応募した人の個人情報を，応募者に無断で他の目的に利用した。
ウ　正当な理由なく，他人のコンピュータの誤動作を引き起こすウイルスを収集し，自宅のPCに保管した。
エ　他人のコンピュータにネットワーク経由でアクセスするためのIDとパスワードを，本人に無断で第三者に教えた。

Section 3　労働・取引関連法規

問題 12　H31春-問32

ソフトウェアの開発において基本設計からシステムテストまでを一括で委託するとき，請負契約の締結に関する留意事項のうち，適切なものはどれか。

ア　請負業務着手後は，仕様変更による工数の増加が起こりやすいので，詳細設計が完了するまで契約の締結を待たなければならない。
イ　開発したプログラムの著作権は，特段の定めがない限り委託者側に帰属するので，受託者の著作権を認める場合，その旨を契約で決めておかなければならない。
ウ　受託者は原則として再委託することができるので，委託者が再委託を制限するためには，契約で再委託の条件を決めておかなければならない。
エ　ソフトウェア開発委託費は開発規模によって変動するので，契約書では定めず，開発完了時に委託者と受託者双方で協議して取り決めなければならない。

解答11　　　　　　　　　　　　　　📖教科書 Ch2 Sec2 ❹

　不正指令電磁的記録に関する罪は「**ウイルス作成罪**」ともいい，コンピュータウイルスの作成，提供，供用，取得，保管などの行為が罰せられます。実際に使用せず，保管しただけでも罰せられます。よって正解は**ウ**です。

- ア　著作物（ソフトウェアパッケージ）は，私的利用を目的にコピーすることが認められていますが，会社で使用するソフトウェアを個人所有のPCにインストールすることは，**著作権法**違反に該当する可能性が高い行為です。（Ch2 Sec1 ❷）
- イ　**個人情報保護法**に違反した行為の例です。
- エ　**不正アクセス禁止法**に違反した行為の例です。

　　　　　　　　　　　　　　　　　　　　　　　　　　　　　　正解　ウ

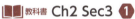

解答12　　　　　　　　　　　　　　📖教科書 Ch2 Sec3 ❶

　請負契約で受託した業務は**別の会社に再委託が可能**です。委託者が再委託の条件を制限したいときは，別途条件について契約を交わす必要があります。よって正解は**ウ**です。

- ア　請負契約は当事者が合意すれば成立する契約なので，契約書を作成しない場合もあります。ソフトウェアの開発においては，委託者が仕様書や見積書を承認し，**発注することにより契約が成立したとみなすのが一般的**です。契約書を交わす場合は，**作業の着手前に行います**。
- イ　開発したプログラムの著作権は，特段の定めがない限り**作者，すなわち受託者に帰属します**。（Ch2 Sec1 ❷）
- エ　請負契約では，開発の費用や納期，機能の範囲などを**契約時に定めます**。

　　　　　　　　　　　　　　　　　　　　　　　　　　　　　　正解　ウ

問題13　R1秋-問1

労働者派遣法に基づき，A社がY氏をB社へ派遣することとなった。このときに成立する関係として，適切なものはどれか。

ア　A社とB社との間の委託関係
イ　A社とY氏との間の労働者派遣契約関係
ウ　B社とY氏との間の雇用関係
エ　B社とY氏との間の指揮命令関係

問題14　H30秋-問4

フレックスタイム制の運用に関する説明a～cのうち，適切なものだけを全て挙げたものはどれか。

a　コアタイムの時間帯は，勤務する必要がある。
b　実際の労働時間によらず，残業時間は事前に定めた時間となる。
c　上司による労働時間の管理が必要である。

ア　a, b　　イ　a, b, c　　ウ　a, c　　エ　b

問題15　H28春-問9

大手システム開発会社A社からプログラムの作成を受託しているB社が下請代金支払遅延等防止法（以下，下請法）の対象会社であるとき，下請法に基づく代金の支払いに関する記述のうち，適切なものはどれか。

ア　A社はプログラムの受領日から起算して60日以内に，検査の終了にかかわらず代金を支払う義務がある。
イ　A社はプログラムの受領日から起算して60日を超えても，検査が終了していなければ代金を支払う義務はない。
ウ　B社は確実な代金支払いを受けるために，プログラム納品日から起算して60日間はA社による検査を受ける義務がある。
エ　B社は代金受領日から起算して60日後に，納品したプログラムに対するA社の検査を受ける義務がある。

解答13　　教科書 Ch2 Sec3 ①

Y氏とA社，B社の関係は下図に示すとおりです。

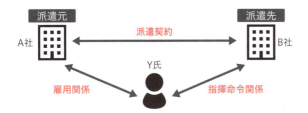

選択肢のうち，正しいのは**エ**の「**B社とY氏との間の指揮命令関係**」です。

正解　エ

解答14　　教科書 Ch2 Sec3 ②

フレックスタイム制を導入する企業の多くは，「**コアタイム**」という**1日のうち全員が必ず勤務しなければならない時間帯**を設けています（a）。また，社員ごとに勤務時間が異なるため，**上司による適切な労働時間の管理が必要**です（c）。よって正解は**ウ**（a, c）です。なお，フレックスタイム制でも，一定期間内の総所定労働時間を超えて働いた時間は，残業時間となりますのでbは適切ではありません。

正解　ウ（a, c）

解答15　　教科書 Ch2 Sec3 ⑤

下請法では，代金支払期日については，親事業者は物品等を受領した日から起算して**60日の期間内において定められなければならない**とされています。**検査の終了にかかわらず支払いの義務が生じる**ため，**ア**が正解です。

正解　ア

Section 4　その他の法律

問題 16　H30秋-問12

コンプライアンスに関する事例として，最も適切なものはどれか。

ア　為替の大幅な変動によって，多額の損失が発生した。
イ　規制緩和による市場参入者の増加によって，市場シェアを失った。
ウ　原材料の高騰によって，限界利益が大幅に減少した。
エ　品質データの改ざんの発覚によって，当該商品のリコールが発生した。

問題 17　H28秋-問16

コーポレートガバナンスの説明として，最も適切なものはどれか。

ア　競合他社では提供ができない価値を顧客にもたらす，企業の中核的な力
イ　経営者の規律や重要事項に対する透明性の確保，利害関係者の役割と権利の保護など，企業活動の健全性を維持する枠組み
ウ　事業の成功に向けて，持続的な競争優位性の確立に向けた事業領域の設定や経営資源の投入への基本的な枠組み
エ　社会や利害関係者に公表した，企業の存在価値や社会的意義など，経営における普遍的な信念や価値観

問題 18　H31春-問4

次の記述a～cのうち，勤務先の法令違反行為の通報に関して，公益通報者保護法で規定されているものだけを全て挙げたものはどれか。

a　勤務先の同業他社への転職のあっせん
b　通報したことを理由とした解雇の無効
c　通報の内容に応じた報奨金の授与

ア　a, b　　イ　b　　ウ　b, c　　エ　c

30

解答16

📖教科書 **Ch2 Sec4 ❶**

　企業がルールやマニュアルを定め，そのチェック体制を整備し，社会的規範を守ることを**コンプライアンス**といいます。よって，品質データのチェックにより改ざんを発見し，当該商品をリコールした**エ**が正解です。

　なお，**ア～ウ**は企業の活動によるものではなく，企業を取り巻く情勢の変化によって発生した事例です。

正解　**エ**

解答17

📖教科書 **Ch2 Sec4 ❸**

　顧客や市場などから信頼を獲得するために，企業の健全な運営を監視する仕組みのことを**コーポレートガバナンス**といいます。

ア　**コアコンピタンス**の説明です。（Ch3 Sec1 ❷）

ウ　事業ポートフォリオの最適化に関する説明です。

エ　**経営理念**の説明です。（Ch1 Sec1 ❶）

正解　**イ**

解答18

📖教科書 **Ch2 Sec4 ❸**

　公益通報者保護法は，内部告発を行った社員が解雇・減俸・降格等の不当な処分を受けないよう保護するための法律です。選択肢のうち，この法律で規定されているのは**b**のみであるため，正解は**イ（b）**です。

正解　**イ（b）**

問題19 H29秋-問33

要件a〜cのうち，公益通報者保護法によって通報者が保護されるための条件として，適切なものだけを全て挙げたものはどれか。
a 書面による通報であることが条件であり，口頭による通報は条件にならない。
b 既に発生した事実であることが条件であり，将来的に発生し得ることは条件にならない。
c 通報内容が勤務先に関わるものであることが条件であり，私的なものは条件にならない。

ア a, b　　イ a, b, c　　ウ a, c　　エ c

問題20 H28春-問4

健全な資本市場の維持や投資家の保護を目的として，適切な情報開示のために整備されたものはどれか。

ア　クーリングオフ制度　　イ　製造物責任法
ウ　内部統制報告制度　　　エ　不正アクセス禁止法

問題21 H28春-問26

会社を組織的に運営するためのルールのうち，職務分掌を説明したものはどれか。
ア　会社の基本となる経営組織，職制を定めたもの
イ　各部門の職務の内容と責任及び権限を定めたもの
ウ　従業員の労働条件などの就業に関する事項を定めたもの
エ　法令，各種規則や社会的規範に照らして正しく行動することを定めたもの

解答19

通報が公益通報となるには，以下の条件を満たす必要があります。

1. 通報者が労働者であること（労働者には正社員，派遣労働者，パート，アルバイト，公務員を含む）
2. 通報内容が会社で起きていることで，刑罰につながる犯罪行為などであること（すでに生じた事実のほか，これから発生し得るものも含む）
3. 通報先が事業者内部，権限のある行政機関，その他の事業者外部であること

通報内容が勤務先に関わるものであること（c）は条件2より，公益通報となる条件に該当します。よって正解は**エ（c）**です。なお，aは書面，口頭など通報の手段は問わないため，不適切です。また，bは条件2より，**将来的に発生し得ることも対象となる**ため，不適切です。

正解　**エ（c）**

解答20

内部統制が有効に機能していることを経営者自身が評価することを義務づけた制度を**内部統制報告制度**といいます。

- ア　消費者が訪問販売や電話勧誘販売などの特定の取引で契約を行った場合に，一定の期間であれば契約を解除することができる制度です。（Ch2 Sec3 ⑤）
- イ　製造物の欠陥により損害が生じた場合に，製造業者に損害賠償を求めることができる法律です。（Ch2 Sec3 ⑤）
- エ　不正アクセスへの罰則を定めた法律です。（Ch2 Sec2 ③）

正解　**ウ**

解答21

仕事の**責任**や**権限**などを明確にし，役割分担をすることを**職務分掌**といいます。
- ア　**定款**の説明です。
- ウ　**就業規則**の説明です。
- エ　**行動規範**の説明です。

正解　**イ**

問題22 R1秋-問6

行政機関の保有する資料について，開示を請求する権利とその手続などについて定めた法律はどれか。

- ア 公益通報者保護法
- イ 個人情報保護法
- ウ 情報公開法
- エ 不正アクセス禁止法

Section 5 標準化に関する規格

問題23 H31春-問11

Xさんは，ディジタルカメラで撮影した画像を記録媒体に保管し，その記録媒体をプリンタに差し込んで印刷を行った。その際，ディジタルカメラのメーカを意識することなく印刷することが可能であった。このことは，画像データに関するどのような技術的前提によるものであるか。

- ア コモディティ化
- イ ネットワーク化
- ウ 標準化
- エ ユビキタス化

問題24 H29春-問33

POSシステムやSCMシステムにJANコードを採用するメリットとして，適切なものはどれか。

- ア ICタグでの利用を前提に作成されたコードなので，ICタグの性能を生かしたシステムを構築することができる。
- イ 画像を表現することが可能なので，商品画像と連動したシステムへの対応が可能となる。
- ウ 企業間でのコードの重複がなく，コードの一意性が担保されているので，自社のシステムで多くの企業の商品を取り扱うことが容易である。
- エ 商品を表すコードの長さを企業が任意に設定できるので，新商品の発売や既存商品の改廃への対応が容易である。

解答22　教科書 Ch2 Sec4 ❹

行政機関などに対し，**公開されていない文書の開示を求めることができる制度を情報公開法**といいます。よって正解は**ウ**です。
　ア　内部告発を行った社員を保護するための法律です。
　イ　個人情報の取扱いについて定めた法律です。（Ch2 Sec2 ❹）
　エ　不正アクセスへの罰則を定めた法律です。（Ch2 Sec2 ❸）

正解　**ウ**

解答23　教科書 Ch2 Sec5 ❶

製品の形や大きさ，構造などを統一することを**標準化**といいます。ディジタルカメラで撮影した画像データは，メーカ特有の形式ではなく標準化された形式で保存されているため，印刷する際にメーカを意識する必要はありません。
　ア　以前は高い市場価値をもっていた商品が，競合商品の登場や技術の普及などで価値が低下し，一般的な商品になることです。（Ch3 Sec2 ❶）
　イ　モノ同士やヒト同士が何らかの形でつながる状態にする（ネットワークにする）ことです。
　エ　情報化社会において，いたるところにコンピュータがあり，人々がコンピュータの存在を意識することなく利用できる概念のことです。

正解　**ウ**

解答24　教科書 Ch2 Sec5 ❷

一般的には「バーコード」と呼ばれる，線の太さと間隔で情報を表わすコードを**JANコード**といいます。**コードが重複しない**（一意性が担保されている）ため，POSシステムなどで広く使われています。
　ア　JANコードはICタグと併用されることもありますが，単独でも使用できるため誤りです。
　イ　JANコードは，数字以外のデータを表現することができないため誤りです。
　エ　コードの長さは商品の種類ごとに決まっているため，企業が任意に設定することはできません。

正解　**ウ**

問題 25　R1秋-問4

情報を縦横2次元の図形パターンに保存するコードはどれか。

- ア　ASCIIコード
- イ　Gコード
- ウ　JANコード
- エ　QRコード

問題 26　H30秋-問14

ISO（国際標準化機構）によって規格化されているものはどれか。

- ア　コンテンツマネジメントシステム
- イ　情報セキュリティマネジメントシステム
- ウ　タレントマネジメントシステム
- エ　ナレッジマネジメントシステム

問題 27　R3-問2

国際標準化機関に関する記述のうち，適切なものはどれか。

- ア　ICANNは，工業や科学技術分野の国際標準化機関である。
- イ　IECは，電子商取引分野の国際標準化機関である。
- ウ　IEEEは，会計分野の国際標準化機関である。
- エ　ITUは，電気通信分野の国際標準化機関である。

解答 25  教科書 Ch2 Sec5 ②

QRコードは縦方向と横方向に情報をもつ**2次元コード**です。
- ア　7ビットの文字コードと1ビットの誤り訂正用の符号で構成される文字コードです。
- イ　工作機械の制御などに使うプログラムのコードです。
- ウ　線の太さと間隔で情報を表すコードです。

正解　エ

解答 26 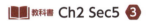 教科書 Ch2 Sec5 ③

情報セキュリティマネジメントシステムの国際規格を**ISO/IEC 27000**といいます。その他の選択肢はISOによって規格化されているものではありません。

正解　イ

解答 27 　教科書 Ch2 Sec5 ③

ITU（International Telecommunication Union）は**国際電気通信連合**と訳される，**電気通信分野の国際標準化機関**です。
- ア　**ドメイン名**や**IPアドレス**などの管理・調整を行う非営利法人です。
- イ　**電気・電子技術分野**の国際標準化機関です。
- ウ　**電気・電子工学分野**の国際標準化機関です。**LAN**など**ネットワークの通信規格**などを定めています。

正解　エ

Chapter 3 経営戦略マネジメント

Section 1 経営戦略

問題1　H30春-問17

ある業界への新規参入を検討している企業がSWOT分析を行った。分析結果のうち，機会に該当するものはどれか。

ア　既存事業での成功体験
イ　業界の規制緩和
ウ　自社の商品開発力
エ　全国をカバーする自社の小売店舗網

問題2　H29春-問34

PPM (Product Portfolio Management) の目的として，適切なものはどれか。

ア　事業を"強み"，"弱み"，"機会"，"脅威"の四つの視点から分析し，事業の成長戦略を策定する。
イ　自社の独自技術やノウハウを活用した中核事業の育成によって，他社との差別化を図る。
ウ　市場に投入した製品が"導入期"，"成長期"，"成熟期"，"衰退期"のどの段階にあるかを判断し，適切な販売促進戦略を策定する。
エ　複数の製品や事業を市場シェアと市場成長率の視点から判断して，最適な経営資源の配分を行う。

問題3　R1秋-問7

事業環境の分析などに用いられる3C分析の説明として，適切なものはどれか。

ア　顧客，競合，自社の三つの観点から分析する。
イ　最新購買日，購買頻度，購買金額の三つの観点から分析する。
ウ　時代，年齢，世代の三つの要因に分解して分析する。
エ　総売上高の高い順に三つのグループに分類して分析する。

解答1

📖 教科書 Ch3 Sec1 ❶

　SWOT分析とは，企業における内部環境と外部環境を，強み，弱み，機会，脅威に分析する方法です。企業を取り巻く環境（外部環境）のうち，プラス要因のことを機会といいます。よって，正解はイです。
　ほかの選択肢はすべて内部環境のプラス要因なので，強みに分類されます。

正解　イ

解答2

📖 教科書 Ch3 Sec1 ❶

　「市場の成長性」と「市場占有率」を軸に取り，市場における自社の製品や事業の位置づけを分析する手法をPPMといいます。
　ア　SWOT分析の目的です。
　イ　コアコンピタンス経営の目的です。
　ウ　プロダクトライフサイクルの目的です。（Ch3 Sec2 ❹）

正解　エ

解答3

📖 教科書 Ch3 Sec1 ❶

　顧客・市場（Customer），自社（Company），競合他社（Competitor）という3つの観点から自社を分析する手法を3C分析といいます。
　イ　RFM分析の説明です。（Ch3 Sec2 ❸）
　ウ　コーホート分析（同じ時期に生まれた人の生活様式や行動，意識からくる消費行動を分析すること）の説明です。
　エ　ABC分析の説明です。（Ch1 Sec4 ❷）

正解　ア

問題4　R1秋-問10

企業のアライアンス戦略のうち，ジョイントベンチャの説明として，適切なものはどれか。

ア　2社以上の企業が共同出資して経営する企業のこと
イ　企業間で相互に出資や株式の持合などの協力関係を結ぶこと
ウ　企業の合併や買収によって相手企業の支配権を取得すること
エ　技術やブランド，販売活動などに関する権利の使用を認めること

Section 2　マーケティング

問題5　H28秋-問30

店舗での陳列，販促キャンペーンなど，消費者のニーズに合致するような形態で商品を提供するために行う一連の活動を示す用語として，適切なものはどれか。

ア　ターゲティング　　　　　　　　イ　ドミナント戦略
ウ　マーチャンダイジング　　　　　エ　ロジスティックス

問題6　H30秋-問2

マーケティング戦略の策定において，自社製品と競合他社製品を比較する際に，差別化するポイントを明確にすることを表す用語として，適切なものはどれか。

ア　インストアプロモーション　　　イ　ターゲティング
ウ　ポジショニング　　　　　　　　エ　リベート

解答4　　教科書 Ch3 Sec1 ②

2社以上の企業が共同で出資し，新しい会社を立ち上げて経営する企業を**ジョイントベンチャ（JV）**といいます。
- イ　**アライアンス（企業提携）**の説明です。
- ウ　**M&A（企業買収）**の説明です。
- エ　ライセンス契約などの説明です。

正解　**ア**

解答5　　教科書 Ch3 Sec2 ①

消費者のニーズに合った商品を提供するために実施する一連の活動を**マーチャンダイジング**といいます。
- ア　自社の製品を市場に投入する際，どの顧客層に買ってもらうか決める（ターゲットを決める）ことです。
- イ　コンビニエンスストアやファミリーレストランなどのフランチャイズや，スーパーなどのチェーンストアが，地域を絞って集中的に出店する戦略のことです。
- エ　物流の一連の流れとその管理手法です。（Ch3 Sec1 ②）

正解　**ウ**

解答6　　教科書 Ch3 Sec2 ②

自社製品を競合他社の製品と比較して，差別化するポイントを明確にし，顧客に優位性を示すことを**ポジショニング**といいます。
- ア　店頭プロモーションとも呼ばれる，店舗内における販売促進活動のことです。
- イ　自社の製品を市場に投入する際，どの顧客層に買ってもらうか決める（ターゲットを決める）ことです。
- エ　支払った金額の一部を返金することです。

正解　**ウ**

問題7　R2秋-問18

UX (User Experience) の説明として，最も適切なものはどれか。

ア　主に高齢者や障害者などを含め，できる限り多くの人が等しく利用しやすいように配慮したソフトウェア製品の設計
イ　顧客データの分析を基に顧客を識別し，コールセンタやインターネットなどのチャネルを用いて顧客との関係を深める手法
ウ　指定された条件の下で，利用者が効率よく利用できるソフトウェア製品の能力
エ　製品，システム，サービスなどの利用場面を想定したり，実際に利用したりすることによって得られる人の感じ方や反応

問題8　H27春-問24

顧客の購買行動を分析する手法の一つであるRFM分析で用いる指標で，Rが示すものはどれか。ここで，括弧内は具体的な項目の例示である。

ア　Reaction（アンケート好感度）
イ　Recency（最終購買日）
ウ　Request（要望）
エ　Respect（ブランド信頼度）

問題9　R1秋-問29

SEOに関する説明として，最も適切なものはどれか。

ア　SNSに立ち上げたコミュニティの参加者に，そのコミュニティの目的に合った検索結果を表示する。
イ　自社のWebサイトのアクセスログを，検索エンジンを使って解析し，不正アクセスの有無をチェックする。
ウ　利用者が検索エンジンを使ってキーワード検索を行ったときに，自社のWebサイトを検索結果の上位に表示させるよう工夫する。
エ　利用者がどのような検索エンジンを望んでいるかを調査し，要望にあった検索エンジンを開発する。

解答7　　　教科書 Ch3 Sec2 ❷

　製品やシステム，サービスなどを通じて利用者が得られる体験を **UX（User eXperience：顧客体験）** といいます。あらゆるサービスのディジタル化に伴い，UXの重要性も高まっています。
　ア　**アクセシビリティ** の記述です。（Ch5 Sec4 ❸）
　イ　**CRM** の記述です。（Ch3 Sec4 ❶）
　ウ　**ユーザビリティ** の記述です。（Ch13 Sec5 ❶）

正解　エ

解答8　　　教科書 Ch3 Sec2 ❸

　RFM分析は，優良顧客を見つけるために，顧客の購買行動を分析する手法です。RFMはRecency（**最終購買日**），Frequency（**購買頻度**），Monetary（**累計購買金額**）の頭文字を取ったものです。よって正解は**イ**です。

正解　イ

解答9　　　教科書 Ch3 Sec2 ❹

　インターネットの検索エンジンで特定のキーワードを検索した際に，自社サイトが上位に来るよう対策することを **SEO** といいます。よって正解は**ウ**です。

正解　ウ

問題10　H28春-問3

インターネットショッピングにおいて，個人がアクセスしたWebページの閲覧履歴や商品の購入履歴を分析し，関心のありそうな情報を表示して別商品の購入を促すマーケティング手法はどれか。

- ア　アフィリエイト
- イ　オークション
- ウ　フラッシュマーケティング
- エ　レコメンデーション

問題11　R1秋-問15

自社の商品やサービスの情報を主体的に収集する見込み客の獲得を目的に，企業がSNSやブログ，検索エンジンなどを利用して商品やサービスに関連する情報を発信する。このようにして獲得した見込み客を，最終的に顧客に転換させることを目標とするマーケティング手法として，最も適切なものはどれか。

- ア　アウトバウンドマーケティング
- イ　インバウンドマーケティング
- ウ　ダイレクトマーケティング
- エ　テレマーケティング

問題12　R3-問8

画期的な製品やサービスが消費者に浸透するに当たり，イノベーションへの関心や活用の時期によって消費者をアーリーアダプタ，アーリーマジョリティ，イノベータ，ラガード，レイトマジョリティの五つのグループに分類することができる。このうち，活用の時期が2番目に早いグループとして位置付けられ，イノベーションの価値を自ら評価し，残る大半の消費者に影響を与えるグループはどれか。

- ア　アーリーアダプタ
- イ　アーリーマジョリティ
- ウ　イノベータ
- エ　ラガード

解答10

　Webページの閲覧履歴や商品の購入履歴から，関連する商品情報を表示して購入を促す手法を**レコメンデーション**といいます。
- **ア** **成果報酬型の広告収入**のことです。
- **イ** **競売**のことです。
- **ウ** 期間限定で割引価格や特典のついた商品を販売する方式のことです。

正解　エ

解答11

　ホームページやSNSなどで企業が発信した情報を見込客に見つけてもらい，最終的に顧客に転換させる手法を**インバウンドマーケティング**といいます。
- **ア** **商品を売るために顧客にアプローチ**すること（つまり「売り込み」）を指します。インバウンドマーケティングの対義語です。
- **ウ** 企業と消費者が**直接**，**双方向のコミュニケーション**を行う手法です。
- **エ** **電話やメール**などを使って顧客とコンタクトを取り，商品やサービスの販売促進を行うことです。

正解　イ

解答12

　消費者を5つのグループに分類したとき，活用の時期が早い順に並べると，**イノベータ，アーリーアダプタ，アーリーマジョリティ，レイトマジョリティ，ラガード**の順になります。よって2番目に早いグループとして位置づけられるのは**アーリーアダプタ**です。

正解　ア

Section 3　ビジネス戦略と目標

問題13　H27春-問5

KPIの説明として，適切なものはどれか。
- ア　企業目標の達成に向けて行われる活動の実行状況を計るために設定する重要な指標
- イ　経営計画で設定した目標を達成するための最も重要な要因
- ウ　経営計画や業務改革が目標に沿って遂行され，想定した成果を挙げていることを確認する行為
- エ　商品やサービスの価値を機能とコストの関係で分析し，価値を向上させる手法

問題14　H30秋-問18

バランススコアカードを用いて戦略立案する際，策定した戦略目標ごとに，その実現のために明確化する事項として，適切なものはどれか。
- ア　企業倫理
- イ　経営理念
- ウ　重要成功要因
- エ　ビジョン

問題15　H29春-問30

バリューエンジニアリングでは，消費者の立場から，製品が有する機能と製品に要する総コストの比率で製品の価値を評価する。バリューエンジニアリングの観点での総コストの説明として，適切なものはどれか。
- ア　新たな機能の研究や開発に要する費用
- イ　消費者が製品を購入してから，使用し廃棄するまでに要する費用
- ウ　製品の材料費に労務費と経費を加えた製造に要する費用
- エ　製品の製造に用いる材料の調達や加工に要する費用

解答13

　KGI（重要目標達成指標）の達成に向けたプロセスにおける達成度を把握し，評価するための中間目標を**KPI**（**重要業績評価指標**）といいます。
　イ　**CSF**（**重要成功要因**）の説明です。
　ウ　**モニタリング**の説明です。
　エ　**バリューエンジニアリング**の説明です。

正解　ア

解答14

　経営戦略目標を実現するためには，**重要成功要因**（**CSF：Critical Success Factors**）を明確化する必要があります。よって正解は**ウ**です。

正解　ウ

解答15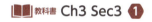

　バリューエンジニアリングとは，消費者の立場で商品やサービスの「価値」を，機能とコストの関係から分析，把握する考え方です。
　総コストとは，**消費者が製品を購入してから，使用し廃棄するまでに要する費用**のことを指します。よって正解は**イ**です。なお，その他の選択肢は消費者側ではなく**開発者側**から見たコストを表しています。

正解　イ

Section 4 経営管理システム

問題16 H28春-問11

CRMに必要な情報として,適切なものはどれか。
ア　顧客データ,顧客の購買履歴
イ　設計図面データ
ウ　専門家の知識データ
エ　販売日時,販売店,販売商品,販売数量

問題17 H28春-問5

ERPパッケージの特徴として適切なものはどれか。
ア　業界独特の業務を統合的に支援するシステムなので,携帯電話事業などの一部の業種に限って利用されている。
イ　財務会計業務に限定したシステムであるので,一般会計処理に会計データを引き渡すまでの機能は,別途開発又は購入する必要がある。
ウ　種々の業務関連アプリケーションを処理する統合業務システムであり,様々な業種及び規模の企業で利用されている。
エ　販売,仕入,財務会計処理を統合したシステムであり,個人商店などの小規模企業での利用に特化したシステムである。

問題18 H29春-問6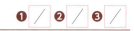

一連のプロセスにおけるボトルネックの解消などによって,プロセス全体の最適化を図ることを目的とする考え方はどれか。
ア　CRM　　　イ　HRM　　　ウ　SFA　　　エ　TOC

解答16  教科書 Ch3 Sec4

CRM（**Customer Relationship Management**：**顧客関係管理**）とは，企業が顧客と信頼関係を築き，リピーターを増やすような活動を行うことで，企業と顧客双方の利益を向上させることを目指した経営手法です。CRMでは，**顧客のデータを収集・分析**して**効率的**に**アプローチ**します。よって正解は**ア**です。

正解　ア

解答17  教科書 Ch3 Sec4

ERP（**Enterprise Resource Planning**：**企業資源計画**）とは，企業全体の経営資源（ヒト，モノ，カネ，情報）を統合的に管理するためのシステムです。ERPパッケージはERP実現のためのソフトウェア群をパッケージにしたもので，幅広い業種で利用されています。よって正解は**ウ**です。

正解　ウ

解答18  教科書 Ch3 Sec4

TOC（**Theory Of Constraints**：**制約理論**）は，ボトルネックを解消し，プロセス全体の最適化を図ろうとする考え方です。主にサプライチェーンマネジメント（SCM）で用いられます。

ア　企業が顧客と信頼関係を築き，リピーターを増やすような活動を行うことで，企業と顧客双方の利益を向上させることを目指した経営手法です。
イ　人材を経営資源として捉え，有効活用し，育成していくための仕組みを構築・運用することです。（Ch1 Sec2 ❶）
ウ　営業活動の効率化を図るためのシステムのことです。（Ch4 Sec2 ❶）

正解　エ

Chapter 4 技術戦略マネジメント

Section 1 技術開発戦略の立案

問題1　H27秋-問12

MOT (Management of Technology) の目的として，適切なものはどれか。
- ア　企業経営や生産管理において数学や自然科学などを用いることで，生産性の向上を図る。
- イ　技術革新を効果的に自社のビジネスに結び付けて企業の成長を図る。
- ウ　従業員が製品の質の向上について組織的に努力することで，企業としての品質向上を図る。
- エ　職場において上司などから実際の業務を通して必要な技術や知識を習得することで，業務処理能力の向上を図る。

問題2　H30秋-問22

製品の製造におけるプロセスイノベーションによって，直接的に得られる成果はどれか。
- ア　新たな市場が開拓される。
- イ　製品の品質が向上する。
- ウ　製品一つ当たりの生産時間が増加する。
- エ　歩留り率が低下する。

問題3　R1秋-問30

デザイン思考の例として，最も適切なものはどれか。
- ア　Webページのレイアウトなどを定義したスタイルシートを使用し，ホームページをデザインする。
- イ　アプローチの中心は常に製品やサービスの利用者であり，利用者の本質的なニーズに基づき，製品やサービスをデザインする。
- ウ　業務の迅速化や効率化を図ることを目的に，業務プロセスを抜本的に再デザインする。
- エ　データと手続を備えたオブジェクトの集まりとして捉え，情報システム全体をデザインする。

解答1

技術革新をビジネスに結び付けようとする考え方をMOTといいます。
- ア　IE（Industrial Engineering）の目的です。（Ch1 Sec4 ❶）
- ウ　TQC（Total Quality Control）の目的です。（Ch3 Sec4 ❶）
- エ　OJT（On the Job Training）の目的です。（Ch1 Sec2 ❶）

正解　イ

解答2

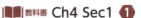

イノベーション（技術革新）には，開発・製造・販売などの業務プロセスを変革する「プロセスイノベーション」と，これまで存在しなかった革新的な製品やサービスを生み出す「プロダクトイノベーション」があります。プロセスイノベーションの結果，品質の向上や生産の効率アップ，コストの削減などが期待できます。
- ア　プロセスイノベーションで新たな市場を開拓するのは難しいと考えられます。
- ウ　プロセスイノベーションの結果，効率がアップすれば，製品1つ当たりの生産時間は減少するはずです。
- エ　歩留り率は高いほどよいので，プロセスイノベーションの結果，歩留り率は上昇するはずです。

正解　イ

解答3

ユーザが求めているものを把握して，そのニーズに合わせて製品やサービスをデザインすることを，デザイン思考といいます。
- ア　CSS（Cascading Style Sheets）の例です。（Ch10 Sec3 ❷）
- ウ　BPR（Business Process Reengineering）の例です。（Ch5 Sec2 ❷）
- エ　オブジェクト指向の例です。（Ch6 Sec4 ❸）

正解　イ

問題4　R3-問31

APIエコノミーに関する記述として，最も適切なものはどれか。
ア　インターネットを通じて，様々な事業者が提供するサービスを連携させて，より付加価値の高いサービスを提供する仕組み
イ　著作権者がインターネットなどを通じて，ソフトウェアのソースコードを無料公開する仕組み
ウ　定型的な事務作業などを，ソフトウェアロボットを活用して効率化する仕組み
エ　複数のシステムで取引履歴を分散管理する仕組み

Section 2　ビジネスシステム

問題5　R1秋-問31

RFIDの活用によって可能となる事柄として，適切なものはどれか。
ア　移動しているタクシーの現在位置をリアルタイムで把握する。
イ　インターネット販売などで情報を暗号化して通信の安全性を確保する。
ウ　入館時に指紋や虹彩といった身体的特徴を識別して個人を認証する。
エ　本の貸出時や返却の際に複数の本を一度にまとめて処理する。

問題6　H30秋-問34

営業部門の組織力強化や営業活動の効率化を実現するために導入する情報システムとして，適切なものはどれか。
ア　MRP　　イ　POS　　ウ　SCM　　エ　SFA

解答4　　　📖 教科書 Ch4 Sec1 ❶

　インターネットで提供されるサービスを利用するためのインタフェースを **API**（**Application Programing Interface**）といいます。APIの公開によってビジネスとビジネスがつながり，**より付加価値の高いサービスを提供できる仕組み**を **APIエコノミー**（経済圏）といいます。
- イ　**OSS**（**オープンソースソフトウェア**）の記述です。（Ch13 Sec4 ❶）
- ウ　**RPA** の記述です。（Ch4 Sec2 ❷）
- エ　**ブロックチェーン** の記述です。（Ch16 Sec4 ❷）

正解　ア

解答5　　　📖 教科書 Ch4 Sec2 ❶

　RFID（**Radio Frequency IDentification**）とは，ICチップを使用して電波による無線通信を行い，認証やデータ記録を行う技術です。図書館の本にはRFタグが貼り付けてあり，貸出や返却の際に機械で読み取って処理します。また，複数の本をまとめて処理できます。
- ア　**GPS** の活用例です。（Ch15 Sec1 ❸）
- イ　**SSL／TLS** の活用例です。（Ch16 Sec4 ❷）
- ウ　**生体認証**（**バイオメトリクス認証**）の活用例です。（Ch16 Sec4 ❹）

正解　エ

解答6　　　📖 教科書 Ch4 Sec2 ❶

　SFA（**Sales Force Automation**）は，営業活動を支援するシステムです。このケースでは **SFA** を導入するのが適切です。
- ア　「**Material Requirements Planning**」の略で，製品の生産に必要な資材を適切に発注するために用いられる仕組みのことです。（Ch4 Sec3 ❶）
- イ　「**Point Of Sales**」の略で，商品の売上実績などの情報を単品単位で管理する仕組みのことです。
- ウ　「**Supply Chain Management**」の略で，経営管理手法の1つです。（Ch3 Sec4 ❶）

正解　エ

問題7　R1秋-問22　

人工知能の活用事例として，最も適切なものはどれか。
ア　運転手が関与せずに，自動車の加速，操縦，制動の全てをシステムが行う。
イ　オフィスの自席にいながら，会議室やトイレの空き状況がリアルタイムに分かる。
ウ　銀行のような中央管理者を置かなくても，分散型の合意形成技術によって，取引の承認を行う。
エ　自宅のPCから事前に入力し，窓口に行かなくても自動で振替や振込を行う。

問題8　R1秋-問33　

RPA（Robotic Process Automation）の事例として，最も適切なものはどれか。
ア　高度で非定型な判断だけを人間の代わりに自動で行うソフトウェアが，求人サイトにエントリーされたデータから採用候補者を選定する。
イ　人間の形をしたロボットが，銀行の窓口での接客など非定型な業務を自動で行う。
ウ　ルール化された定型的な操作を人間の代わりに自動で行うソフトウェアが，インターネットで受け付けた注文データを配送システムに転記する。
エ　ロボットが，工場の製造現場で組立てなどの定型的な作業を人間の代わりに自動で行う。

問題9　R3-問11　

RPA（Robotic Process Automation）の特徴として，最も適切なものはどれか。
ア　新しく設計した部品を少ロットで試作するなど，工場での非定型的な作業に適している。
イ　同じ設計の部品を大量に製造するなど，工場での定型的な作業に適している。
ウ　システムエラー発生時に，状況に応じて実行する処理を選択するなど，PCで実施する非定型的な作業に適している。
エ　受注データの入力や更新など，PCで実施する定型的な作業に適している。

解答7　　　📖 教科書 Ch4 Sec2 ❷

　大量のデータをもとに，人間のように学習や認識，予測，推論などを行うIT技術を人工知能（AI）といいます。**自動運転（ア）**は人工知能の代表的な活用事例です。
　イ　**IoT**の活用事例です。（Ch4 Sec5 ❶）
　ウ　**ブロックチェーン**の活用事例です。（Ch16 Sec4 ❷）
　エ　**インターネットバンキング**の活用事例です。

正解　ア

解答8　　　📖 教科書 Ch4 Sec2 ❷

　RPAは，ロボットを使い業務を自動化することです。人間が行っていた**定型的な業務をロボットに代替させる**ことで効率化を図ります。ここでいうロボットとは，パソコンの中で動く「**ソフトウェアロボット**」のことを指します。
　ア，イ　RPAで行うのは，**定型的な業務**であるため，誤りです。
　エ　工場の製造現場で組立てなどの作業を行うロボットは**ハードウェアロボット**です。ハードウェアロボットはRPAに含まれないため，誤りです。

正解　ウ

解答9　　　📖 教科書 Ch4 Sec2 ❷

　RPAは，ロボットを使い業務を自動化することです。人間が行っていた**定型的な業務をロボットに代替させる**ことで効率化を図ります。工場で行うような作業ではなく，PCで行う事務的な**定型作業**に向いているのが特徴です。

正解　エ

Section 3　エンジニアリングシステム

問題10　R1秋-問14

CADの説明として，適切なものはどれか。
- ア　アナログ信号をディジタル信号に変換する回路のこと
- イ　建築物，工業製品などの設計にコンピュータを用いること
- ウ　光を電気信号に変換する撮像素子のこと
- エ　文字，画像，音声などのデータを組み合わせて一つのコンテンツを作ること

問題11　H29秋-問17

コンカレントエンジニアリングの説明として，適切なものはどれか。
- ア　既存の製品を分解し，構造を解明することによって，技術を獲得する手法
- イ　仕事の流れや方法を根本的に見直すことによって，望ましい業務の姿に変革する手法
- ウ　条件を適切に設定することによって，なるべく少ない回数で効率的に実験を実施する手法
- エ　製品の企画，設計，生産などの各工程をできるだけ並行して進めることによって，全体の期間を短縮する手法

問題12　H31春-問15

ジャストインタイムやカンバンなどの生産活動を取り込んだ，多品種大量生産を効率的に行うリーン生産方式に該当するものはどれか。
- ア　自社で生産ラインをもたず，他の企業に生産を委託する。
- イ　生産ラインが必要とする部品を必要となる際に入手できるように発注し，仕掛品の量を適正に保つ。
- ウ　納品先が必要とする部品の需要を予測して多めに生産し，納品までの待ち時間の無駄をなくす。
- エ　一つの製品の製造開始から完成までを全て一人が担当し，製造中の仕掛品の移動をなくす。

解答10 　　　　　　　　　　　　　　　　　　　　　　📖教科書 Ch4 Sec3 ❶

　コンピュータを利用して，工業製品や建築物などの設計・製図を行うことを **CAD**（**Computer Aided Design**）といいます。
- ア　**A／D変換器**の説明です。
- ウ　**CCDイメージセンサ**などの説明です。
- エ　**マルチメディア**の説明です。（Ch13 Sec6 ❶）

　　　　　　　　　　　　　　　　　　　　　　　　　　　　　　正解　イ

解答11 　　　　　　　　　　　　　　　　　　　　　　📖教科書 Ch4 Sec3 ❶

　製品の企画・設計・生産などの各工程を**できるだけ並行して進める**ことによって，全体の期間を短くする方法を**コンカレントエンジニアリング**といいます。
- ア　**リバースエンジニアリング**の説明です。（Ch6 Sec4 ❸）
- イ　**BPR**（**Business Process Reengineering**）の説明です。（Ch5 Sec2 ❷）
- ウ　実験計画法の説明です。

　　　　　　　　　　　　　　　　　　　　　　　　　　　　　正解　エ

解答12 　　　　　　　　　　　　　　　　　　　　　　📖教科書 Ch4 Sec3 ❶

　ジャストインタイム（JIT）とは，必要なときに，必要なものを，必要なだけ生産または調達する方法です。具体的な実現策に，**かんばん方式**があり，後の工程が消費した分を前工程が生産・加工することで作業量や在庫過多を削減する方法です。これらを組み合わせ，**多品種大量生産を効率的に行う生産方式**をリーン生産方式といいます。
- ア　**ファブレス**の説明です。（Ch3 Sec1 ❷）
- ウ　部品を多めに生産すると余剰在庫を抱えるおそれがあるため，リーン生産方式に該当しません。
- エ　**セル生産方式**の説明です。

　　　　　　　　　　　　　　　　　　　　　　　　　　　　　正解　イ

Section 4　e-ビジネス

問題13　H31春-問35

ロングテールに基づいた販売戦略の事例として，最も適切なものはどれか。
- ア　売れ筋商品だけを選別して仕入れ，Webサイトにそれらの商品についての広告を長期間にわたり掲載する。
- イ　多くの店舗において，購入者の長い行列ができている商品であることをWebサイトで宣伝し，期間限定で販売する。
- ウ　著名人のブログに売上の一部を還元する条件で商品広告を掲載させてもらい，ブログの購読者と長期間にわたる取引を継続する。
- エ　販売機会が少ない商品について品ぞろえを充実させ，Webサイトにそれらの商品を掲載し，販売する。

問題14　R2秋-問27

企業間で商取引の情報の書式や通信手順を統一し，電子的に情報交換を行う仕組みはどれか。
- ア　EDI
- イ　EIP
- ウ　ERP
- エ　ETC

解答13

　マイナーな商品の売上の総額が売れ筋の商品の売上に匹敵する現象のことを，**ロングテール**といいます。販売機会が少ない商品について品ぞろえを充実させ，Webサイトにそれらの商品を掲載し，販売する（**エ**）は，ロングテールに基づいた販売戦略です。

正解　エ

解答14

　企業間での受発注や決済などの業務において，書式や通信手段を統一し，電子的に情報交換を行う仕組みを，**EDI（Electronic Data Interchange：電子データ交換**）といいます。

　イ　**Enterprise Information Portal**のことで，企業内の情報ポータルサイトです。
　ウ　企業全体の経営資源（ヒト，モノ，カネ，情報）を**統合的に管理するためのシステム**です。（Ch3 Sec4 ❶）
　エ　**自動料金支払システム**です。

正解　ア

Section 5　IoT・組込みシステム

問題15　R1秋-問3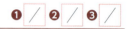

IoTの事例として，最も適切なものはどれか。
- ア　オークション会場と会員のPCをインターネットで接続することによって，会員の自宅からでもオークションに参加できる。
- イ　社内のサーバ上にあるグループウェアを外部のデータセンタのサーバに移すことによって，社員はインターネット経由でいつでもどこでも利用できる。
- ウ　飲み薬の容器にセンサを埋め込むことによって，薬局がインターネット経由で服用履歴を管理し，服薬指導に役立てることができる。
- エ　予備校が授業映像をWebサイトで配信することによって，受講者はスマートフォンやPCを用いて，いつでもどこでも授業を受けることができる。

問題16　R2秋-問14

ウェアラブルデバイスを用いている事例として，最も適切なものはどれか。
- ア　PCやタブレット端末を利用して，ネットワーク経由で医師の診療を受ける。
- イ　スマートウォッチで血圧や体温などの測定データを取得し，異常を早期に検知する。
- ウ　複数の病院のカルテを電子化したデータをクラウドサーバで管理し，データの共有を行う。
- エ　ベッドに人感センサを設置し，一定期間センサに反応がない場合に通知を行う。

問題17　H26秋-問2

組込みソフトウェアに該当するものはどれか。
- ア　PCにあらかじめインストールされているオペレーティングシステム
- イ　スマートフォンに自分でダウンロードしたゲームソフトウェア
- ウ　ディジタルカメラの焦点を自動的に合わせるソフトウェア
- エ　補助記憶媒体に記録されたカーナビゲーションシステムの地図更新データ

解答15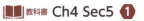

　IoT（Internet of Things：モノのインターネット）はさまざまなモノがインターネットとつながることを意味します。選択肢の中で「モノ」がインターネットにつながっているのは，センサの付いた飲み薬の容器を使った服薬指導（ウ）です。

正解　ウ

解答16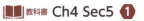

　腕や足，頭などに装着して使う情報端末をウェアラブルデバイスといいます。スマートウォッチはその代表的な例です。その他，メガネのように装着するスマートグラスなどがあります。

　ア　オンライン診療に関する記述です。
　ウ　クラウドサービスに関する記述です。
　エ　IoTに関する記述です。

正解　イ

解答17

　特定の用途に特化したコンピュータシステムを組込みシステムといいます。組込みシステムで動くソフトウェアを組込みソフトウェアといい，家電や自動車・製造ロボットなどに商品の出荷時から組み込まれています。選択肢のうち，組込みソフトウェアに該当するのはディジタルカメラの焦点を自動的に合わせるソフトウェア（ウ）です。パソコンのようにあとからソフトウェアを入れることでさまざまな機能をもてるものは組込みシステムではありません。

正解　ウ

Chapter 5 システム戦略

Section 1 情報システム戦略

問題 1　H29秋-問26

情報システム戦略の立案に当たり，必ず考慮すべき事項はどれか。
ア　開発期間の短縮方法を検討する。
イ　経営戦略との整合性を図る。
ウ　コストの削減方法を検討する。
エ　最新技術の導入を計画する。

問題 2　H31春-問31

　EA（Enterprise Architecture）で用いられる，現状とあるべき姿を比較して課題を明確にする分析手法はどれか。
ア　ギャップ分析　　　　イ　コアコンピタンス分析
ウ　バリューチェーン分析　エ　パレート分析

解答1

　情報システム戦略を立てるときに重要なのは,「**経営戦略との整合性を図ること**」と「**部分最適ではなく全体最適を図ること**」の2つです。よって**イ**が正解です。その他の選択肢は必ず考慮すべき事項ではありません。

正解　**イ**

解答2

　EAとは, 比較的規模の大きな企業における, 情報システム全体の基本設計(アーキテクチャ)を意味します。EAで用いられる分析手法に,「現状」と「企業があるべき姿」を比較し, 課題を明らかにする**ギャップ分析**があります。
- **イ**　自社の強みを知ることです。(Ch3 Sec1 ❷)
- **ウ**　バリューチェーンとは, 価値の連鎖を意味します。
- **エ**　「**パレート図**」を用いて, 作業の優先順位や重要度を明らかにすることができます。(Ch1 Sec4 ❷)

正解　**ア**

Section 2　業務プロセス

問題3　H30春-問5

DFDの記述例として，適切なものはどれか。

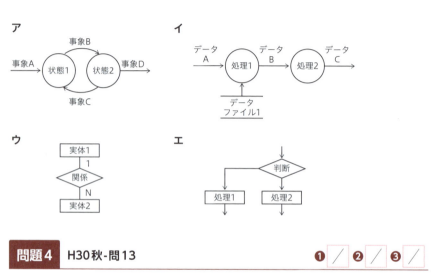

問題4　H30秋-問13

A社では，受注から納品までの期間が，従来に比べて長く掛かるようになった。原因は，各部門の業務の細分化と専門化が進んだことによって，受注から出荷までの工程数が増え，工程間の待ち時間も増えたからである。経営戦略として，リードタイムの短縮とコストの削減を実現するために社内の業務プロセスを抜本的に見直したいとき，適用する手法として，適切なものはどれか。

　ア　BCM　　　イ　BPR　　　ウ　CRM　　　エ　SFA

解答3　　　　　　　　　　　　　📖 教科書 Ch5 Sec2 ❶

　DFD（Data Flow Diagram：データフロー図）では，業務で扱うデータを，4つの記号を使って表します。
　よってDFDの適切な記述例は**イ**です。
- ア　状態遷移図の記述例です。
- ウ　E-R図の記述例です。
- エ　フローチャートの記述例です。（Ch10 Sec2 ❷）

＜DFDで用いる記号＞

プロセス・処理	源泉・吸収
データストア	データフロー

正解　イ

解答4　　　　　　　　　　　　　📖 教科書 Ch5 Sec2 ❷

　企業の目標を達成するために業務プロセスを**全面的に見直し，改善**することを**BPR**（**Business Process Reengineering**）といいます。
- ア　Business Continuity Managementの略で，**企業が策定したBCP（事業継続計画）の運用や見直しなどの一連の管理活動**のことです。（Ch1 Sec2 ❷）
- ウ　Customer Relationship Managementの略で，企業が顧客との**信頼関係を築き，リピーターを増やす**ような活動を行うことです。（Ch3 Sec4 ❶）
- エ　Sales Force Automationの略で，**営業活動の効率化**を図るシステムです。（Ch4 Sec2 ❶）

正解　イ

問題5　H29春-問29

BPM（Business Process Management）の説明として，適切なものはどれか。

ア　地震，火災，IT障害及び疫病の流行などのリスクを洗い出し，それが発生したときにも業務プロセスが停止しないように，あらかじめ対処方法を考えておくこと

イ　製品の供給者から消費者までをつなぐ一連の業務プロセスの最適化や効率の向上を図り，顧客のニーズに応えるとともにコストの低減などを実現すること

ウ　組織，職務，業務フロー，管理体制，情報システムなどを抜本的に見直して，業務プロセスを再構築すること

エ　組織の業務プロセスの効率的，効果的な手順を考え，その実行状況を監視して問題点を発見，改善するサイクルを継続的に繰り返すこと

問題6　H29秋-問5

ソーシャルネットワーキングサービスの利用事例はどれか。

ア　登録会員相互のコミュニケーション及び企業と登録会員のコミュニケーションの場や話題を提供することで，顧客のブランドロイヤルティを向上させる。

イ　電子会議や電子メール，ワークフロー支援機能などを利用することで，メンバ間の共同作業を効率化する。

ウ　ネットオークションで売り手と買い手の仲介を行うことで，取引の安全性を向上させる。

エ　ネットワークを経由して必要とするソフトウェアの機能を必要なときに利用することで，コストの削減を行う。

問題7　R2秋-問31

利用者と提供者をマッチングさせることによって，個人や企業が所有する自動車，住居，衣服などの使われていない資産を他者に貸与したり，提供者の空き時間に買い物代行，語学レッスンなどの役務を提供したりするサービスや仕組みはどれか。

ア　クラウドコンピューティング　　イ　シェアリングエコノミー
ウ　テレワーク　　　　　　　　　　エ　ワークシェアリング

解答5 　　　　　　　　　　　　　　📖 教科書 Ch5 Sec2 ❷

　業務プロセスを長期的な視点で継続的に改善することをBPM（Business Process Management）といいます。
　ア　BCP（Business Continuity Plan）の説明です。（Ch1 Sec2 ❷）
　イ　SCM（Supply Chain Management）の説明です。（Ch3 Sec4 ❶）
　ウ　BPR（Business Process Reengineering）の説明です。

正解　エ

解答6 　　　　　　　　　　　　　　📖 教科書 Ch5 Sec2 ❷

　ソーシャルネットワーキングサービス（SNS）は，インターネット上でのコミュニケーション形態です。選択肢のうち，SNSに該当するのはアです。なお，イはグループウェア，ウはエスクローサービス（Ch4 Sec4 ❸），エはSaaS（Ch5 Sec3 ❶）の事例です。

正解　ア

解答7 　　　　　　　　　　　　　　📖 教科書 Ch5 Sec2 ❷

　インターネットを介して個人間でモノ，スペース，スキルなどの共有や貸し借りをする仕組み（サービス）をシェアリングエコノミーといいます。
　ア　インターネット経由でデータベース，ストレージ（データの保管場所），アプリケーションなどのIT資源を提供するサービスです。（Ch5 Sec3 ❶）
　ウ　情報通信技術（ICT）を活用した，場所や時間にとらわれない柔軟な働き方のことです。（Ch1 Sec2 ❶）
　エ　1人あたりの労働時間を短縮し，有給の雇用労働の総量をより多くの人で分け合うことによって雇用を維持・拡大しようとする考え方です。

正解　イ

問題8 R3-問27

BYODの事例として，適切なものはどれか。
- ア 大手通信事業者からの回線の卸売を受け，自社ブランドの通信サービスを開始した。
- イ ゴーグルを通してあたかも現実のような映像を見せることで，ゲーム世界の臨場感を高めた。
- ウ 私物のスマートフォンから会社のサーバにアクセスして，電子メールやスケジューラを利用することができるようにした。
- エ 図書館の本にICタグを付け，簡単に蔵書の管理ができるようにした。

Section 3　ソリューションビジネス

問題9 H28秋-問22

自然災害などによるシステム障害に備えるため，自社のコンピュータセンタとは別の地域に自社のバックアップサーバを設置したい。このとき利用する外部業者のサービスとして，適切なものはどれか。
- ア ASP　　イ BPO　　ウ SaaS　　エ ハウジング

問題10 H31春-問30

自社の情報システムを，自社が管理する設備内に導入して運用する形態を表す用語はどれか。
- ア アウトソーシング
- イ オンプレミス
- ウ クラウドコンピューティング
- エ グリッドコンピューティング

解答8　　　教科書 Ch5 Sec2 ❷

　社員が個人で所有する携帯電話やスマートフォン，パソコンなどのデバイスを業務で使うことを **BYOD**（**Bring Your Own Device**）といいます。
- ア　**MVNO** の記述です。（Ch15 Sec4 ❷）
- イ　**VR** の記述です。（Ch13 Sec6 ❸）
- エ　**RFID** の記述です。（Ch4 Sec2 ❶）

正解　ウ

解答9　　　教科書 Ch5 Sec3 ❶

　データセンタという耐震設備や回線の設備が整っている施設で，一定の区画をサーバの設置場所として提供するサービスのことを**ハウジングサービス**といいます。本問のように自然災害などに備えるには，ハウジングサービスを利用するのが適切です。
- ア　業務で必要なアプリケーションなどを**インターネット経由で利用可能にする**サービスや事業者（プロバイダ）のことです。
- イ　「**業務プロセスの外部委託**」という意味です。
- ウ　**インターネット経由でアプリケーションを提供**するサービスのことです。

正解　エ

解答10　　　教科書 Ch5 Sec3 ❶

　自社内にサーバ設備を保有して運用することを，**オンプレミス**といいます。
- ア　自社の業務を**外部の企業へ委託**することです。
- ウ　**インターネット経由**でデータベース，ストレージ，アプリケーションなどのIT資源を提供するサービスのことです。
- エ　ネットワーク上にある複数のコンピュータを，仮想的に1つのコンピュータとし，大規模な計算処理などを行う方式のことです。（Ch11 Sec1 ❶）

正解　イ

問題11　R2秋-問28

新しい概念やアイディアの実証を目的とした，開発の前段階における検証を表す用語はどれか。

ア　CRM　　イ　KPI　　ウ　PoC　　エ　SLA

Section 4　システムの活用と促進

問題12　H30春-問2

コンピュータなどの情報機器を使いこなせる人と使いこなせない人との間に生じる，入手できる情報の質，量や収入などの格差を表す用語はどれか。

ア　ソーシャルネットワーキングサービス
イ　ディジタルサイネージ
ウ　ディジタルディバイド
エ　ディジタルネイティブ

解答 12 　教科書 Ch5 Sec3 ❶

　IoTやAIといった新たな概念や着想，理論などの実現可能性を実証するために，部分的な実証実験やデモンストレーションを行うことを**PoC**（**Proof of Concept**：**概念実証**）といいます。
- ア　企業が顧客と**信頼関係を築き**，**リピーターを増やす**ような活動を行うことです。(Ch3 Sec4 ❶)
- イ　**重要業績評価指標**のことです。(Ch3 Sec3 ❶)
- エ　**サービスレベル合意書**のことです。(Ch7 Sec3 ❷)

正解　**ウ**

解答 12 　教科書 Ch5 Sec4 ❷

　情報機器を利用できる人と利用できない人の間に生まれる**格差**を**ディジタルディバイド**（**情報格差**）といいます。
- ア　**SNS**と略し，インターネット上でのコミュニケーション形態です。
- イ　屋外や店頭，交通機関などのあらゆる場所で，液晶ディスプレイやLEDを用いて情報を発信するメディアの総称です。
- エ　学生時代からインターネットやパソコンのある生活環境の中で育ってきた世代を指します。

正解　**ウ**

Section 5 システム化計画

問題13 H29春-問4

システムのライフサイクルを，企画プロセス，要件定義プロセス，開発プロセス，運用・保守プロセスに分けたとき，業務を実現させるためのシステムの機能を明らかにするプロセスとして，適切なものはどれか。

　ア　企画プロセス　　　イ　要件定義プロセス
　ウ　開発プロセス　　　エ　運用・保守プロセス

問題14 H28春-問10

図のソフトウェアライフサイクルを，運用プロセス，開発プロセス，企画プロセス，保守プロセス，要件定義プロセスに分類したとき，aに当てはまるものはどれか。ここで，aと網掛けの部分には，開発，企画，保守，要件定義のいずれかが入るものとする。

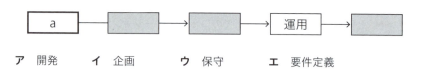

　ア　開発　　イ　企画　　ウ　保守　　エ　要件定義

解答13

　システムのライフサイクルを本問のように分けたとき，業務を実現させるためのシステムの機能を明らかにするプロセスは「**要件定義プロセス**」です。よって正解は**イ**です。

正解　**イ**

解答14

　ソフトウェアライフサイクルを本問のように分類したとき，5つのプロセスは次の順番で進められます。

　aの部分には「**企画**」が入るため，正解は**イ**です。

正解　**イ**

Section 6 企画と要件定義

問題15　H27秋-問4

システム化構想の立案の際に，前提となる情報として，適切なものはどれか。
ア　経営戦略
イ　システム要件
ウ　提案依頼書への回答結果
エ　プロジェクト推進体制

問題16　H31春-問6

情報システム開発の工程を，システム化構想プロセス，システム化計画プロセス，要件定義プロセス，システム開発プロセスに分けたとき，システム化計画プロセスで実施する作業として，最も適切なものはどれか。
ア　業務で利用する画面の詳細を定義する。
イ　業務を実現するためのシステム機能の範囲と内容を定義する。
ウ　システム化対象業務の問題点を分析し，システムで解決する課題を定義する。
エ　情報システム戦略に連動した経営上の課題やニーズを把握する。

問題17　H28秋-問6

システム化計画において，情報システムの費用対効果を評価する。その評価指標として，適切なものはどれか。
ア　PER
イ　ROI
ウ　自己資本比率
エ　流動比率

問題18　H27秋-問25

新システムの開発に当たって実施する業務要件の定義に際し，必ず合意を得ておくべき関係者として，適切なものはどれか。
ア　現行システム開発時のプロジェクトの責任者
イ　現行システムの保守ベンダの責任者
ウ　新システムの開発ベンダの責任者
エ　新システムの利用部門の責任者

解答15　　　　　　　　　　　　　　　📖教科書 Ch5 Sec6 ❶

　システム化構想の立案とは，経営上のニーズや課題を実現，解決するために，新たな業務の全体像と，それを実現するためのシステム化構想を立案するプロセスのことをいいます。そのため，**経営戦略との整合性**が重要です。よって正解は**ア**です。

　　　　　　　　　　　　　　　　　　　　　　　　　　　　　　　　正解　**ア**

解答16　　　　　　　　　　　　　　　📖教科書 Ch5 Sec6 ❶

　システム化計画プロセスでは，システム化構想を具現化するために，実現性を考慮したシステム化計画を策定します。システム化対象業務の問題点を分析し，システムで解決する課題を定義するのは，システム化計画プロセスで実施する作業です。

　ア，イ　**要件定義プロセス**で行う作業です。
　エ　**システム化構想プロセス**で行う作業です。

　　　　　　　　　　　　　　　　　　　　　　　　　　　　　　　　正解　**ウ**

解答17　　　　　　　　　　　　　　　📖教科書 Ch5 Sec6 ❶

　情報システムの費用対効果を評価するときに使われる評価指標を**ROI**（**Return On Investment**：**投資利益率**）といいます。

　ア　株価収益率という，株価の状況を判断する指標です。
　ウ　**総資本に対する自己資本**の比率です。（Ch1 Sec5 ❷）
　エ　**流動資産と流動負債の比率**を表す指標です。（Ch1 Sec5 ❷）

　　　　　　　　　　　　　　　　　　　　　　　　　　　　　　　　正解　**イ**

解答18　　　　　　　　　　　　　　　📖教科書 Ch5 Sec6 ❷

　業務要件とは，「システムを使ってどのような業務を実現したいのか」を明らかにしたものです。新システムは利用部門によって運用されるため，**業務要件は利用部門の責任者の合意を得る**必要があります。よって正解は**エ**です。

　　　　　　　　　　　　　　　　　　　　　　　　　　　　　　　　正解　**エ**

Section 7 調達の計画と実施

問題19　R1秋-問16

システム導入を検討している企業や官公庁などがRFIを実施する目的として，最も適切なものはどれか。

- ア　ベンダ企業からシステムの詳細な見積金額を入手し，契約金額を確定する。
- イ　ベンダ企業から情報収集を行い，システムの技術的な課題や実現性を把握する。
- ウ　ベンダ企業との認識のずれをなくし，取引を適正化する。
- エ　ベンダ企業に提案書の提出を求め，発注先を決定する。

問題20　H31春-問16

提案依頼書について，次の記述中のa～cに入れる字句の適切な組合せはどれか。

システム開発に関わる提案依頼書は通常，　a　が，　b　に対して，　c　，調達条件などを提示する文書である。

	a	b	c
ア	情報システム部門	ベンダ	システム要件
イ	情報システム部門	利用部門	システム要件
ウ	ベンダ	情報システム部門	システム導入実績
エ	ベンダ	利用部門	システム導入実績

問題21　H29秋-問34

ある業務システムの構築を計画している企業が，SIベンダにRFPを提示することになった。最低限RFPに記述する必要がある事項はどれか。

- ア　開発実施スケジュール
- イ　業務システムで実現すべき機能
- ウ　業務システムの実現方式
- エ　プロジェクト体制

解答19

　RFI（Request For Information）は，システムの発注元からベンダに対する情報提供依頼です。**システム開発を依頼できるベンダかどうかを判断**するために，**情報**（**実績やノウハウ**）をベンダに提供してもらいます。よって正解は**イ**です。

正解　イ

解答20

　提案依頼書（RFP）は，システムの発注元が適切なベンダを選定するために作成します。本問の記述に合わせると，「システム開発に関わる提案依頼書は通常，**情報システム部門**（a）が，**ベンダ**（b）に対して，**システム要件**（c），調達条件などを提示する文書である。」となります。よって正解は**ア**です。

正解　ア

解答21 教科書 Ch5 Sec7 ③

　RFPはベンダに開発してほしいシステムの概要や要件，調達の条件などを明示するための文書です。最低限，「**業務システムでどのような機能を実現したいのか**」を記述する必要があります。よって正解は**イ**です。

正解　イ

Chapter 6 システム開発技術

Section 2 システム要件定義とシステム設計・プログラミング

問題1　H30春-問6

　システムのライフサイクルプロセスの一つに位置付けられる，要件定義プロセスで定義するシステム化の要件には，業務要件を実現するために必要なシステム機能を明らかにする機能要件と，それ以外の技術要件や運用要件などを明らかにする非機能要件がある。非機能要件だけを全て挙げたものはどれか。

a　業務機能間のデータの流れ
b　システム監視のサイクル
c　障害発生時の許容復旧時間

ア　a, c　　　イ　b　　　ウ　b, c　　　エ　c

問題2　R1秋-問45

　会計システムの開発を受託した会社が，顧客と打合せを行って，必要な決算書の種類や，会計データの確定から決算書類の出力までの処理時間の目標値を明確にした。この作業を実施するのに適切な工程はどれか。

ア　システムテスト　　　イ　システム要件定義
ウ　ソフトウェア詳細設計　　　エ　ソフトウェア方式設計

問題3　H31春-問51

　システムの利用者と開発者の間で，システムの設計書の記載内容が利用者の要求を満たしていることを確認するために実施するものはどれか。

ア　共同レビュー　　　イ　結合テスト
ウ　シミュレーション　　　エ　進捗会議

解答1　　　📖教科書 Ch6 Sec2 ❶

　扱うデータの種類や処理の内容，ユーザインタフェースなどの，システムに必要な機能を機能要件といい，システムの性能など，実装する機能以外に関する要件を非機能要件といいます。

　システム監視のサイクル（b）と**障害発生時の許容復旧時間**（c）は，**システムに必要な機能ではない**ため，非機能要件に該当します。よって正解は**ウ**です。

　なお，**業務機能間のデータの流れ**（a）はシステムに必ず組み入れなければならない機能なので，機能要件に該当します。

正解　**ウ（b, c）**

解答2　　　📖教科書 Ch6 Sec2 ❶

　本問で明確にした「必要な決算書の種類」や「処理時間の目標値」は，**システムに要求される機能・性能（システム要件）**です。システム要件を明らかにする工程は**システム要件定義**に該当するため，正解は**イ**です。

正解　**イ**

解答3　　　📖教科書 Ch6 Sec2 ❶

　システム要件定義書やシステム設計書などは，発注元の要求を満たしていることを確認するために**レビュー**を行います。**レビュー**とは，システム開発の各工程で作成される成果物に不備や誤りがないか確認することです。発注元とベンダが一緒にレビューをするので，**共同レビュー**といいます。

正解　**ア**

問題4　H28秋-問53

新システム導入に際して，ハードウェア，ソフトウェアで実現する範囲と手作業で実施する範囲を明確にする必要がある。これらの範囲を明確にする工程はどれか。

- ア　運用テスト
- イ　システム方式設計
- ウ　ソフトウェア導入
- エ　ソフトウェア要件定義

Section 3　テスト・受入れ・保守

問題5　H30秋-問44

プログラムのテスト手法に関して，次の記述中のa，bに入れる字句の適切な組合せはどれか。

プログラムの内部構造に着目してテストケースを作成する技法を　a　と呼び，　b　において活用される。

	a	b
ア	ブラックボックステスト	システムテスト
イ	ブラックボックステスト	単体テスト
ウ	ホワイトボックステスト	システムテスト
エ	ホワイトボックステスト	単体テスト

問題6　H28秋-問36

社内で開発したソフトウェアの本番環境への導入に関する記述のうち，最も適切なものはどれか。

- ア　開発したソフトウェアの規模によらず必ず導入後のシステム監査を行い，監査報告書を作成する必要がある。
- イ　ソフトウェア導入に当たっては，実施者，責任者などの実施体制を明確にしておく必要がある。
- ウ　ソフトウェア導入は開発作業に比べて短期間に実施できるので，導入手順書を作成する必要はない。
- エ　ソフトウェア導入はシステム部門だけで実施する作業なので，作業結果を文書化して利用部門に伝える必要はない。

解答4

　システムに要求される機能のうち，**ソフトウェア**で実現する機能，**ハードウェア**で実現する機能，**ユーザが手作業で行う**（システム化しない）機能の範囲は，**システム方式設計**で決定します。

正解　イ

解答5

　プログラムの内部構造に着目してテストケースを作成する技法を**ホワイトボックステスト**（a）といい，主に**単体テスト**（b）において活用されます。単体テストとは，個々のモジュール（プログラムを構成する1つひとつの部品）が要求どおりに動作することを確認するテストです。

正解　エ

解答6

　ソフトウェアを本番環境へ導入するには，事前に導入計画を策定し，実施者，責任者などの**実施体制を明確**にしておく必要があります。よって正解は**イ**です。
- ア　本番環境へソフトウェアを導入する際のシステム監査は義務づけられていません。
- ウ　ソフトウェア導入時には，導入手順書を作成する必要があります。
- エ　ソフトウェア導入の作業結果は文書化し，利用部門の責任者に伝える必要があります。

正解　イ

問題7　H31春-問54

ソフトウェア保守に関する説明として，適切なものはどれか。
- ア　稼働後にプログラム仕様書を分かりやすくするための改善は，ソフトウェア保守である。
- イ　稼働後に見つかった画面や帳票の軽微な不良対策は，ソフトウェア保守ではない。
- ウ　システムテストで検出されたバグの修正は，ソフトウェア保守である。
- エ　システムを全く新規のものに更改することは，ソフトウェア保守である。

問題8　H29春-問37

システム開発の見積方法として，類推法，積算法，ファンクションポイント法などがある。ファンクションポイント法の説明として，適切なものはどれか。
- ア　WBSによって洗い出した作業項目ごとに見積もった工数を基に，システム全体の工数を見積もる方法
- イ　システムで処理される入力画面や出力帳票，使用ファイル数などを基に，機能の数を測ることでシステムの規模を見積もる方法
- ウ　システムのプログラムステップを見積もった後，1人月の標準開発ステップから全体の開発工数を見積もる方法
- エ　従来開発した類似システムをベースに相違点を洗い出して，システム開発工数を見積もる方法

Section 4　システム開発の進め方

問題9　H27春-問35

システム要件定義の段階で，検討したシステム要件の技術的な実現性を確認するために有効な作業として，適切なものはどれか。
- ア　業務モデルの作成
- イ　ファンクションポイントの算出
- ウ　プロトタイピングの実施
- エ　利用者の要求事項の収集

解答7　　教科書 Ch6 Sec3 ❸

　システムの変更に応じて，**仕様書・設計書をわかりやすく修正**することや，**セキュリティアップデート**もソフトウェア保守に含まれます。
- イ　稼働後に見つかった画面や帳票の軽微な不良対策もソフトウェア保守に含まれます。
- ウ　システムテストは，**システム稼動前のテスト工程**で行われます。よってシステムテストで検出されたバグの修正はソフトウェア保守ではありません。
- エ　システムを全く新規のものに更改することは「**リプレース**」と呼び，ソフトウェア保守ではありません。

正解　ア

解答8　　教科書 Ch6 Sec3 ❸

　ファンクションポイント法とは，**システムで処理される入力画面や帳票，使用するファイル数などからシステムの規模を見積もる方法**です。
- ア　**積算法**の説明です。
- ウ　**プログラムステップ法（LOC法）**の説明です。
- エ　**類推法**の説明です。

正解　イ

解答9　　教科書 Ch6 Sec4 ❶

　システム開発の早い段階でシステムの機能の一部の**試作品（プロトタイプ）を作り，ユーザに確認してもらいながら進める開発モデル**を**プロトタイピングモデル**といいます。プロトタイプは検討したシステム要件の技術的な実現性を確認するために有効な作業といえます。よって正解は**ウ**です。

正解　ウ

問題 10　H28秋-問46

ソフトウェア開発モデルには，ウォーターフォールモデル，スパイラルモデル，プロトタイピングモデル，RADなどがある。ウォーターフォールモデルの特徴の説明として，最も適切なものはどれか。

ア　開発工程ごとの実施すべき作業が全て完了してから次の工程に進む。
イ　開発する機能を分割し，開発ツールや部品などを利用して，分割した機能ごとに効率よく迅速に開発を進める。
ウ　システム開発の早い段階で，目に見える形で要求を利用者が確認できるように試作品を作成する。
エ　システムの機能を分割し，利用者からのフィードバックに対応するように，分割した機能ごとに設計や開発を繰り返しながらシステムを徐々に完成させていく。

問題 11　R1秋-問52

アジャイル開発において，短い間隔による開発工程の反復や，その開発サイクルを表す用語として，最も適切なものはどれか。

ア　イテレーション　　　イ　スクラム
ウ　プロトタイピング　　エ　ペアプログラミング

問題 12　H31春-問47

アジャイル開発の特徴として，適切なものはどれか。

ア　大規模なプロジェクトチームによる開発に適している。
イ　設計ドキュメントを重視し，詳細なドキュメントを作成する。
ウ　顧客との関係では，協調よりも契約交渉を重視している。
エ　ウォータフォール開発と比較して，要求の変更に柔軟に対応できる。

解答10

　ウォーターフォールモデルとは，「要件定義」→「システム設計」→「プログラミング」→「テスト」のように，各工程の作業がすべて完了してから次の工程に進む開発手法のことです。
　イ　RAD（Rapid Application Development）の説明です。
　ウ　プロトタイピングモデルの説明です。
　エ　スパイラルモデルの説明です。

正解　ア

解答11

　イテレーションは「反復・繰返し」という意味をもち，アジャイル開発での短い期間による開発工程の反復や，その開発サイクルを表します。
　イ　最も有名なアジャイル開発の手法です。共通のゴールを目指して，開発チームが一体となって効率的に開発することに重点を置きます。
　ウ　システム開発の早い段階で，システムの機能の一部を試作し，ユーザに確認してもらいながら進める開発手法です。
　エ　プログラマが2人1組になり共同でプログラムを作成する手法です。

正解　ア

解答12

　アジャイル開発は，顧客からの要求の変更に対してすばやく柔軟に対応できる開発モデルです。システムの重要な部分から小さな単位での開発を繰り返していきます。
　ア　アジャイル開発は大規模開発よりも小規模開発に向いています。
　イ　詳細な設計ドキュメントを作成すると，変更のコストが大きくなってしまうので，アジャイル開発では詳細な設計ドキュメントは作成されません。
　ウ　アジャイル開発は顧客の要求に柔軟に対応するための開発モデルであるため，顧客とのコミュニケーションは重要です。アジャイル開発を行う人がもつべき価値観をまとめた「アジャイルソフトウェア開発宣言」では，「契約交渉よりも顧客との協調を価値とする」と定められています。

正解　エ

問題13 R3-問48

既存のプログラムを，外側から見たソフトウェアの動きを変えずに内部構造を改善する活動として，最も適切なものはどれか。

- ア　テスト駆動開発
- イ　ペアプログラミング
- ウ　リバースエンジニアリング
- エ　リファクタリング

問題14 H31春-問48

安価な労働力を大量に得られることを狙いに，システム開発を海外の事業者や海外の子会社に委託する開発形態として，最も適切なものはどれか。

- ア　ウォータフォール開発
- イ　オフショア開発
- ウ　プロトタイプ開発
- エ　ラピッドアプリケーション開発

解答 13　　教科書 Ch6 Sec4 ❷

　完成済みのコードの理解や修正を容易にするために，プログラムの外部から見た動作は変えずにソースコードの内部構造を整理・改善することを**リファクタリング**といいます。
- **ア**　コーディングする**前**にテストケースを作成し，そのテストをパスするように実装することです。
- **イ**　プログラマが**2人1組**になり**共同で****プログラムを作成**する手法です。
- **ウ**　既存のソフトウェアやハードウェアなどの製品を**分解・解析**することで，**製品の仕組みや構造を明らかにすること**です。

正解　エ

解答 14　　教科書 Ch6 Sec4 ❸

　安価な労働力を大量に得るために，システム開発を海外の事業者や海外の子会社に委託する開発形態を**オフショア開発**といいます。
- **ア**　「要件定義」→「システム設計」→「プログラミング」→「テスト」のように，各工程の作業がすべて完了してから次の工程に進む開発手法です。
- **ウ**　システム開発の早い段階で，システムの機能の一部を試作し，ユーザに確認してもらいながら進める開発手法です。
- **エ**　開発する機能を分割し，開発ツールや部品を利用して，分割した機能ごとに効率よく迅速に進めていくシステム開発です。

正解　イ

Chapter 7 プロジェクトマネジメントとサービスマネジメント

Section 1 プロジェクトマネジメント

問題1 H30春-問44

プロジェクトの特徴として，適切なものはどれか。
ア 期間を限定して特定の目標を達成する。
イ 固定したメンバでチームを構成し，全工程をそのチームが担当する。
ウ 終了時点は決めないで開始し，進捗状況を見ながらそれを決める。
エ 定常的な業務として繰り返し実行される。

問題2 R1秋-問51

プロジェクトマネジメントにおいて，プロジェクトスコープを定義したプロジェクトスコープ記述書に関する説明として，適切なものはどれか。
ア 成果物と作業の一覧及びプロジェクトからの除外事項を記述している。
イ 成果物を作るための各作業の開始予定日と終了予定日を記述している。
ウ プロジェクトが完了するまでのコスト見積りを記述している。
エ プロジェクトにおける役割，責任，必要なスキルを特定して記述している。

問題3 H30秋-問36

プロジェクトにおけるスコープの変更に該当するものとして，最も適切なものはどれか。
ア プロジェクトで利用する開発場所の変更
イ プロジェクトに参画する開発メンバの追加
ウ プロジェクトの一部の作業の外注先の変更
エ プロジェクトの作業に，顧客が行う運用テストの支援を追加

解答1

　システムやサービスを作るといった特定の目標を達成するために，**期間を限定**して行う業務を**プロジェクト**といいます。同じプロジェクトは2つとなく，**独自性**をもつ点が特徴です。
- イ　工程ごとに専門性をもったメンバが選出されるため，全行程を同じメンバで行うわけではありません。
- ウ　プロジェクトは期間を限定して行うため，もちろん終了時点を決めてから開始します。
- エ　繰り返し実行される業務はプロジェクトではありません。

正解　**ア**

解答2

　プロジェクトスコープとは，プロジェクトの**作業範囲**のことです。プロジェクトスコープ記述書には，プロジェクトの成果物，作業の一覧，プロジェクトからの除外事項を記載します。

正解　**ア**

解答3

　プロジェクトのスコープとは，プロジェクトの**作業範囲**のことです。**顧客が行う運用テスト**は，プロジェクトの成果物を作成するために必要な作業なので，運用テストの追加はプロジェクトの**スコープ**（**作業範囲**）の変更に該当します。

正解　**エ**

問題 4　H30秋-問43

　プロジェクトマネジメントの活動にはプロジェクトコストマネジメント，プロジェクトスコープマネジメント，プロジェクトタイムマネジメント，プロジェクト統合マネジメントなどがある。プロジェクト統合マネジメントにおいて作成されるものはどれか。

　ア　プロジェクト全体の開発スケジュール
　イ　プロジェクト全体の成果物の一覧
　ウ　プロジェクト全体の予算書
　エ　プロジェクト全体を，実行，監視，コントロールするための計画書

問題 5　H30秋-問38

　プロジェクトマネジメントの知識エリアには，プロジェクトコストマネジメント，プロジェクト人的資源マネジメント，プロジェクトタイムマネジメント，プロジェクト品質マネジメントなどがある。システム開発のプロジェクト品質マネジメントにおいて，成果物の品質を定量的に分析するための活動として，適切なものはどれか。

　ア　完成した成果物の数量を基に進捗率を算出して予定の進捗率と比較する。
　イ　設計書を作成するメンバに必要なスキルを明確にする。
　ウ　テストで摘出する不良件数の実績値と目標値を比較する。
　エ　プログラムの規模や生産性などを考慮して開発費用を見積もる。

問題 6　H29春-問39

　ソフトウェアの開発に当たり，必要となる作業を階層構造としてブレークダウンする手法はどれか。

　ア　CMM　　　イ　ITIL　　　ウ　PERT　　　エ　WBS

解答4

すべての知識エリアを統合的に管理し，**プロジェクト全体を実行・監視・コントロール**するための計画書を作成することを**プロジェクト統合マネジメント**といいます。
- ア **プロジェクトタイムマネジメント**で作成します。
- イ **プロジェクトスコープマネジメント**で作成します。
- ウ **プロジェクトコストマネジメント**で作成します。

正解　エ

解答5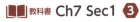

プロジェクト品質マネジメントでは，成果物に不良品がないか，品質を管理します。ウの「**テストで摘出する不良件数の実績値と目標値を比較する**」は成果物の品質を定量的に分析するために行うので，プロジェクト品質マネジメントの活動として適切です。
- ア **プロジェクトタイムマネジメント**で行います。
- イ **プロジェクト人的資源マネジメント**で行います。
- エ **プロジェクトコストマネジメント**で行います。

正解　ウ

解答6

プロジェクトに必要な作業や成果物を洗い出し，階層化した図で表したものを**WBS**（Work Breakdown Structure）といい，プロジェクトスコープマネジメントで活用されます。
- ア **Capability Maturity Model**（能力成熟度モデル）の略で，システム開発を行う組織のプロセス成熟度をモデル化したものです。（Ch6 Sec4 ❸）
- イ サービスマネジメントのベストプラクティス（成功事例）を集約し書籍化したものです。（Ch7 Sec3 ❶）
- ウ 作業の所要時間と前後関係を整理する手法です。（Ch7 Sec2 ❸）

正解　エ

問題7 H31春-問37

プロジェクトにおけるリスクマネジメントに関する記述として，最も適切なものはどれか。

ア　プロジェクトは期限が決まっているので，プロジェクト開始時点において全てのリスクを特定しなければならない。

イ　リスクが発生するとプロジェクトに問題が生じるので，リスクは全て回避するようにリスク対応策を計画する。

ウ　リスク対応策の計画などのために，発生する確率と発生したときの影響度に基づいて，リスクに優先順位を付ける。

エ　リスクの対応に掛かる費用を抑えるために，リスク対応策はリスクが発生したときに都度計画する。

問題8 R2秋-問54

システム開発プロジェクトにおいて，テスト工程で使用するPCの納入が遅れることでテスト工程の終了が遅れるリスクがあり，対応策を決めた。リスク対応を回避，軽減，受容，転嫁の四つに分類するとき，受容に該当する記述として，最も適切なものはどれか。

ア　全体のスケジュール遅延を防止するために，テスト要員を増員する。

イ　テスト工程の終了が遅れても本番稼働に影響を与えないように，プロジェクトに予備の期間を設ける。

ウ　テスト工程の遅延防止対策を実施する費用を納入業者が補償する契約を業者と結ぶ。

エ　テスト工程用のPCがなくてもテストを行える方法を準備する。

問題9 H28春-問44

システム開発プロジェクトにおけるリスク対応には，回避，転嫁，軽減，受容などがある。転嫁の事例として，適切なものはどれか。

ア　財務的なリスクへの対応として保険を掛ける。

イ　スコープを縮小する。

ウ　より多くのテストを実施する。

エ　リスク発生時の対処に必要な予備費用を計上する。

解答7

　どれだけ対策しても，プロジェクトのリスクや問題を完全になくすことはできません。そのため，プロジェクト開始時に，**発生しうるリスク（既知のリスク）の発生確率**や**影響度**を分析する**リスクアセスメント**を行います。そして，各リスクに対応の**優先度**をつけ，**優先度の高いリスクから対策**をとっていきます。したがって，正解は**ウ**です。

正解　**ウ**

解答8

　リスク受容とは，自らの財力によって**リスク損害を負担する**，もしくはそれを**容認する**ことです。プロジェクトに予備の期間を設けることは，リスク受容にあたるので，**イ**が正解です。
　ア　**リスク軽減**の記述です。
　ウ　**リスク転嫁**の記述です。
　エ　**リスク回避**の記述です。

正解　**イ**

解答9

　リスク転嫁とは，**リスク（による損害）を他組織と分散共有する**，もしくは**転嫁すること**です。保険を掛け，財務リスクを抱えた場合に他組織から金銭の支援を受けることは，リスク転嫁の事例です。
　イ　**リスク回避，軽減**の事例です。
　ウ　**リスク軽減**の事例です。
　エ　**リスク受容**の事例です。

正解　**ア**

Section 2 プロジェクトタイムマネジメント

問題10　R1秋-問42

システム開発において使用するアローダイアグラムの説明として，適切なものはどれか。

ア　業務のデータの流れを表した図である。
イ　作業の関連をネットワークで表した図である。
ウ　作業を縦軸にとって，作業の所要期間を横棒で表した図である。
エ　ソフトウェアのデータ間の関係を表した図である。

問題11　H30春-問43

システム開発を示した図のアローダイアグラムにおいて，工程AとDが合わせて3日遅れると，全体では何日遅れるか。

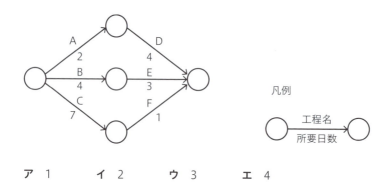

ア　1　　　イ　2　　　ウ　3　　　エ　4

問題12　H29秋-問40

Cさんの生産性は，Aさんの1.5倍，Bさんの3倍とする。AさんとBさんの2人で作業すると20日掛かるソフトウェア開発の仕事がある。これをAさんとCさんで担当した場合の作業日数は何日か。

ア　12　　　イ　15　　　ウ　18　　　エ　20

解答10　　教科書 Ch7 Sec2 ❸

プロジェクトの円滑な進行を目指すために，**プロジェクトで行う各作業の所要時間と前後関係を示した図**をアローダイアグラムといいます。

- ア　DFDの説明です。（Ch5 Sec2 ❶）
- ウ　ガントチャートの説明です。
- エ　E-R図の説明です。（Ch5 Sec2 ❶）

正解　**イ**

解答11　　教科書 Ch7 Sec2 ❸

本問のアローダイアグラムでは，作業A，Dの作業ルート，作業B，Eの作業ルート，作業C，Fの作業ルートがあります。3つのルートのうち，一番作業日数の多いルートの日数が全体の作業日数となりますので，作業が遅れずに進んだ場合は，作業C，Fにかかる**8日**が全体の作業日数です。

作業A，Dの作業が3日遅れる場合，作業A，Dの作業日数は**9日**となり，全体の作業日数も9日になります。よって全体での遅れは**1日**です。

正解　**ア**

解答12　　教科書 Ch7 Sec2 ❺

Aさんの開発工数を1人日とすると，Cさんは1×1.5＝1.5人日，Bさんは1.5÷3＝0.5人日となります。

AさんとBさんが2人で作業した場合の，20日分の作業量は次の通りです。
(1 + 0.5) × 20 = **30人日**

この，20日分の作業量（30人日）をAさんとCさんで担当した場合の作業日数は，次の通りです。
30 ÷ (1 + 1.5) = **12**

よって正解は**12日**です。

正解　**ア**

Section 3 サービスマネジメント

問題 13　H29春-問35

ITIL (Information Technology Infrastructure Library) を説明したものはどれか。
- ア　ITサービスマネジメントのフレームワーク
- イ　ITに関する個人情報保護のフレームワーク
- ウ　ITに関する品質管理マネジメントのフレームワーク
- エ　グリーンITのフレームワーク

問題 14　H30秋-問40

システムに関して"障害からの回復を3時間以内にする"などの内容を，システム運用側と利用側の間で取り決める文書はどれか。
- ア　サービスレベル合意書
- イ　ソフトウェア詳細設計書
- ウ　提案依頼書（RFP）
- エ　プロジェクト憲章

問題 15　H27春-問38

新たなシステムの運用に当たって，サービスレベル管理を導入した。サービスレベル管理の目的に関する記述のうち，適切なものはどれか。
- ア　サービスの利用者及び提供者とは独立した第三者がサービスを監視し，サービスレベルが低下しないようにするためのものである。
- イ　サービスレベルを利用者と提供者が合意し，それを維持・改善するためのものである。
- ウ　追加コストを発生させないことを条件に，提供するサービスの品質レベルを上げるためのものである。
- エ　提供されるサービスが経営に貢献しているレベルを利用者が判断するためのものである。

解答13　📖教科書 Ch7 Sec3 ❶

サービスマネジメントの**ベストプラクティス（成功事例）を集約**し書籍化したものを**ITIL**といいます。**サービスマネジメントのフレームワーク**です。

正解　ア

解答14　📖教科書 Ch7 Sec3 ❷

サービスマネジメントでは，**提供するサービスの品質と範囲（サービスレベル）を明らかにし，サービスの提供者とその利用者の間で合意し，サービスレベル合意書**（SLA：Service Level Agreement）にまとめます。サービスレベル合意書には，「障害が発生したときは○分以内に連絡する」「○時間以内に復旧する」といった具体的な数値を記載します。

正解　ア

解答15　📖教科書 Ch7 Sec3 ❷

SLAで利用者と提供者が合意した内容を達成するために，**計画・実行・確認・改善というPDCAサイクルを回してサービスレベルの維持・継続的改善を図る活動**を**サービスレベル管理**（SLM：Service Level Management）といいます。

正解　イ

Chapter 8 システム監査

Section 1 システム監査

問題1　R1秋-問36

システム監査の目的はどれか。
- ア　情報システム運用段階で，重要データのバックアップをとる。
- イ　情報システム開発要員のスキルアップを図る。
- ウ　情報システム企画段階で，ユーザニーズを調査し，システム化要件として文書化する。
- エ　情報システムに係るリスクをコントロールし，情報システムを安全，有効かつ効率的に機能させる。

問題2　H30春-問45

システム監査を実施することになり監査チームを編成した。チームに参画する全ての監査人に対して，共通して求められる要件はどれか。
- ア　監査対象からの独立性
- イ　監査対象システムの詳細な技術知識
- ウ　監査対象となっている業務の実務経験
- エ　監査対象部署の問題点に対する改善能力

Chapter 8

解答1

教科書 Ch8 Sec1 ②

情報システムが適切に整備・運用されているかどうかを**点検・評価・検証**することを**システム監査**といいます。情報システムにまつわるリスクに適切に対処しているかどうかをシステム監査人が点検・評価・検証することは，システム監査の目的です。

正解　エ

解答2

教科書 Ch8 Sec1 ②

システム監査を行う人を，**システム監査人**といいます。監査人は公平かつ客観的な監査を行うために，監査対象から**独立していること**が求められます。

正解　ア

問題3 H28秋-問54

システム監査人の行動規範を定めたシステム監査基準に関する説明として，適切なものはどれか。

- ア　システム監査業務の品質を確保し，有効かつ効率的に監査業務を実施するための基準を定めたものである。
- イ　システム監査において，情報システムの企画・開発・運用・保守というライフサイクルの中で，リスクを低減するコントロールを適切に整備，運用するための基準を定めたものである。
- ウ　システム監査人が情報処理の現場での管理の適切性を判断するときの尺度として用いるための基準を定めたものである。
- エ　組織体が効果的な情報セキュリティマネジメント体制を構築し，適切なコントロールを整備して運用するための基準を定めたものである。

問題4 R2秋-問48

委託に基づき他社のシステム監査を実施するとき，システム監査人の行動として，適切なものはどれか。

- ア　委託元の経営者にとって不利にならないように監査を実施する。
- イ　システム監査を実施する上で知り得た情報は，全て世間へ公開する。
- ウ　指摘事項の多寡によって報酬を確定できる契約を結び監査を実施する。
- エ　十分かつ適切な監査証拠を基に判断する。

問題5 R1秋-問44

業務処理時間の短縮を目的として，運用中の業務システムの処理能力の改善を図った。この改善が有効であることを評価するためにシステム監査を実施するとき，システム監査人が運用部門に要求する情報として，適切なものはどれか。

- ア　稼働統計資料
- イ　システム運用体制
- ウ　システム運用マニュアル
- エ　ユーザマニュアル

解答3 　　教科書 Ch8 Sec1

　情報システムを適切に監査するための実施基準を定めたものを**システム監査基準**といいます。システム監査業務の**品質を確保**し，**効率的に監査業務を実施する**ために作られた基準です。

　イ，ウ　**システム管理基準**の説明です。(Ch2 Sec2 ❹)
　エ　**情報セキュリティ管理基準**の説明です。

　　　　　　　　　　　　　　　　　　　　　　　　　　　　　正解　ア

解答4 　　教科書 Ch8 Sec1

　監査で入手した資料やデータなど，**監査の証拠**となるものを監査証拠といいます。システム監査人は，**十分かつ適切な監査証拠を基に**，判断をしていかなければなりません。

　ア，ウ　システム監査人は，**公平かつ客観的に**監査を行わなければならないので，適切ではありません。
　イ　システム監査人には，**守秘義務**があるので，適切ではありません。

　　　　　　　　　　　　　　　　　　　　　　　　　　　　　正解　エ

解答5 　　教科書 Ch8 Sec1

　本問では「業務処理時間の短縮」を目的として改善が行われたので，改善が有効であることを評価するためには，「どれだけ処理時間が短縮できたか」の情報が必要です。**ア**の**稼働統計資料**にはシステムの処理件数や実行時間などが記録されているため，改善の前後の処理時間の変化が確認できます。よって正解は**ア**です。

　　　　　　　　　　　　　　　　　　　　　　　　　　　　　正解　ア

Section 2　内部統制

問題6　H31春-問43

内部統制の考え方に関する記述a～dのうち,適切なものだけを全て挙げたものはどれか。

a　事業活動に関わる法律などを遵守し,社会規範に適合した事業活動を促進することが目的の一つである。
b　事業活動に関わる法律などを遵守することは目的の一つであるが,社会規範に適合した事業活動を促進することまでは求められていない。
c　内部統制の考え方は,上場企業以外にも有効であり取り組む必要がある。
d　内部統制の考え方は,上場企業だけに必要である。

　ア　a, c　　イ　a, d　　ウ　b, c　　エ　b, d

問題7　H28秋-問44

内部統制の整備で文書化される,業務規定やマニュアルのような個々の業務内容についての手順や詳細を文章で示したものはどれか。

　ア　業務記述書　　　　　イ　業務の流れ図
　ウ　スプレッドシート　　エ　要件定義書

問題8　H27春-問33

内部統制の観点から,担当者間で相互けん制を働かせることで,業務における不正や誤りが発生するリスクを減らすために,担当者の役割を決めることを何というか。

　ア　権限委譲　　　　イ　職務分掌
　ウ　モニタリング　　エ　リスク分散

解答6

　健全かつ効率的な組織運営のための体制を，企業などが自ら構築し運用する仕組みを内部統制といい，「**業務の有効性と効率性**」「**財務報告の信頼性**」「**事業活動に関わる法令等の遵守**」「**資産の保全**」という4つの目的があります。aは「**事業活動に関わる法令等の遵守**」に該当するため，適切です。また，上場していない企業には内部統制の義務はありませんが，組織を健全に運営することは，すべての企業にとって有効なため，cも適切です。よって，正解は**ア**（a，c）です。

正解　**ア**（a，c）

解答7

　内部統制では業務手順を文書化し，業務に潜むリスクを認識した上で，コントロール（管理や監視）が必要な業務手順を明らかにします。文書化された業務規定やマニュアルなどを**業務記述書**といいます。

正解　**ア**

解答8

　互いの仕事をチェック（けん制）し合うように，複数の人や部門で業務を分担する仕組みを作ることを**職務分掌**といいます。
　　ア　上司の業務上の権限の一部を，部下に分け与えることです。
　　ウ　内部統制が有効に機能していることを継続的に評価するプロセスです。
　　エ　1つにまとまったリスクを複数の要素に分散させることです。

正解　**イ**

問題9　R1秋-問37

内部統制におけるモニタリングの説明として，適切なものはどれか。
- ア　内部統制が有効に働いていることを継続的に評価するプロセス
- イ　内部統制に関わる法令その他の規範の遵守を促進するプロセス
- ウ　内部統制の体制を構築するプロセス
- エ　内部統制を阻害するリスクを分析するプロセス

問題10　H30春-問49

ITガバナンスの説明として，適切なものはどれか。
- ア　ITサービスの運用を対象としたベストプラクティスのフレームワーク
- イ　IT戦略の策定と実行をコントロールする組織の能力
- ウ　ITや情報を活用する利用者の能力
- エ　各種手続にITを導入して業務の効率化を図った行政機構

問題11　H28春-問35

ITガバナンスの実現を目的とした活動の事例として，最も適切なものはどれか。
- ア　ある特定の操作を社内システムで行うと，無応答になる不具合を見つけたので，担当者ではないが自らの判断でシステムの修正を行った。
- イ　業務効率向上の経営戦略に基づき社内システムをどこでも利用できるようにするために，タブレット端末を活用するIT戦略を立てて導入支援体制を確立した。
- ウ　社内システムが稼働しているサーバ，PC，ディスプレイなどを，地震で机やラックから転落しないように耐震テープで固定した。
- エ　社内システムの保守担当者が，自己のキャリアパス実現のためにプロジェクトマネジメント能力を高める必要があると考え，自己啓発を行った。

問題12　R1秋-問53

企業におけるITガバナンスを構築し，推進する責任者として，適切な者は誰か。
- ア　株主
- イ　経営者
- ウ　従業員
- エ　情報システム部員

解答9

📖 教科書 Ch8 Sec2 ❶

　モニタリングとは，**内部統制が有効に機能していることを継続的に評価するプロセス**です。日報，週報などによる管理者のチェックや，経営者が事業計画と実績を比較して行う評価などが含まれます。

正解　ア

解答10

📖 教科書 Ch8 Sec2 ❷

　企業などが競争力を高めるために，**情報システム戦略を策定**し，その**戦略実行を統制する仕組みを確立する**ための取組みを，**ITガバナンス**といいます。

　ア　**ITIL**のことです。（Ch7 Sec3 ❶）
　ウ　**ITリテラシ**のことです。（Ch5 Sec4 ❶）
　エ　**電子政府**（**e-Gov**）や**電子自治体**のことです。

正解　イ

解答11

📖 教科書 Ch8 Sec2 ❷

　イは競争優位性を得るために**情報システム戦略を策定**し，**導入した事例**です。したがって，ITガバナンスの実現を目的とした活動に該当します。

正解　イ

解答12

📖 教科書 Ch8 Sec2 ❷

　ITガバナンスの方針を定めるのは**経営者**で，各部署は方針に沿った活動を行います。

正解　イ

Chapter 9 基礎理論

Section 1 数の表現

問題1　H28秋-問91

2進数1011と2進数101を乗算した結果の2進数はどれか。

ア　1111　　　イ　10000　　　ウ　101111　　　エ　110111

Section 2 集合

問題2　H29秋-問98

次のベン図の網掛けした部分の検索条件はどれか。

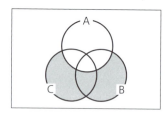

ア　(not A) and (B and C)　　　イ　(not A) and (B or C)
ウ　(not A) or (B and C)　　　エ　(not A) or (B or C)

解答1　　　　　　　　　　　　　　　教科書 Ch9 Sec1 ❺

2進数の乗算は，次のように筆算で行うと簡単です。

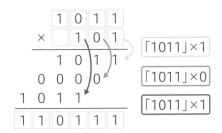

よって正解は**エ**です。

正解　**エ**

解答2　　　　　　　　　　　　　　教科書 Ch9 Sec2 ❷, Sec3 ❶

　本問で網掛けされている部分は，「**Aではなく，BまたはCの部分**」です。それぞれ，次のように表すことができます。
- Aではない→**not A**
- BまたはC→**B or C**

網掛け部分は上の2つを同時に満たすので，「and」でつなぎます。よって（not A) and (B or C) になります。

正解　**イ**

問題3 H27春-問62

二つの集合AとBについて，常に成立する関係を記述したものはどれか。ここで，(X ∩ Y)は，XとYの両方に属する部分（積集合），(X ∪ Y)は，X又はYの少なくとも一方に属する部分（和集合）を表す。

ア （A ∪ B）は，（A ∩ B）でない集合の部分集合である。
イ （A ∪ B）は，Aの部分集合である。
ウ （A ∩ B）は，（A ∪ B）の部分集合である。
エ （A ∩ B）は，Aでない集合の部分集合である。

Section 4 統計の概要とAI技術

問題4 R1秋-問21

ディープラーニングに関する記述として，最も適切なものはどれか。
ア 営業，マーケティング，アフタサービスなどの顧客に関わる部門間で情報や業務の流れを統合する仕組み
イ コンピュータなどのディジタル機器，通信ネットワークを利用して実施される教育，学習，研修の形態
ウ 組織内の各個人がもつ知識やノウハウを組織全体で共有し，有効活用する仕組み
エ 大量のデータを人間の脳神経回路を模したモデルで解析することによって，コンピュータ自体がデータの特徴を抽出，学習する技術

解答3　　　　　　　　　　　　　教科書 Ch9 Sec2 ❷, Sec3 ❶

集合Aのすべてが集合Bに含まれる場合に,「**AはBの部分集合である**」といいます。

(A ∩ B)と(A ∪ B)を図で表すと,次のようになります。

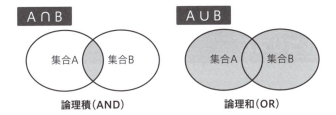

(A ∩ B)のすべてが(A ∪ B)に含まれるので,**(A ∩ B)は(A ∪ B)の部分集合**です。よって正解は**ウ**です。

正解　**ウ**

解答4　　　　　　　　　　　　　教科書 Ch9 Sec4 ❷

ディープラーニングによって,**大量のデータ**をコンピュータに与えて学習させると,**自ら特徴を抽出**し,**学習した特徴に基づいて予測や判断**を行うことができます。
　ア　**CRM（Customer Relationship Management）**の説明です。(Ch3 Sec4 ❶)
　イ　**e-ラーニング**の説明です。(Ch1 Sec2 ❶)
　ウ　**ナレッジマネジメント**の説明です。(Ch3 Sec4 ❶)

正解　**エ**

Chapter 10 アルゴリズムとプログラミング

Section 1 データ構造

問題1　H30秋-問76

複数のデータが格納されているスタックからのデータの取出し方として，適切なものはどれか。

　ア　格納された順序に関係なく指定された任意の場所のデータを取り出す。
　イ　最後に格納されたデータを最初に取り出す。
　ウ　最初に格納されたデータを最初に取り出す。
　エ　データがキーをもっており，キーの優先度でデータを取り出す。

Section 2 アルゴリズム

問題2　H27春-問59

プログラムの処理手順を図式を用いて視覚的に表したものはどれか。
　ア　ガントチャート　　　イ　データフローダイアグラム
　ウ　フローチャート　　　エ　レーダチャート

Section 3 プログラム言語

問題3　H29秋-問81

コンピュータに対する命令を，プログラム言語を用いて記述したものを何と呼ぶか。
　ア　PINコード　　　　　イ　ソースコード
　ウ　バイナリコード　　　エ　文字コード

解答1 教科書 Ch10 Sec1

スタックはデータを積み上げる形で記録します。**最後に格納したものを最初に取り出す**ため，正解は**イ**です。

正解　イ

解答2 教科書 Ch10 Sec2

プログラムの処理を記号の中に書き，それらを矢印で結んで処理の流れを明確にした図を**フローチャート**といいます。
- ア　**各作業に要する期間**を示した図です。（Ch7 Sec2 ❷）
- イ　システムにおける**データの流れ**を表した図です。（Ch5 Sec2 ❶）
- エ　**複数の項目のデータを1つのグラフで表したもの**です。（Ch1 Sec4 ❸）

正解　ウ

解答3 教科書 Ch10 Sec3 ❶

プログラム言語でプログラムを記述したものを**ソースコード**といいます。
- ア　PINコードは**個人を識別する暗証番号**を意味します。
- ウ　人間が作ったプログラムを，**2進数のデータに翻訳**したものです。
- エ　文字をコンピュータで扱うために，**個々の文字に割り当てられた固有の番号**です。

正解　イ

Chapter 11 システム

Section 1 システムの処理形態

問題1　R3-問82

ネットワークに接続した複数のコンピュータで並列処理を行うことによって，仮想的に高い処理能力をもつコンピュータとして利用する方式はどれか。
　ア　ウェアラブルコンピューティング
　イ　グリッドコンピューティング
　ウ　モバイルコンピューティング
　エ　ユビキタスコンピューティング

問題2　H30春-問62

1台のコンピュータを論理的に分割し，それぞれで独立したOSとアプリケーションソフトを実行させ，あたかも複数のコンピュータが同時に稼働しているかのように見せる技術として，最も適切なものはどれか。
　ア　NA　　　　イ　拡張現実
　ウ　仮想化　　エ　マルチブート

解答1  教科書 Ch11 Sec1 ❶

　ネットワーク上の複数のコンピュータを結んで並列処理を行うことにより，仮想的に高い処理能力をもつコンピュータとして利用する方式を**グリッドコンピューティング（分散コンピューティング）**といいます。

- ア　**身体に装着または着用できるコンピュータ**のことです。腕時計型，ペンダント型などさまざまなタイプがあります。
- ウ　**移動中**や**外出先**でコンピュータを使用することの総称です。
- エ　身近なあらゆるところにコンピュータが存在し，**誰でも使える環境**を表す概念です。

正解　**イ**

解答2  教科書 Ch11 Sec1 ❷

　物理的な1台のコンピュータ上に，複数のOSやアプリケーションを動作させ，クライアントから見た場合に，あたかも複数のコンピュータが稼働しているかのように運用する技術を**仮想化**といいます。

- ア　「Network Attached Storage」の略で，ネットワークに**直接**接続することができる記憶装置のことです。
- イ　**AR**ともいい，カメラなどで映した現実の風景に，コンピュータで作った情報を重ね合わせて表示する技術です。（Ch13 Sec6 ❸）
- エ　1台のコンピュータに**複数のOS**をインストールし，コンピュータ起動時に選んで起動できるようにすることです。

正解　**ウ**

問題3　R3-問57

　CPU，主記憶，HDDなどのコンピュータを構成する要素を1枚の基板上に実装し，複数枚の基板をラック内部に搭載するなどの形態がある，省スペース化を実現しているサーバを何と呼ぶか。

- ア　DNSサーバ
- イ　FTPサーバ
- ウ　Webサーバ
- エ　ブレードサーバ

Section 2　システムの利用形態

問題4　H29秋-問87

　通常使用される主系と，その主系の故障に備えて待機しつつ他の処理を実行している従系の二つから構成されるコンピュータシステムはどれか。

- ア　クライアントサーバシステム
- イ　デュアルシステム
- ウ　デュプレックスシステム
- エ　ピアツーピアシステム

解答3　　　📖教科書 Ch11 Sec1 ❷

　シャーシという箱に薄いサーバを差し込んで使う**サーバの集合体**を**ブレードサーバ**といいます。省スペース化が実現し，部品の交換が容易に行えるなどのメリットがあります。

　ア　**ドメイン名**と**IPアドレス**の変換を行うサーバです。(Ch15 Sec3 ❸)
　イ　**ファイルの転送**を行うサーバです。(Ch15 Sec2 ❺)
　ウ　**Webブラウザ**からの**HTTPリクエスト**に対し，レスポンスを返すサーバです。(Ch15 Sec4 ❶)

正解　エ

解答4　　　📖教科書 Ch11 Sec2 ❶

　主系（メイン）と従系（待機系，サブ）で構成されるシステムを**デュプレックスシステム**といいます。主系が処理を行っている間，従系は主系の故障に備えて待機します。

　ア　特定の機能の処理を専門に受け持ち，**結果を提供する側**（サーバ）と，**処理を要求して結果を受け取る側**（クライアント）**を明確に分けて運用**する形態です。(Ch11 Sec1 ❶)
　イ　同じ処理を常に２つのシステムで行い，実行結果を互いにチェックしながら処理を行うシステムです。
　エ　各コンピュータが**対等な立場**でやり取りを行う処理形態です。(Ch11 Sec1 ❶)

正解　ウ

問題5 H30春-問77

4台のHDDを使い，障害に備えるために，1台分の容量をパリティ情報の記録に使用するRAID5を構成する。1台のHDDの容量が500Gバイトのとき，実効データ容量はおよそ何バイトか。

ア　500G　　　イ　1T　　　ウ　1.5T　　　エ　2T

Section 3　性能と信頼性

問題6 H30春-問80

稼働率0.9の装置を2台直列に接続したシステムに，同じ装置をもう1台追加して3台直列のシステムにしたとき，システム全体の稼働率は2台直列のときを基準にすると，どのようになるか。

ア　10%上がる。　　　イ　変わらない。
ウ　10%下がる。　　　エ　30%下がる。

解答5　教科書 Ch11 Sec2 ❷

　RAID5は，3台以上のHDDに，**データ**と，**消失したデータを復元する符号「パリティ情報」を分散して書き込み**ます。HDDが1台故障しても，ほかのHDDに保存されている残ったデータとパリティ情報を使って，故障したHDDに保存されていたデータを復旧できます。

　実効データ容量とは，パリティ情報の保存領域を除いた，実際にデータが保存できる容量のことです。よって，実効データ容量はHDDの容量からパリティ情報の容量を引けば求められます。2000GB − 500GB = **1500GB** = **1.5TB**なので，正解は**ウ**です。

正解　ウ

解答6　教科書 Ch11 Sec3 ❷

　直列に接続したシステム全体の稼働率は，個々のシステムの稼働率を掛け合わせたものになります。

　稼働率0.9の装置を2台直列で接続したシステムの稼働率は，0.9 × 0.9 = 0.81です。

　さらに同じ装置をもう1台追加すると，稼働率は0.81 × 0.9 = 0.729になります。

　稼働率の差は0.81 − 0.729 = 0.081です。これを2台直列のときの稼働率0.81で割ると，0.081 ÷ 0.81 = 0.1，すなわち**10%下がる**と求めることができます。

正解　ウ

Chapter 12 ハードウェア

Section 1 コンピュータの種類

問題 1 H27秋-問63

CPUのクロック周波数に関する記述のうち，適切なものはどれか。
ア　32ビットCPUでも64ビットCPUでも，クロック周波数が同じであれば同等の性能をもつ。
イ　同一種類のCPUであれば，クロック周波数を上げるほどCPU発熱量も増加するので，放熱処置が重要となる。
ウ　ネットワークに接続しているとき，クロック周波数とネットワークの転送速度は正比例の関係にある。
エ　マルチコアプロセッサでは，処理能力はクロック周波数には依存しない。

問題 2 H29春-問57

デュアルコアプロセッサに関する記述として，適切なものはどれか。
ア　1台のPCに2種類のOSを組み込んでおき，PCを起動するときに，どちらのOSからでも起動できるように設定する。
イ　1台のPCに2台のディスプレイを接続して，二つのディスプレイ画面にまたがる広い領域を一つの連続した表示領域にする。
ウ　同じ規格，同じ容量のメモリ2枚を一組にして，それぞれのメモリに同時にアクセスすることで，データ転送の実効速度を向上させる。
エ　一つのLSIパッケージに二つのプロセッサ(処理装置)の集積回路が実装されており，それぞれのプロセッサは同時に別々の命令を実行できる。

問題 3 R3-問64

CPU内部にある高速小容量の記憶回路であり，演算や制御に関わるデータを一時的に記憶するのに用いられるものはどれか。
ア　GPU　　　イ　SSD　　　ウ　主記憶　　　エ　レジスタ

解答1　　　教科書 Ch12 Sec1 ❸

　クロック周波数は，同じプロセッサなら，高いクロック周波数に対応したものほど処理速度が向上します。また，クロック周波数を上げるほど，CPUの発熱量も増加します。よって正解はイです。

正解　イ

解答2　　　教科書 Ch12 Sec1 ❸

　コアとはプロセッサの中核となる回路のことで，コアを増やせば複数の処理を並列で実行することができます。コアの数によって，デュアルコア（2コア），クアッドコア（4コア），オクタコア（8コア）などといいます。デュアルコアプロセッサに関する記述はエです。

正解　エ

解答3　　　教科書 Ch12 Sec1 ❸

　CPUの内部にある高速小容量の記憶回路で，演算中のデータや制御にかかわるデータの一時保存に用いられるものをレジスタといいます。
- ア　画像処理用に開発された，ディスプレイに出力する映像を生成するプロセッサです。（Ch12 Sec3 ❶）
- イ　半導体メモリを記憶媒体に用いた補助記憶装置です。（Ch12 Sec2 ❸）
- ウ　コンピュータのプロセッサが直接読み書きできる記憶装置です。（Ch12 Sec2 ❷）

正解　エ

問題4 H30春-問74

32ビットCPU及び64ビットCPUに関する記述のうち，適切なものだけを全て挙げたものはどれか。

a　32ビットCPUと64ビットCPUでは，64ビットCPUの方が取り扱えるメモリ空間の理論上の上限は大きい。
b　64ビットCPUを搭載したPCで動作する32ビット用のOSはない。
c　USBメモリの読み書きの速度は，64ビットCPUを採用したPCの方が32ビットCPUを採用したPCよりも2倍速い。

ア　a　　　イ　a, b　　　ウ　b, c　　　エ　c

Section 2 　記憶装置

問題5 R1秋-問60

コンピュータの記憶階層におけるキャッシュメモリ，主記憶及び補助記憶と，それぞれに用いられる記憶装置の組合せとして，適切なものはどれか。

	キャッシュメモリ	主記憶	補助記憶
ア	DRAM	HDD	DVD
イ	DRAM	SSD	SRAM
ウ	SRAM	DRAM	SSD
エ	SRAM	HDD	DRAM

問題6 H31春-問70

次の記憶装置のうち，アクセス時間が最も短いものはどれか。

ア　HDD　　　　　　　　　イ　SSD
ウ　キャッシュメモリ　　　エ　主記憶

解答4　教科書 Ch12 Sec1 ❸

　ビット数はプロセッサの指標の1つであり，**ビット数が多いほど扱える情報量が多くなります**（a）。64ビットCPUは32ビットとの互換性があるため，32ビット用のOSも動作します（b）。USBメモリの読み書きの速度は，64ビットCPUと32ビットCPUで**それほど違いがなく**，USBの接続規格やUSBそのものの動作速度による影響が大きいです（c）。よって，**a**のみ正しいので，正解は**ア**です。

正解　ア

解答5　教科書 Ch12 Sec2 ❶

　キャッシュメモリはプロセッサと主記憶装置の間にある記憶装置で，**SRAM**が使われています。主記憶にはSRAMよりもアクセス速度の劣る**DRAM**が使われます。補助記憶には，低コストで大容量のデータ保存を実現できる**SSD**や**HDD**が使われます。

	キャッシュメモリ	主記憶	補助記憶
	SRAM	DRAM	SSD／HDD
アクセス速度	速い		遅い
容量	小さい		大きい

　よって，**ウ**が正解です。

正解　ウ

解答6　教科書 Ch12 Sec2 ❷

　主な記憶装置をアクセス時間が短い順に並べると，**キャッシュメモリ，主記憶，補助記憶（HDD，SSD）**となります。
　よって正解は**ウ**です。

正解　ウ

Section 3 入出力装置

問題7　R1秋-問95

プロセッサに関する次の記述中のa，bに入れる字句の適切な組合せはどれか。

　a　は　b　処理用に開発されたプロセッサである。CPUに内蔵されている場合も多いが，より高度な　b　処理を行う場合には，高性能な　a　を搭載した拡張ボードを用いることもある。

	a	b
ア	GPU	暗号化
イ	GPU	画像
ウ	VGA	暗号化
エ	VGA	画像

問題8　H31春-問93

NFCに準拠した無線通信方式を利用したものはどれか。
ア　ETC車載器との無線通信
イ　エアコンのリモートコントロール
ウ　カーナビの位置計測
エ　交通系のIC乗車券による改札

問題9　H29秋-問82

USBに関する記述のうち，適切なものはどれか。
ア　PCと周辺機器の間のデータ転送速度は，幾つかのモードからPC利用者自らが設定できる。
イ　USBで接続する周辺機器への電力供給は，全てUSBケーブルを介して行う。
ウ　周辺機器側のコネクタ形状には幾つかの種類がある。
エ　パラレルインタフェースであり，複数の信号線でデータを送る。

解答7　教科書 Ch12 Sec3 ❶

　コンピュータの中核となる部品を**プロセッサ**（**処理装置**）といい，**CPU**ともいいます。**GPU**（**Graphics Processing Unit**）は，**画像処理用**に開発されたもので，ディスプレイに出力する映像を生成する装置です。

正解　イ

解答8　教科書 Ch12 Sec3 ❷

　NFCは「Near Field Communication」の略で，**近距離の無線通信**を意味します。NFCを使用しているものの例として，FeliCaに対応した**交通系ICカード**などがあります。

正解　エ

解答9　教科書 Ch12 Sec3 ❷

　USBのコネクタは**形状が異なるいくつかの種類があります**。一般的に知られている平形のコネクタはUSB Type-Aといいます。そのほかにスマートフォンなどで使われるMicro USB Micro-BやUSB Type-Cなどがあります。
- ア　USBには送受信するデータの内容に応じて転送方式を使い分けていますが，利用者自らモードを選択することはできません。
- イ　周辺機器への電力供給はUSBケーブルを介して行う方法のほか，機器によっては別の電力供給方法が用意されています。
- エ　USBは一度に1ビットずつ信号を送る**シリアルインタフェース形式**です。

正解　ウ

問題10　R1秋-問58

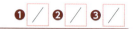

PCの周辺装置を利用可能にするためのデバイスドライバに関する記述のうち，適切なものはどれか。

- ア　HDDを初期化してOSを再インストールした場合，OSとは別にインストールしていたデバイスドライバは再インストールする必要がある。
- イ　新しいアプリケーションソフトウェアをインストールした場合，そのソフトウェアが使用する全てのデバイスドライバを再インストールする必要がある。
- ウ　不要になったデバイスドライバであっても，一度インストールしたデバイスドライバを利用者が削除することはできない。
- エ　プリンタのデバイスドライバを一つだけインストールしていれば，メーカや機種を問わず全てのプリンタが使用できる。

問題11　R2秋-問99

IoTデバイスとIoTサーバで構成され，IoTデバイスが計測した外気温をIoTサーバへ送り，IoTサーバからの指示でIoTデバイスに搭載されたモータが窓を開閉するシステムがある。このシステムにおけるアクチュエータの役割として，適切なものはどれか。

- ア　IoTデバイスから送られてくる外気温のデータを受信する。
- イ　IoTデバイスに対して窓の開閉指示を送信する。
- ウ　外気温を電気信号に変換する。
- エ　窓を開閉する。

問題12　R2秋-問74

IoTデバイスへの電力供給でも用いられ，周りの環境から光や熱（温度差）などの微小なエネルギーを集めて，電力に変換する技術はどれか。

- ア　PLC
- イ　PoE
- ウ　エネルギーハーベスティング
- エ　スマートグリッド

解答10 　　　　　　　　　　　　　　　　　　📖 教科書 Ch12 Sec3 ❸

　デバイスドライバは，プリンタなどの周辺機器を動作させるのに必要なソフトウェアです。HDDの初期化を行いOSを再インストールすると，OSに標準で備わっているデバイスドライバ以外のデバイスドライバは消えてしまうため，**再インストールする**必要があります。
- イ　アプリケーションソフトウェアとデバイスドライバは独立しているため，新しいアプリケーションソフトウェアをインストールした際にデバイスドライバの再インストールは不要です。
- ウ　デバイスドライバは，利用者が自由にインストール・削除可能です。
- エ　プリンタのデバイスドライバは使用する機器によって異なるため，異なる種類のプリンタを使用する場合は，機器ごとに対応するデバイスドライバのインストールが必要です。

　　　　　　　　　　　　　　　　　　　　　　　　　　　　　正解　**ア**

解答11 　　　　　　　　　　　　　　　　　　📖 教科書 Ch12 Sec3 ❹

　アクチュエータとは，**入力されたエネルギーを，機械的な動作に変換する装置**です。IoTシステムでは，センサ類が集めた情報がクラウドに送信され，クラウド上での分析結果をアクチュエータが受信し，**アクチュエータが物理的に作動**する仕組みになっています。よって，正解は**エ**です。

　　　　　　　　　　　　　　　　　　　　　　　　　　　　　正解　**エ**

解答12 　　　　　　　　　　　　　　　　　　📖 教科書 Ch12 Sec3 ❹

　光や熱（温度差），振動，電波などの微小なエネルギーを集めて電力に変換する技術を**エネルギーハーベスティング**といいます。
- ア　主に工場内の機械を制御する装置です。
- イ　LANケーブルを使って電力供給をする技術です。
- エ　電力の需要と供給を最適化するための送電網で，IT技術を用いて電力ネットワークを構築します。

　　　　　　　　　　　　　　　　　　　　　　　　　　　　　正解　**ウ**

Chapter 13 ソフトウェア

Section 1　OSの役割

問題1　H25秋-問70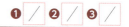

OSに関する記述のうち，適切なものはどれか。
ア　1台のPCに複数のOSをインストールしておき，起動時にOSを選択できる。
イ　OSはPCを起動させるためのアプリケーションプログラムであり，PCの起動後は，OSは機能を停止する。
ウ　OSはグラフィカルなインタフェースをもつ必要があり，全ての操作は，そのインタフェースで行う。
エ　OSは，ハードディスクドライブだけから起動することになっている。

Section 2　ファイル管理

問題2　R1秋-問83

ファイルの階層構造に関する次の記述中の a，b に入れる字句の適切な組合せはどれか。

　階層型ファイルシステムにおいて，最上位の階層のディレクトリを　a　ディレクトリという。ファイルの指定方法として，カレントディレクトリを基点として目的のファイルまでのすべてのパスを記述する方法と，ルートディレクトリを基点として目的のファイルまでの全てのパスを記述する方法がある。ルートディレクトリを基点としたファイルの指定方法を　b　パス指定という。

	a	b
ア	カレント	絶対
イ	カレント	相対
ウ	ルート	絶対
エ	ルート	相対

解答1

教科書 Ch13 Sec1 ❶

通常は1台のPCに1つのOSがインストールされていますが，**1台のPCに複数のOSをインストールすることも可能**です。この場合，起動時にOSを選択できます。

- イ　OSはPCの起動から終了まで，**コンピュータの基本的な機能を提供するソフトウェア**です。
- ウ　グラフィカルなインタフェース（GUI）をもつOSだけでなく，コマンドで操作する**CUI**をもつOSもあります。（Ch13 Sec5 ❶）
- エ　OSはハードディスクドライブのほか，**CD**や**USBメモリ**などから起動することもできます。

正解　**ア**

解答2

教科書 Ch13 Sec2 ❶, ❷

最上位の階層のディレクトリを**ルートディレクトリ**といいます（a）。
　カレントディレクトリを基点として目的のファイルまでのすべてのパスを記述する**相対パス指定**と，ルートディレクトリを基点として目的のファイルまでのすべてのパスを記述する**絶対パス指定**があります（b）。
　よって正解は**ウ**です。

正解　**ウ**

問題3　H28春-問92

　毎週日曜日の業務終了後にフルバックアップファイルを取得し，月曜日〜土曜日の業務終了後には増分バックアップファイルを取得しているシステムがある。水曜日の業務中に故障が発生したので，バックアップファイルを使って火曜日の業務終了時点の状態にデータを復元することにした。データ復元に必要なバックアップファイルを全て挙げたものはどれか。ここで，増分バックアップファイルとは，前回のバックアップファイル（フルバックアップファイル又は増分バックアップファイル）の取得以降に変更されたデータだけのバックアップファイルを意味する。

- ア　日曜日のフルバックアップファイル，月曜日と火曜日の増分バックアップファイル
- イ　日曜日のフルバックアップファイル，火曜日の増分バックアップファイル
- ウ　月曜日と火曜日の増分バックアップファイル
- エ　火曜日の増分バックアップファイル

Section 3　オフィスツール

問題4　R1秋-問76

　ある商品の月別の販売数を基に売上に関する計算を行う。セルB1に商品の単価が，セルB3〜B7に各月の商品の販売数が入力されている。セルC3に計算式"B$1＊合計(B$3：B3)／個数(B$3：B3)"を入力して，セルC4〜C7に複写したとき，セルC5に表示される値は幾らか。

	A	B	C
1	単価	1,000	
2	月	販売数	計算結果
3	4月	10	
4	5月	8	
5	6月	0	
6	7月	4	
7	8月	5	

ア　6　　　イ　6,000　　　ウ　9,000　　　エ　18,000

128

解答3 　　教科書 Ch13 Sec2 ❸

本問のシステムは，次のようにバックアップを取得しているとわかります。

図から，火曜日の業務終了時点の状態にデータを復元するには，日曜日に取得したフルバックアップファイル，月曜日と火曜日に取得した増分バックアップが必要だとわかります。よって正解はアです。

　　　　　　　　　　　　　　　　　　　　　　　　　　　　正解　ア

解答4 　　教科書 Ch13 Sec3 ❶, ❷

セルC3に入力した計算式をセルC4〜C7にコピーすると，右のようになります。このとき，「B$1」は，絶対参照のためコピーしても同じセルを参照します。

	A	B	C
1	単価	1,000	
2	月	販売数	計算結果
3	4月	10	B$1＊合計(B$3:B3)／個数(B$3:B3)
4	5月	8	B$1＊合計(B$3:B4)／個数(B$3:B4)
5	6月	0	B$1＊合計(B$3:B5)／個数(B$3:B5)
6	7月	4	B$1＊合計(B$3:B6)／個数(B$3:B6)
7	8月	5	B$1＊合計(B$3:B7)／個数(B$3:B7)

「合計」は参照するセルの値の合計を計算し，「個数」は値が入っているセルの個数を数えます。よって，計算結果は次のようになります。正解はイです。

	A	B	C
1	単価	1,000	
2	月	販売数	計算結果
3	4月	10	10,000	←1,000×10/1
4	5月	8	9,000	←1,000×18/2
5	6月	0	6,000	←1,000×18/3
6	7月	4	5,500	←1,000×22/4
7	8月	5	5,400	←1,000×27/5

　　　　　　　　　　　　　　　　　　　　　　　　　　　　正解　イ

問題5 H31春-問98

表計算ソフトを用いて，二つの科目X，Yの成績を評価して合否を判定する。それぞれの点数はワークシートのセルA2，B2に入力する。合計点が120点以上であり，かつ，2科目とも50点以上であればセルC2に"合格"，それ以外は"不合格"と表示する。セルC2に入れる適切な計算式はどれか。

	A	B	C
1	科目X	科目Y	合否
2	50	80	合格

ア　IF(論理積((A2+B2) ≧ 120, A2 ≧ 50, B2 ≧ 50), '合格', '不合格')
イ　IF(論理積((A2+B2) ≧ 120, A2 ≧ 50, B2 ≧ 50), '不合格', '合格')
ウ　IF(論理和((A2+B2) ≧ 120, A2 ≧ 50, B2 ≧ 50), '合格', '不合格')
エ　IF(論理和((A2+B2) ≧ 120, A2 ≧ 50, B2 ≧ 50), '不合格', '合格')

Section 4　オープンソースソフトウェア

問題6 H29秋-問64

OSS (Open Source Software) を利用することのメリットはどれか。
ア　開発元から導入時に技術サポートを無償で受けられる。
イ　ソースコードが公開されていないので，ウイルスに感染しにくい。
ウ　ソフトウェアの不具合による損害の補償が受けられる。
エ　ライセンス条件に従えば，利用者の環境に合わせてソースコードを改変できる。

解答5　　教科書 Ch13 Sec3 ❶, ❷

本問は,「もし○○なら××する」というような,条件に応じて結果を変えられる **IF関数** を使用します。IF関数は,「IF（条件,条件が真の場合,条件が偽の場合）」と表記します。

問題文から,合計点が120点以上という条件と,2科目とも50点以上という条件の両方を満たす場合のみ「合格」と表示するため, **論理積** となります（Ch9 Sec3）。

よって正解は**ア**です。なお,**イ**は**「合格」**と**「不合格」の順序が逆**になっているため誤りです。

正解　ア

解答6　　教科書 Ch13 Sec4 ❶

OSSは,無償で利用できるものが多いためソフトウェア開発の初期費用を抑えられ, **自社のシステムにあわせてカスタマイズしやすい** というメリットがあります。ただし,カスタマイズは **ライセンス条件に従って** 行わなければなりません。

- **ア** サポート体制が整っていないOSSが多く,原則,技術サポートを無償で受けることはできません。
- **イ** OSSはソースコードが **公開されています**。ウイルスへの感染しやすさは,ほかのソフトウェアと変わりません。
- **ウ** 原則,ソフトウェアの不具合による損害の補償は受けられません。

正解　エ

問題7　H30春-問78

OSS（Open Source Software）であるWebブラウザはどれか。
ア　Apache　　イ　Firefox
ウ　Linux　　エ　Thunderbird

Section 5　情報デザインとインタフェース設計

問題8　H27秋-問61

　文化，言語，年齢及び性別の違いや，障害の有無や能力の違いなどにかかわらず，できる限り多くの人が快適に利用できることを目指した設計を何というか。
ア　バリアフリーデザイン　　イ　フェールセーフ
ウ　フールプルーフ　　　　　エ　ユニバーサルデザイン

Section 6　マルチメディア技術

問題9　H30秋-問86

　イラストなどに使われている，最大表示色が256色である静止画圧縮のファイル形式はどれか。
ア　GIF　　イ　JPEG　　ウ　MIDI　　エ　MPEG

解答7　　　教科書 Ch13 Sec4 ❶

　OSSとは，ソースコードが無償で公開されていて，誰でも複製や配布，改変ができるソフトウェアのことです。選択肢のソフトウェアはすべてOSSですが，この中でWebブラウザはFirefoxのみです。
　ア　オープンソースのWebサーバソフトウェアです。
　ウ　オープンソースのOSです。
　エ　オープンソースのメールソフトです。

正解　イ

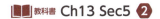

解答8　　　教科書 Ch13 Sec5 ❷

　ユニバーサルデザインには，誰でも簡単に利用できる自動ドアや図から意味を想像しやすいピクトグラム，幅の広い改札など，さまざまなユニバーサルデザインがあります。なお，イのフェールセーフ，ウのフールプルーフはChapter11 Section3を参照してください。

正解　エ

解答9　　　教科書 Ch13 Sec6 ❷

　イラストや図形などに使われ，256色まで対応できるファイル形式をGIF（Graphics Interchange Format）といいます。
　イ　1677万色の24ビットフルカラーを表現できる，一般的な写真のファイル形式です。
　ウ　楽器の演奏をデータ化し，電子楽器やパソコンなどで再生できるようにするための規格です。
　エ　多くの環境で対応可能な動画のファイル形式です。

正解　ア

問題10 R2秋-問83

建物や物体などの立体物に，コンピュータグラフィックスを用いた映像などを投影し，様々な視覚効果を出す技術を何と呼ぶか。

ア　ディジタルサイネージ
イ　バーチャルリアリティ
ウ　プロジェクションマッピング
エ　ポリゴン

問題11 R3-問87

単語を読みやすくするために，表示したり印刷したりするときの文字幅が，文字ごとに異なるフォントを何と呼ぶか。

ア　アウトラインフォント
イ　等幅フォント
ウ　ビットマップフォント
エ　プロポーショナルフォント

解答10 教科書 Ch13 Sec6 ③

　立体物にCG（コンピュータグラフィックス）を用いた映像などを投影することで，特殊な視覚効果を演出する技術を**プロジェクションマッピング**といいます。
- ア　公共空間や交通機関などで，ディジタル技術を用いてディスプレイなどに映像や文字などを表示する媒体のことです。
- イ　CGなどにより，現実世界のイメージに近い仮想現実の世界を，コンピュータ上で表現する技術です。
- エ　CGで立体形状を表現するために使われる多角形のことです。

正解　**ウ**

解答11 教科書 Ch13 Sec6 ③

　文字によって文字幅が異なるフォントを**プロポーショナルフォント**といいます。
- ア　直線と曲線で文字の輪郭を形成し，輪郭の中を塗りつぶすことによって文字を表すフォントです。
- イ　**すべての文字で文字幅が同じ**フォントです。
- ウ　点の集合体で設計されたフォントです。

正解　**エ**

Chapter 14 データベース

Section 1 データベース

問題1 H30秋-問100

レコードの関連付けに関する説明のうち，関係データベースとして適切なものはどれか。
- ア 複数の表のレコードは，各表の先頭行から数えた同じ行位置で関連付けられる。
- イ 複数の表のレコードは，対応するフィールドの値を介して関連付けられる。
- ウ レコードとレコードは，親子関係を表すポインタで関連付けられる。
- エ レコードとレコードは，ハッシュ関数で関連付けられる。

問題2 H31春-問95

関係データベースの操作を行うための言語はどれか。
- ア FAQ
- イ SQL
- ウ SSL
- エ UML

Section 2 データベースの設計

問題3 H29春-問87

E-R図に関する記述として，適切なものはどれか。
- ア 構造化プログラミングのためのアルゴリズムを表記する。
- イ 作業の所要期間の見積りやスケジューリングを行い，工程を管理する。
- ウ 処理手順などのアルゴリズムを図で表記する。
- エ データベースの設計に当たって，データ間の関係を表記する。

解答1 📖 教科書 Ch14 Sec1 ❶

　関係データベースは，データを表の形式で管理します。行を「レコード」，列を「フィールド」といい，複数の表のレコードは，対応するフィールドの値を介して関連付けられます。

- ア　複数の表のレコードは，同じ行位置で関連付けられるわけではありません。
- ウ　関係データベースではなく，「階層型データベース」における，レコードとレコードの関連付け方法です。
- エ　レコードとレコードはハッシュ関数による関連付けを行いません。ハッシュ関数については，Chapter16 Section4を参照してください。

正解　イ

解答2 📖 教科書 Ch14 Sec1 ❷

データベースを操作するための言語を **SQL** といいます。

- ア　よくある質問とその回答を集めたもののことです。（Ch7 Sec3 ❸）
- ウ　通信を暗号化するプロトコルです。（Ch16 Sec4 ❷）
- エ　統一モデリング言語（オブジェクト指向開発で用いられるモデリング手法）です。

正解　イ

解答3 📖 教科書 Ch14 Sec2 ❶

要素（実体）同士の関係を示した図をE-R図といいます。データベースの設計では，データ同士の関係を示します。

- ア　構造化チャートの記述です。
- イ　アローダイアグラムの記述です。（Ch7 Sec2 ❸）
- ウ　フローチャートの記述です。（Ch10 Sec2 ❷）

正解　エ

問題 4　R1秋-問66

関係データベースにおいて，主キーを設定する理由はどれか。
ア　算術演算の対象とならないことが明確になる。
イ　主キーを設定した列が検索できるようになる。
ウ　他の表からの参照を防止できるようになる。
エ　表中のレコードを一意に識別できるようになる。

問題 5　H30秋-問73

データベースにおける外部キーに関する記述のうち，適切なものはどれか。
ア　外部キーがもつ特性を，一意性制約という。
イ　外部キーを設定したフィールドには，重複する値を設定することはできない。
ウ　一つの表に複数の外部キーを設定することはできない。
エ　複数のフィールドを，まとめて一つの外部キーとして設定することができる。

問題 6　R2秋-問57

次に示す項目を使って関係データベースで管理する"社員"表を設計する。他の項目から導出できる，冗長な項目はどれか。

社員

社員番号	社員名	生年月日	現在の満年齢	住所	趣味

ア　生年月日　　イ　現在の満年齢　　ウ　住所　　エ　趣味

問題 7　H31春-問92

関係データベースを構築する際にデータの正規化を行う目的として，適切なものはどれか。
ア　データに冗長性をもたせて，データ誤りを検出する。
イ　データの矛盾や重複を排除して，データの維持管理を容易にする。
ウ　データの文字コードを統一して，データの信頼性と格納効率を向上させる。
エ　データを可逆圧縮して，アクセス効率を向上させる。

解答4

📖教科書 Ch14 Sec2 ❷

データベースから必要なデータを抜き出すためには，**1件1件の行（レコード）が別のデータであることを識別できるようにしておかなければなりません。**そのために，主キーを設定します。

ア そのような制約はありません。

イ 主キーを設定した列かどうかにかかわらず，検索可能です。

ウ 主キーを設定した列は，別の表から参照されるようになります。

正解　エ

解答5

📖教科書 Ch14 Sec2 ❷

関連した表同士を結ぶために，**ほかの表の主キーを参照する列**のことを，外部キーといいます。複合主キーが設定できるのと同じように，**複数のフィールドをまとめて1つの外部キー**として設定できます。

ア 一意性制約とは，その列の中でデータが一意でならなければならないという関係データベースの制約のことです。一意性制約は，**主キー**がもつ特性です。

イ 外部キーを設定したフィールドは，重複する値を設定することができます。

ウ 1つの表で**複数の外部キーを設定**することができます。

正解　エ

解答6

📖教科書 Ch14 Sec2 ❸

冗長な項目とは，**ほかと重複した項目**のことです。ア〜エの中で重複している項目は，**生年月日**と**現在の満年齢**です。生年月日だけがわかれば現在の満年齢は計算できるからです。したがって，正解は**イ**です。

正解　イ

解答7

📖教科書 Ch14 Sec2 ❸

データベースを構築する際，データの矛盾や重複を未然に防ぐために，**表の設計を最適化**することを正規化といいます。正規化によって，**データの維持・管理がしやすくなる**ので，正解は**イ**です。

正解　イ

139

Section 3　データベース管理システムの機能

問題8　R1秋-問64

データベース管理システムにおける排他制御の目的として，適切なものはどれか。
ア　誤ってデータを修正したり，データを故意に改ざんされたりしないようにする。
イ　データとプログラムを相互に独立させることによって，システムの維持管理を容易にする。
ウ　データの機密のレベルに応じて，特定の人しかアクセスできないようにする。
エ　複数のプログラムが同一のデータを同時にアクセスしたときに，データの不整合が生じないようにする。

問題9　H24秋-問67

デッドロックの説明として，適切なものはどれか。
ア　コンピュータのプロセスが本来アクセスしてはならない情報に，故意あるいは偶発的にアクセスすることを禁止している状態
イ　コンピュータの利用開始時に行う利用者認証において，認証の失敗が一定回数以上になったときに，一定期間又はシステム管理者が解除するまで，当該利用者のアクセスが禁止された状態
ウ　複数のプロセスが共通の資源を排他的に利用する場合に，お互いに相手のプロセスが占有している資源が解放されるのを待っている状態
エ　マルチプログラミング環境で，実行可能な状態にあるプロセスが，OSから割り当てられたCPU時間を使い切った状態

問題10　H30秋-問63

トランザクション処理におけるロールバックの説明として，適切なものはどれか。
ア　あるトランザクションが共有データを更新しようとしたとき，そのデータに対する他のトランザクションからの更新を禁止すること
イ　トランザクションが正常に処理されたときに，データベースへの更新を確定させること
ウ　何らかの理由で，トランザクションが正常に処理されなかったときに，データベースをトランザクション開始前の状態にすること
エ　複数の表を，互いに関係付ける列をキーとして，一つの表にすること

解答8

📖 教科書 Ch14 Sec3 ❶

1つのデータベースに複数のプログラムや利用者が同時にアクセスし，更新を行うと，データに不整合が生じるおそれがあります。そのため，データベース管理システムには，複数の人が同時に同じデータを操作できないようにデータをロックする「排他制御」という仕組みが備わっています。よって，正解はエです。

正解　エ

解答9

📖 教科書 Ch14 Sec3 ❶

デッドロックは排他制御が原因で起こるものです。2人以上の人が同時にデータをロックし，お互いのロックが解除されるのを待ち続けて処理が進まない状態をいいます。したがって，正解はウです。

正解　ウ

解答10

📖 教科書 Ch14 Sec3 ❷

トランザクションとは，複数の処理や操作のかたまりのことです。トランザクションの途中で何らかのエラーが発生した場合に，一連の処理すべてを取り消すことでデータの不整合をなくすことをロールバックといいます。

ア 排他制御の説明です。

イ コミットの説明です。

エ 結合の説明です。（Ch14 Sec2 ❸）

正解　ウ

Chapter 15 ネットワーク

Section 1 ネットワークの基本

問題1　H27春-問50

建物の中など，限定された範囲内を対象に構築する通信ネットワークはどれか。
ア　IP-VPN
イ　LAN
ウ　WAN
エ　広域イーサネット

問題2　H30秋-問91

WANの説明として，最も適切なものはどれか。
ア　インターネットを利用した仮想的な私的ネットワークのこと
イ　国内の各地を結ぶネットワークではなく，国と国を結ぶネットワークのこと
ウ　通信事業者のネットワークサービスなどを利用して，本社と支店のような地理的に離れた地点間を結ぶネットワークのこと
エ　無線LANで使われるIEEE802.11規格対応製品の普及を目指す業界団体によって，相互接続性が確認できた機器だけに与えられるブランド名のこと

問題3　R1秋-問77

無線LANに関する記述のうち，適切なものはどれか。
ア　アクセスポイントの不正利用対策が必要である。
イ　暗号化の規格はWPA2に限定されている。
ウ　端末とアクセスポイント間の距離に関係なく通信できる。
エ　無線LANの規格は複数あるが，全て相互に通信できる。

問題4　H29春-問85

無線LANで使用するESSIDの説明として，適切なものはどれか。
ア　アクセスポイントのMACアドレス
イ　使用する電波のチャネル番号
ウ　デフォルトゲートウェイとなるアクセスポイントのIPアドレス
エ　無線のネットワークを識別する文字列

解答1　　教科書 Ch15 Sec1 ❷

企業内や家庭内などの**施設内で構築されるネットワーク**を**LAN**といいます。
- ア　大手の通信事業者が提供する閉域網を使用したVPNのことです。
- ウ　離れた事業所同士など，**広域をつなぐネットワーク**のことです。
- エ　地理的に離れたLANとLANの間をイーサネットで接続するネットワークのことです。

正解　イ

解答2　　教科書 Ch15 Sec1 ❷

通信事業者のネットワークサービスなどを使い，離れた事業所同士など，**広域をつなぐネットワーク**のことをWANといいます。なお，**ア**は**VPN**（Ch16 Sec4 ❷），**エ**は**Wi-Fi**の説明です。

正解　ウ

解答3　　教科書 Ch15 Sec1 ❸

無線LANによる通信は，誰でも傍受できるため，第三者に読み取られないよう**通信内容を暗号化**するのが一般的です。そのため，アクセスポイントの不正利用対策が必要です。
- イ　暗号化の規格にはWPA2に**限定されていません。**
- ウ　アクセスポイントの電波が届く範囲は，50〜100メートル程度が一般的です。
- エ　無線LANの複数の規格のうち，互換性のある規格もありますが，**互換性のない規格もあります。**互換性のない規格同士では相互に通信することはできません。

正解　ア

解答4　　教科書 Ch15 Sec1 ❸

無線LANのアクセスポイントを識別するための文字列を**ESSID**といいます。無線子機でESSIDとパスワードを指定して無線ネットワークに通信します。

正解　エ

問題5　R3-問85

無線LANのセキュリティにおいて，アクセスポイントがPCなどの端末からの接続要求を受け取ったときに，接続を要求してきた端末固有の情報を基に接続制限を行う仕組みはどれか。

- ア　ESSID
- イ　MACアドレスフィルタリング
- ウ　VPN
- エ　WPA2

問題6　R1秋-問81

IoTシステム向けに使われる無線ネットワークであり，一般的な電池で数年以上の運用が可能な省電力性と，最大で数十kmの通信が可能な広域性を有するものはどれか。

- ア　LPWA
- イ　MDM
- ウ　SDN
- エ　WPA2

問題7　R3-問80

IoTデバイス，IoTゲートウェイ及びIoTサーバで構成された，温度・湿度管理システムがある。IoTデバイスとその近傍に設置されたIoTゲートウェイとの間を接続するのに使用する，低消費電力の無線通信の仕様として，適切なものはどれか。

- ア　BLE
- イ　HEMS
- ウ　NUI
- エ　PLC

解答5  教科書 Ch15 Sec1 ❸

機器に割り当てられた固有の番号であるMACアドレスの特徴を生かし，無線LANに接続できる機器をMACアドレスによって制限することを**MACアドレスフィルタリング**といいます。
- ア **無線のアクセスポイント**を識別するための文字列のことです。
- ウ 社内ネットワークの通信を暗号化して公衆ネットワークに流し，遠隔地でも1つの社内ネットワークのように利用できるようにする技術です。（Ch16 Sec4 ❷）
- エ **無線LANの暗号化方式**の1つです。

正解　**イ**

解答6  教科書 Ch15 Sec1 ❸

LPWAは「**Low Power Wide Area**」の略で，**少ない消費電力**で**広域囲の通信が可能**な無線通信方式です。
- イ 「Mobile Device Management」の略で，業務で使用するモバイル端末を遠隔で管理するシステムのことです。（Ch16 Sec4 ❷）
- ウ 「Software-Defined Networking」の略で，物理的な構成の制約にとらわれず，ネットワーク構成を管理しようという考え方のことです。（Ch15 Sec2 ❻）
- エ 無線LANの暗号化方式の1つです。

正解　**ア**

解答7 教科書 Ch15 Sec1 ❸

BLEは「**Bluetooth Low Energy**」の略で，IoT機器などで用いられる**低消費電力の通信モード**です。
- イ 「Home Energy Management System」の略で，家庭内で使用するエネルギーを管理するシステムです。
- ウ 「Natural User Interface」の略で，人間が直感的に操作できるようにする仕組みや方法のことです。
- エ 主に製造業などで使われている機械を自動的に制御する装置の1つです。

正解　**ア**

Section 2　通信プロトコル

問題8　H28秋-問65　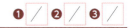

通信プロトコルの説明として，最も適切なものはどれか。
- ア　PCやプリンタなどの機器をLANへ接続するために使われるケーブルの集線装置
- イ　Webブラウザで指定する情報の場所とその取得方法に関する記述
- ウ　インターネット通信でコンピュータを識別するために使用される番号
- エ　ネットワークを介して通信するために定められた約束事の集合

問題9　R1秋-問94　

NTPの利用によって実現できることとして，適切なものはどれか。
- ア　OSの自動バージョンアップ
- イ　PCのBIOSの設定
- ウ　PCやサーバなどの時刻合わせ
- エ　ネットワークに接続されたPCの遠隔起動

問題10　H29春-問74　

通信プロトコルであるPOPの説明として，適切なものはどれか。
- ア　離れた場所にあるコンピュータを，端末から遠隔操作するためのプロトコル
- イ　ファイル転送を行うためのプロトコル
- ウ　メールサーバへ電子メールを送信するためのプロトコル
- エ　メールソフトがメールサーバから電子メールを受信するためのプロトコル

解答8  教科書 Ch15 Sec2 ❶

通信を成功させるためには，通信用のソフトウェアや機器が同じルールに沿ってやりとりしなければいけません。この**通信用のルール**のことを**通信プロトコル**（または単にプロトコル）といいます。

- ア **ハブ**の説明です。（Ch15 Sec1 ❸）
- イ **URL**の説明です。（Ch15 Sec3 ❸）
- ウ **IPアドレス**の説明です。（Ch15 Sec3 ❶）

正解　エ

解答9  教科書 Ch15 Sec2 ❺

時計の時刻合わせを行うプロトコルをNTPといいます。

- ア OSの自動バージョンアップの可否に，NTPは影響しません。
- イ BIOSは，パソコンのマザーボードに組み込まれているもので，設定はBIOSセットアップメニューから行います。
- エ ネットワークに接続されたPCの遠隔起動は，NTPを利用しても実現できません。

正解　ウ

解答10 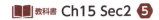 教科書 Ch15 Sec2 ❺

メールを**受信**するプロトコルをPOPといいます。

- ア **TELNET**の説明です。
- イ **FTP**などの説明です。
- ウ **SMTP**の説明です。

正解　エ

問題11　H28春-問62

電子メールに関するプロトコルの説明のうち，適切な記述はどれか。

ア　IMAP4によって，画像のようなバイナリデータをASCII文字列に変換して，電子メールで送ることができる。
イ　POP3によって，PCから電子メールを送信することができる。
ウ　POP3やIMAP4によって，メールサーバから電子メールを受信することができる。
エ　SMTPによって，電子メールを暗号化することができる。

Section 3　インターネットとIPアドレス

問題12　H30秋-問97

サブネットマスクの用法に関する説明として，適切なものはどれか。

ア　IPアドレスのネットワークアドレス部とホストアドレス部の境界を示すのに用いる。
イ　LANで利用するプライベートIPアドレスとインターネット上で利用するグローバルIPアドレスとを相互に変換するのに用いる。
ウ　通信相手のIPアドレスからイーサネット上のMACアドレスを取得するのに用いる。
エ　ネットワーク内のコンピュータに対してIPアドレスなどのネットワーク情報を自動的に割り当てるのに用いる。

問題13　H29秋-問84

インターネットにサーバを接続するときに設定するIPアドレスに関する記述のうち，適切なものはどれか。ここで，設定するIPアドレスはグローバルIPアドレスである。

ア　IPアドレスは一度設定すると変更することができない。
イ　IPアドレスは他で使用されていなければ，許可を得ることなく自由に設定し，使用することができる。
ウ　現在使用しているサーバと同じIPアドレスを他のサーバにも設定して，2台同時に使用することができる。
エ　サーバが故障して使用できなくなった場合，そのサーバで使用していたIPアドレスを，新しく購入したサーバに設定して利用することができる。

解答11 📖教科書 Ch15 Sec2 ❺

　POP3やIMAP4は，メールサーバから電子メールを受信するときに使うプロトコルです。
- ア　IMAP4の説明ではなく，MIMEの機能の説明です。（Ch15 Sec4 ❶）
- イ　POP3はメールの送信用ではなく受信用のプロトコルです。
- エ　SMTPはメールの送信用のプロトコルで，電子メールを暗号化する機能はもちません。

　　　　　　　　　　　　　　　　　　　　　　　　　　　　　　正解　ウ

解答12 📖教科書 Ch15 Sec3 ❶

　サブネットマスクは，IPアドレスのネットワークアドレス部とホストアドレス部の境界を示すために使用する数値です。
- イ　NATの説明です。
- ウ　ARPの説明です。
- エ　DHCPの説明です。（Ch15 Sec2 ❺）

　　　　　　　　　　　　　　　　　　　　　　　　　　　　　　正解　ア

解答13 📖教科書 Ch15 Sec3 ❶

　IPアドレスは端末間で付け替えることができるため，故障したサーバで使っていたIPアドレスを，新しく購入したサーバに設定して利用できます。
- ア　グローバルIPアドレスは専門の機関から割り当てられたものを使用します。新たに別のIPアドレスを取得すれば，変更することも可能です。
- イ　グローバルIPアドレスは，専門の機関から割り当てられるものです。許可を得ることなく，自由に設定することはできません。
- ウ　グローバルIPアドレスは重複しないように個々の機器に割り当てられなければならないため，2台同時に使用することはできません。

　　　　　　　　　　　　　　　　　　　　　　　　　　　　　　正解　エ

問題14 H28秋-問72

プライベートIPアドレスに関する記述として，適切なものはどれか。

- ア　プライベートIPアドレスは，ICANN (The Internet Corporation for Assigned Names and Numbers) によって割り当てられる。
- イ　プライベートIPアドレスは，PCやルータには割当て可能だが，サーバのように多数の利用者からアクセスされる機器には割り当てることはできない。
- ウ　プライベートIPアドレスを利用した企業内ネットワーク上の端末から外部のインターネットへのアクセスは，NAT機能を使えば可能となる。
- エ　プライベートIPアドレスを利用するためには，プロバイダ (ISP) に申請して承認を受ける必要がある。

問題15 R1秋-問65

NATに関する次の記述中のa，bに入れる字句の適切な組合せはどれか。

NATは，職場や家庭のLANをインターネットへ接続するときによく利用され，　a　と　b　を相互に変換する。

	a	b
ア	プライベートIPアドレス	MACアドレス
イ	プライベートIPアドレス	グローバルIPアドレス
ウ	ホスト名	MACアドレス
エ	ホスト名	グローバルIPアドレス

問題16 H29秋-問78

ネットワークを構成する機器であるルータがもつルーティング機能の説明として，適切なものはどれか。

- ア　会社が支給したモバイル端末に対して，システム設定や状態監視を集中して行う。
- イ　異なるネットワークを相互接続し，最適な経路を選んでパケットの中継を行う。
- ウ　光ファイバと銅線ケーブルを接続し，流れる信号を物理的に相互変換する。
- エ　ホスト名とIPアドレスの対応情報を管理し，端末からの問合せに応答する。

解答 14　　　　　　　　　　　　　　　

　プライベートIPアドレスとグローバルIPアドレスの**相互変換**によって，プライベートなネットワークとグローバルなインターネット間の通信を可能にする技術を**NAT**といいます。

ア，エ　プライベートIPアドレスは，企業のネットワーク管理者などが**LAN内で重複しないように**割り当てることができます。

イ　PCやルータだけでなく，サーバにもプライベートIPアドレスを割り当てることができます。

正解　ウ

解答 15　　　　　　　　　　　　　　　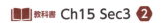

　NATは，**プライベートIPアドレス**と**グローバルIPアドレス**の相互変換する技術です。よって正しい組合せは**イ**です。

正解　イ

解答 16　　　　　　　　　　　　　　　教科書 Ch15 Sec3 ❷

　ルータは，隣接するルータと**情報交換**をして，**宛先までの経路を決定（ルーティング）**します。なお，パケットとは，送受信するデータのことです。

ア　**MDM**（**Mobile Device Management**）の機能です。（Ch16 Sec4 ❷）
ウ　メディアコンバータの機能です。
エ　**DNS**の機能です。

正解　イ

問題 17　H27春-問49

あるネットワークに属するPCが，別のネットワークに属するサーバにデータを送信するとき，経路情報が必要である。PCが送信相手のサーバに対する特定の経路情報をもっていないときの送信先として，ある機器のIPアドレスを設定しておく。この機器の役割を何と呼ぶか。

ア　デフォルトゲートウェイ
イ　ネットワークインタフェースカード
ウ　ハブ
エ　ファイアウォール

問題 18　H30春-問64

インターネットでURLが"http://srv01.ipa.go.jp/abc.html"のWebページにアクセスするとき，このURL中の"srv01"は何を表しているか。

ア　"ipa.go.jp"がWebサービスであること
イ　アクセスを要求するWebページのファイル名
ウ　通信プロトコルとしてHTTP又はHTTPSを指定できること
エ　ドメイン名"ipa.go.jp"に属するコンピュータなどのホスト名

問題 19　R1秋-問91

ネットワークにおけるDNSの役割として，適切なものはどれか。

ア　クライアントからのIPアドレス割当て要求に対し，プールされたIPアドレスの中から未使用のIPアドレスを割り当てる。
イ　クライアントからのファイル転送要求を受け付け，クライアントへファイルを転送したり，クライアントからのファイルを受け取って保管したりする。
ウ　ドメイン名とIPアドレスの対応付けを行う。
エ　メール受信者からの読出し要求に対して，メールサーバが受信したメールを転送する。

解答17

ほかのネットワークと通信するとき，自分のネットワークの<u>出入口となる機器の</u><u>IPアドレス</u>を，<u>デフォルトゲートウェイ</u>といいます。

正解 ア

解答18

URLがもつ意味は次のようになります。

"srv01"はドメイン名"ipa.go.jp"に属するコンピュータなどの<u>ホスト名</u>です。

正解 エ

解答19

<u>ドメイン名</u>と<u>IPアドレス</u>を<u>対応</u>させて<u>相互変換</u>する仕組みを<u>DNS</u>（Domain Name System）といい，相互変換を行うサーバを<u>DNSサーバ</u>といいます。インターネット上で通信する際は，まずDNSサーバに問い合わせてドメイン名からIPアドレスへの変換を行い，IPアドレスを使って通信します。

ア　<u>DHCP</u>の役割です。（Ch15 Sec2 ❺）
イ　ファイルサーバの役割です。
エ　<u>POP</u>の役割です。（Ch15 Sec2 ❺）

正解 ウ

Section 4　インターネットに関するサービス

問題 20　H28春-問79

　Webサイトによっては，ブラウザで閲覧したときの情報を，ブラウザを介して閲覧者のPCに保存することがある。以後このWebサイトにアクセスした際は保存された情報を使い，閲覧の利便性を高めることができる。このような目的で利用される仕組みはどれか。

ア　Cookie　　　イ　SQL　　　ウ　URL　　　エ　XML

問題 21　H30秋-問64

プロキシサーバの役割として，最も適切なものはどれか。
ア　ドメイン名とIPアドレスの対応関係を管理する。
イ　内部ネットワーク内のPCに代わってインターネットに接続する。
ウ　ネットワークに接続するために必要な情報をPCに割り当てる。
エ　プライベートIPアドレスとグローバルIPアドレスを相互変換する。

問題 22　H31春-問84

オンラインストレージに関する記述のうち，適切でないものはどれか。
ア　インターネットに接続していれば，PCからだけでなく，スマートフォンやタブレットからでも利用可能である。
イ　制限された容量と機能の範囲内で，無料で利用できるサービスがある。
ウ　登録された複数の利用者が同じファイルを共有して，編集できるサービスがある。
エ　利用者のPCやタブレットに内蔵された補助記憶装置の容量を増やせば，オンラインストレージの容量も自動的に増える。

解答20

📖教科書 **Ch15 Sec4 ❶**

Webサーバからの指示で**Webブラウザ側に少量の情報を保存する仕組み**を**Cookie（クッキー）**といいます。

- **イ** **関係データベース**を操作するための言語です。（Ch14 Sec1 ❷）
- **ウ** インターネット上で**Webページ**などを指定するための文字列です。（Ch15 Sec3 ❸）
- **エ** **マークアップ言語**の一種です。（Ch10 Sec3 ❷）

正解 ア

解答21

📖教科書 **Ch15 Sec4 ❶**

プロキシサーバ（代理サーバ）は，サーバとクライアントの間に配置して**通信を中継**するサーバです。**外部との通信をする際**，その**代理**をし，クライアントが直接攻撃されるのを防ぐ役目があります。

- **ア** **DNSサーバ**の役割です。（Ch15 Sec3 ❸）
- **ウ** **DHCPサーバ**の役割です。（Ch15 Sec2 ❺）
- **エ** **NAT**の役割です。（Ch15 Sec3 ❶）

正解 イ

解答22

📖教科書 **Ch15 Sec4 ❶**

オンラインストレージとは，**インターネット上のサーバをファイルの保管先として提供するサービス**のことです。オンラインストレージはインターネット上にあるサーバなので，端末の補助記憶装置の容量を増やしてもオンラインストレージの容量は増えません。

- **ア** サービスにより対応している端末は異なりますが，インターネットに接続できるなら，スマートフォンやタブレットでも**利用できます**。
- **イ** 無料で使えるオンラインストレージサービスもあります。無料プランのほか，保存容量が多く，機能が豊富な**有料プラン**も提供されています。
- **ウ** オンラインストレージ上に保存したファイルを，複数人でリアルタイムに編集できるサービスがあります。

正解 エ

問題23 R1秋-問79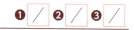

Aさんが，Pさん，Qさん及びRさんの3人に電子メールを送信した。Toの欄にはPさんのメールアドレスを，Ccの欄にはQさんのメールアドレスを，Bccの欄にはRさんのメールアドレスをそれぞれ指定した。電子メールを受け取ったPさん，Qさん及びRさんのうち，同じ内容の電子メールがPさん，Qさん及びRさんの3人に送られていることを知ることができる人だけを全て挙げたものはどれか。

- ア　Pさん，Qさん，Rさん
- イ　Pさん，Rさん
- ウ　Qさん，Rさん
- エ　Rさん

問題24 H29秋-問93

仮想移動体通信事業者（MVNO）が行うものとして，適切なものはどれか。

- ア　移動体通信事業者が利用する移動体通信用の周波数の割当てを行う。
- イ　携帯電話やPHSなどの移動体通信網を自社でもち，自社ブランドで通信サービスを提供する。
- ウ　他の事業者の移動体通信網を借用して，自社ブランドで通信サービスを提供する。
- エ　他の事業者の移動体通信網を借用して通信サービスを提供する事業者のために，移動体通信網の調達や課金システムの構築，端末の開発支援サービスなどを行う。

問題25 H30春-問89

無線通信におけるLTEの説明として，適切なものはどれか。

- ア　アクセスポイントを介さずに，端末同士で直接通信する無線LANの通信方法
- イ　数メートルの範囲内で，PCや周辺機器などを接続する小規模なネットワーク
- ウ　第3世代携帯電話よりも高速なデータ通信が可能な，携帯電話の無線通信規格
- エ　電波の届きにくい家庭やオフィスに設置する，携帯電話の小型基地局システム

解答 23　　　教科書 Ch15 Sec4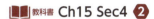

　To，Cc，Bccそれぞれの欄に指定された人が，ほかの宛先が見えるかどうかは次のとおりです。
・To（Pさん）：**ToとCcの宛先が見える**（**Bccは見えない**）
・Cc（Qさん）：**ToとCcの宛先が見える**（**Bccは見えない**）
・Bcc（Rさん）：**ToとCcの宛先が見える**（**自分以外のBccは見えない**）
　よって，電子メールを受け取った3人のうち，同じ内容のメールが自分を含めた3人に送られていることを知ることができるのは，**Bccに指定されたRさん**のみです。

正解　エ

解答 24　　　教科書 Ch15 Sec4

　移動体通信事業者を英語でMNO（Mobile Network Operator）と呼び，これに「仮想」が加わるとMVNO（Mobile Virtual Network Operator）となります。MVNOは基地局やコアネットワークなどの設備を**MNOからレンタル**して，ユーザに**移動通信サービスを提供**します。よって，正解は**ウ**です。

正解　ウ

解答 25　　　教科書 Ch15 Sec4

　LTEは「Long Term Evolution」の略で，**無線**を利用したスマートフォンや携帯電話用の通信規格の1つです。**高速なデータ通信**が可能です。
　ア　アドホック接続の説明です。
　イ　**Bluetooth**の説明です。（Ch12 Sec3 ❷）
　エ　フェムトセルの説明です。

正解　ウ

問題26 H28春-問71

ネットワークの交換方式に関する記述のうち，適切なものはどれか。

ア　回線交換方式では，通信利用者間で通信経路を占有するので，接続速度や回線品質の保証を行いやすい。

イ　回線交換方式はメタリック線を使用するので，アナログ信号だけを扱える。

ウ　パケット交換方式は，複数の端末で伝送路を共有しないので，通信回線の利用効率が悪い。

エ　パケット交換方式は無線だけで利用でき，回線交換方式は有線だけで利用できる。

解答 26

📖教科書 **Ch15 Sec4 ❷**

　回線交換方式は通信する**2者が回線を占有**するため，混雑による接続速度の遅延が起きにくく，回線品質の保証が行いやすいのが特徴です。

イ　メタリック線はアナログ信号，ディジタル信号どちらも扱うことができます。

ウ　パケット交換方式は複数の利用者が通信回線を共有できるので，通信回線を効率よく使用することができます。

エ　どちらの通信方式も，有線・無線が利用できます。

正解　ア

Chapter 16 セキュリティ

Section 1 脅威と脆弱性, IoTのセキュリティ

問題1　H30秋-問67

情報資産に対するリスクは，脅威と脆弱性を基に評価する。脅威に該当するものはどれか。

- ア　暗号化しない通信
- イ　機密文書の取扱方法の不統一
- ウ　施錠できないドア
- エ　落雷などによる予期しない停電

問題2　H31春-問89

スマートフォンを利用するときに，ソーシャルエンジニアリングに分類されるショルダーハックの防止策として，適切なものはどれか。

- ア　OSを常に最新の状態で利用する。
- イ　位置情報機能をオフにする。
- ウ　スクリーンにのぞき見防止フィルムを貼る。
- エ　落下，盗難防止用にストラップを付ける。

問題3　H27秋-問73

情報セキュリティにおけるクラッキングの説明として，適切なものはどれか。

- ア　PCなどの機器に対して，外部からの衝撃や圧力，落下，振動などの耐久テストを行う。
- イ　悪意をもってコンピュータに不正侵入し，データを盗み見たり破壊などを行う。
- ウ　システム管理者として，ファイアウォールの設定など，情報機器の設定やメンテナンスを行う。
- エ　組織のセキュリティ対策が有効に働いていることを確認するために監査を行う。

解答1　

　情報セキュリティを脅かすもの（リスクを引き起こす要因）を**脅威**といい，脅威につけ込まれそうな弱点を，**脆弱性**といいます。
　予期しない停電は，**物理的脅威**に該当します。
　なお，**ア**から**ウ**は，**脆弱性**に該当します。

正解　エ

解答2　

　ショルダーハックとは，パソコンやスマートフォンの画面を**後ろから盗み見る行為**のことです。ショルダー（肩）越しにハッキングするので，「ショルダーハック」といいます。**のぞき見防止フィルムを貼る**などの対策が有効です。

正解　ウ

解答3　教科書 Ch16 Sec1 ❶

　悪意をもってネットワークにつながれたコンピュータに不正に侵入し，データを盗み見たりコンピュータシステムを**破壊**したりする行為を**クラッキング**といいます。不正に侵入しようとする人が**悪意**をもっているかどうかがポイントです。

正解　イ

問題 4　H28秋-問80

キーロガーやワームのような悪意のあるソフトウェアの総称はどれか。
- ア　シェアウェア
- イ　ファームウェア
- ウ　マルウェア
- エ　ミドルウェア

問題 5　H29春-問58

スパイウェアの説明はどれか。
- ア　Webサイトの閲覧や画像のクリックだけで料金を請求する詐欺のこと
- イ　攻撃者がPCへの侵入後に利用するために，ログの消去やバックドアなどの攻撃ツールをパッケージ化して隠しておく仕組みのこと
- ウ　多数のPCに感染して，ネットワークを通じた指示に従ってPCを不正に操作することで一斉攻撃などの動作を行うプログラムのこと
- エ　利用者が認識することなくインストールされ，利用者の個人情報やアクセス履歴などの情報を収集するプログラムのこと

問題 6　R1秋-問98

攻撃者が他人のPCにランサムウェアを感染させる狙いはどれか。
- ア　PC内の個人情報をネットワーク経由で入手する。
- イ　PC内のファイルを使用不能にし，解除と引換えに金銭を得る。
- ウ　PCのキーボードで入力された文字列を，ネットワーク経由で入手する。
- エ　PCへの動作指示をネットワーク経由で送り，PCを不正に操作する。

解答4   📖 教科書 Ch16 Sec1 ❶

　悪意をもって作り出されたソフトウェアの総称を**マルウェア**といいます。マルウェア（Malware）は，malicious（悪意のある）とsoftware（ソフトウェア）を組み合わせた造語です。
- **ア** 一定期間は無償で試用でき，その期間を超えて使用する場合は料金を支払わなければならないソフトウェアのライセンス形態です。（Ch2 Sec1 ❺）
- **イ** ハードウェアを制御するためのソフトウェアです。（Ch4 Sec5 ❷）
- **エ** OSとアプリケーションの中間に位置するソフトウェアです。

正解　**ウ**

解答5   📖 教科書 Ch16 Sec1 ❶

　スパイウェアはユーザに気づかれないように個人情報や閲覧履歴といった情報を収集し，外部に送信するプログラムです。無害のプログラムに紛れてユーザが気づかないうちにインストールされてしまうケースがよくあります。
- **ア** ワンクリック詐欺の説明です。
- **イ** ルートキット（マルウェアの一種）の説明です。
- **ウ** ボットの説明です。

正解　**エ**

解答6   📖 教科書 Ch16 Sec1 ❶

　パソコンやスマートフォンのファイルをロックして使用できない状態にし，その制限を解除することと引き換えに金銭を要求するソフトウェアをランサムウェアといいます。
- **ア** スパイウェアの狙いです。
- **ウ** キーロガーの狙いです。
- **エ** ボットの狙いです。

正解　**イ**

問題7 H29秋-問91

クロスサイトスクリプティングなどの攻撃で，Cookieが漏えいすることによって受ける被害の例はどれか。

ア　PCがウイルスに感染する。
イ　PC内のファイルを外部に送信される。
ウ　Webサービスのアカウントを乗っ取られる。
エ　無線LANを介してネットワークに侵入される。

問題8 R1秋-問100

脆弱性のあるIoT機器が幾つかの企業に多数設置されていた。その機器の1台にマルウェアが感染し，他の多数のIoT機器にマルウェア感染が拡大した。ある日のある時刻に，マルウェアに感染した多数のIoT機器が特定のWebサイトへ一斉に大量のアクセスを行い，Webサイトのサービスを停止に追い込んだ。このWebサイトが受けた攻撃はどれか。

ア　DDoS攻撃　　　　　　イ　クロスサイトスクリプティング
ウ　辞書攻撃　　　　　　エ　ソーシャルエンジニアリング

問題9 H28春-問63

フィッシングの説明として，適切なものはどれか。

ア　ウイルスに感染しているPCへ攻撃者がネットワークを利用して指令を送り，不正なプログラムを実行させること
イ　金融機関などからの電子メールを装い，偽サイトに誘導して暗証番号やクレジットカード番号などを不正に取得すること
ウ　パスワードに使われそうな文字列を網羅した辞書のデータを使用してパスワードを割り出すこと
エ　複数のコンピュータから攻撃対象のサーバへ大量のパケットを送信し，サーバの機能を停止させること

解答7

📖 教科書 Ch16 Sec1

　クロスサイトスクリプティングは，攻撃者が**悪意のあるスクリプト**（簡易的なプログラム）**を入力**し，その内容を読み込んだ他人のブラウザ上でスクリプトを実行させる攻撃です。Cookieなどに書き込まれた個人情報を抜き取る目的で行われます。
　Cookieが漏えいするとはすなわち，**ブラウザに入力した**IDとパスワードを含む**個人情報が漏えい**するということです。その結果，Webサービスのアカウントの乗っ取りなどの被害を受ける可能性があります。

正解　ウ

解答8

📖 教科書 Ch16 Sec1

　攻撃したいWebサイトやサーバに大量のデータや不正のデータを送りつけることで相手方のシステムをダウンさせ，利用不能にする攻撃を**DoS攻撃**といい，**複数のIPアドレスから同時に攻撃**することを**DDoS攻撃**といいます。
- イ　攻撃者が**悪意のあるスクリプト**（簡易的なプログラム）**を入力**し，その内容を読み込んだ他人のブラウザ上でスクリプトを実行させる攻撃です。Cookieなどに書き込まれた個人情報を抜き取る目的で行われます。
- ウ　辞書にある単語を使い，**パスワードの割り出しや暗号の解読**に使われる攻撃手法です。
- エ　人の**心理的な隙や不注意**につけ込み，情報を不正に入手する手法です。

正解　ア

解答9

📖 教科書 Ch16 Sec1

　フィッシングとは，**銀行などからのメールを装い**，メール内のURLから偽のサイトへアクセスさせることで，**暗証番号やクレジットカード番号などを不正に取得する**行為です。
- ア　**ボットネット**（ボットをいくつも集めてネットワーク化したもの）の説明です。
- ウ　**辞書攻撃**の説明です。
- エ　**DDoS攻撃**の説明です。

正解　イ

問題 10 H30春-問87

情報セキュリティ上の脅威であるゼロデイ攻撃の手口を説明したものはどれか。
ア　攻撃開始から24時間以内に，攻撃対象のシステムを停止させる。
イ　潜伏期間がないウイルスによって，感染させた直後に発症させる。
ウ　ソフトウェアの脆弱性への対策が公開される前に，脆弱性を悪用する。
エ　話術や盗み聞きなどによって，他人から機密情報を直ちに入手する。

問題 11 R3-問56

インターネットにおいてドメイン名とIPアドレスの対応付けを行うサービスを提供しているサーバに保管されている管理情報を書き換えることによって，利用者を偽のサイトへ誘導する攻撃はどれか。
ア　DDoS攻撃　　　　　　　　　イ　DNSキャッシュポイズニング
ウ　SQLインジェクション　　　　エ　フィッシング

問題 12 R2秋-問60

暗号資産（仮想通貨）を入手するためのマイニングと呼ばれる作業を，他人のコンピュータを使って気付かれないように行うことを何と呼ぶか。
ア　クリプトジャッキング　　　　イ　ソーシャルエンジニアリング
ウ　バッファオーバフロー　　　　エ　フィッシング

解答10　　教科書 Ch16 Sec1 ①

　ソフトウェアの脆弱性が発見され，**修正プログラムが提供される前に**その脆弱性を攻撃することをゼロデイ攻撃といいます。対策が採られる前に仕掛けてくるのでゼロデイ（0Day）攻撃といいます。

　　　　　　　　　　　　　　　　　　　　　　　　　　　　　　　　　正解　ウ

解答11　　教科書 Ch16 Sec1 ①

　ドメイン名とIPアドレスの対応付けを行う仕組みを**DNS**といい，DNSのキャッシュ情報を書き換え，ユーザを有害なサイトへ誘導する攻撃を**DNSキャッシュポイズニング**といいます。
- ア　**複数のIPアドレスから同時に**大量のデータや不正なデータを送りつけ，相手方のシステムをダウンさせる攻撃です。
- ウ　データベースを使用するアプリケーションに対し，**SQL**を用いて**不正な命令を注入**する（インジェクションする）攻撃です。
- エ　実在する企業などからのメールを装い，メール内のURLから偽のサイトへアクセスさせることで，IDやパスワード，暗証番号やクレジットカード番号などを不正に取得する行為です。

　　　　　　　　　　　　　　　　　　　　　　　　　　　　　　　　　正解　イ

解答12　　教科書 Ch16 Sec1 ①

　ビットコインなどの暗号資産（仮想通貨）を入手するために行われる**マイニング**（採掘）という作業を，他人のコンピュータを使って気付かれないように行う行為を**クリプトジャッキング**といいます。攻撃を受けると，CPUやメモリなどが大量に消費されてしまいます。
- イ　人の心理的な隙や不注意につけ込み，情報を不正に入手する手法です。
- ウ　コンピュータが想定しているバッファ（データの一次記憶領域）を上回るデータを送りつけることで，メモリに不具合を生じさせ，プログラムの誤動作を引き起こす攻撃です。
- エ　実在する企業などからのメールを装い，メール内のURLから偽のサイトにアクセスさせることで，IDやパスワードの暗証番号やクレジットカード番号などを不正に取得する行為です。

　　　　　　　　　　　　　　　　　　　　　　　　　　　　　　　　　正解　ア

Section 2 リスクマネジメント

問題13 H29秋-問57

ISMSにおける情報セキュリティリスクの取扱いに関する"リスク及び機会に対処する活動"には，リスク対応，リスク評価，リスク分析が含まれる。この活動の流れとして，適切なものはどれか。

- ア　リスク対応　→　リスク評価　→　リスク分析
- イ　リスク評価　→　リスク分析　→　リスク対応
- ウ　リスク分析　→　リスク対応　→　リスク評価
- エ　リスク分析　→　リスク評価　→　リスク対応

問題14 H30秋-問99

ISMSにおける情報セキュリティリスクアセスメントでは，リスクの特定，分析及び評価を行う。リスクの評価で行うものだけを全て挙げたものはどれか。

- a　あらかじめ定めた基準によって，分析したリスクの優先順位付けを行う。
- b　保護すべき情報資産の取扱いにおいて存在するリスクを洗い出す。
- c　リスクが顕在化したときに，対応を実施するかどうかを判断するための基準を定める。

ア　a　　　イ　a, b　　　ウ　b　　　エ　c

問題15 H30秋-問68

情報セキュリティにおけるリスクアセスメントの説明として，適切なものはどれか。

- ア　PCやサーバに侵入したウイルスを，感染拡大のリスクを抑えながら駆除する。
- イ　識別された資産に対するリスクを分析，評価し，基準に照らして対応が必要かどうかを判断する。
- ウ　事前に登録された情報を使って，システムの利用者が本人であることを確認する。
- エ　情報システムの導入に際し，費用対効果を算出する。

解答13

📖 教科書 **Ch16 Sec2 ①**

　リスク及び機会に対処する活動では，最初にリスクを目に見える形に特定する「リスク特定」を行います。次に，洗い出したリスクが発生した場合の影響度や発生確率を明らかにする「リスク分析」を行います。そして，リスク分析の結果を可視化し，あらかじめ定めた基準によって分析したリスクの優先順位付けを行う「リスク評価」を行います。最後に，リスク評価で決定した対策方法に従って対策を行う「リスク対応」を行います。

正解　エ

解答14

📖 教科書 **Ch16 Sec2 ①**

　リスク評価では，リスク分析の結果を可視化し，あらかじめ定めた基準によって分析したリスクの優先順位付けを行います。

　リスクの評価で行うのはaのみであるため，正解はアです。bはリスク特定，cはリスク分析で行うものです。

正解　ア（a）

解答15

📖 教科書 **Ch16 Sec2 ①**

　リスクマネジメントの手順のうちリスク特定，リスク分析，リスク評価の3手順をリスクアセスメントといい，リスクを明確にし，把握するためのプロセスに該当します。リスクへの対応はリスクアセスメントに含まれない点がポイントで，イはリスクを分析，評価し対応の要否を判断しているためリスクアセスメントに該当します。

正解　イ

Section 3 情報セキュリティマネジメントシステム(ISMS)

問題16 H29春-問83

ISMSにおける情報セキュリティリスクの特定に関する記述において，a，bに入れる字句の適切な組合せはどれか。

ISMSの a における情報の機密性，b 及び可用性の喪失に伴うリスクを特定する。

	a	b
ア	適用範囲外	完全性
イ	適用範囲外	脆弱性
ウ	適用範囲内	完全性
エ	適用範囲内	脆弱性

問題17 R1秋-問97

情報セキュリティの三大要素である機密性，完全性及び可用性に関する記述のうち，最も適切なものはどれか。

ア 可用性を確保することは，利用者が不用意に情報漏えいをしてしまうリスクを下げることになる。
イ 完全性を確保する方法の例として，システムや設備を二重化して利用者がいつでも利用できるような環境を維持することがある。
ウ 機密性と可用性は互いに反する側面をもっているので，実際の運用では両者をバランスよく確保することが求められる。
エ 機密性を確保する方法の例として，データの滅失を防ぐためのバックアップや誤入力を防ぐための入力チェックがある。

解答16

　ISMS（情報セキュリティマネジメントシステム）は，企業がもつ情報資産の安全を確保し，維持するための仕組みです。定めた適用範囲内（a）において，情報の機密性，完全性（b）及び可用性の喪失に伴うリスクを特定します。したがって，正解はウです。

正解　ウ

解答17

　情報セキュリティには「機密性・完全性・可用性」という3つの要素があります。機密性はデータが漏えいせずに守られていること，完全性は意図しない要因によるデータの改ざんや削除が発生せず，意図通りの状態を保つようにすること，可用性は，使いたいデータや機器を必要に応じてすぐに使えるようにしておくことです。
　データを使える人を制限すると，機密性は高まりますが可用性は下がります。反対に誰でもデータを使えるようにすると，可用性は高まりますが機密性は下がります。このように機密性と可用性は互いに反する側面をもっているため，両者のバランスを見て運用することが大切です。したがって，正解はウです。

正解　ウ

問題 18　H29春-問79

情報セキュリティにおける完全性を維持する対策の例として，最も適切なものはどれか。
ア　データにディジタル署名を付与する。
イ　データを暗号化する。
ウ　ハードウェアを二重化する。
エ　負荷分散装置を導入する。

問題 19　H31春-問64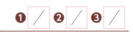

二つの拠点を専用回線で接続したWANでパケットを送受信する場合，可用性を高める例として，適切なものはどれか。
ア　異なる通信事業者が提供する別回線を加え，2回線でパケットを送受信する。
イ　受信側でパケットの誤りを検知し訂正する。
ウ　送信側でウイルス検査を行い，ウイルスが含まれないパケットを送る。
エ　送信側でパケットを暗号化して送る。

問題 20　R1秋-問84

内外に宣言する最上位の情報セキュリティポリシに記載することとして，最も適切なものはどれか。
ア　経営陣が情報セキュリティに取り組む姿勢
イ　情報資産を守るための具体的で詳細な手順
ウ　セキュリティ対策に掛ける費用
エ　守る対象とする具体的な個々の情報資産

問題 21　H30春-問97

ディジタルフォレンジックスの目的として，適切なものはどれか。
ア　自社システムを攻撃して不正侵入を試みるテストを実施して，脆弱性を発見する。
イ　情報漏えいなどの犯罪に対する法的証拠となり得るデータを収集して保全する。
ウ　ディジタルデータに対して定期的にウイルスチェックを行い，安全性を確認する。
エ　パスワード認証方式からバイオメトリクス認証方式に切り替えて，不正侵入のリスクを低減する。

解答18

📖教科書 Ch16 Sec3 ①

　完全性とは，意図しない要因によるデータの改ざんや削除が発生せず，**正確な状態を保つようにすること**です。データにディジタル署名を付与し，改ざんを検出できるようにするのは，**完全性**を維持するために取る対策です。

　イ　**機密性**を高める例です。

　ウ，エ　**可用性**を高める例です。

正解　ア

解答19

📖教科書 Ch16 Sec3 ①

　可用性とは，使いたいデータや機器を必要に応じて**すぐに使えるようにしておく**ことです。**ア**のように，1つの回線が使えなくなってももう1つの回線で送受信ができるようにしておくことは，**可用性を高める**ことにつながります。

　イ，ウ　**完全性**を高める例です。

　エ　**機密性**を高める例です。

正解　ア

解答20

📖教科書 Ch16 Sec3 ②

　情報セキュリティポリシは，**企業や組織の情報セキュリティへの取り組み方を規定する文書**で，①基本方針，②対策基準，③実施手順の3階層で構成することが一般的です。最上位の①基本方針には，組織のトップ（**経営者**）が定めた情報セキュリティに関する基本方針を記載します。なお，**イ**は③実施手順に記載する内容です。

正解　ア

解答21

📖教科書 Ch16 Sec3 ③

　ディジタルフォレンジックスは，不正アクセスや情報漏えいといったコンピュータ犯罪について，**法的な証拠を集めて保全することを目的**として行われます。

正解　イ

Section 4 脅威への対策

問題22　R1秋-問78

部外秘とすべき電子ファイルがある。このファイルの機密性を確保するために使用するセキュリティ対策技術として，適切なものはどれか。

　ア　アクセス制御　　　　イ　タイムスタンプ
　ウ　ディジタル署名　　　エ　ホットスタンバイ

問題23　H31春-問79

次の記述a〜cのうち，VPNの特徴として，適切なものだけを全て挙げたものはどれか。

　a　アクセスポイントを経由しないで，端末同士が相互に無線通信を行うことができる。
　b　公衆ネットワークなどを利用するが，あたかも自社専用ネットワークのように使うことができる。
　c　ネットワークに接続することによって，PCのセキュリティ状態を検査することができる。

　ア　a　　　イ　a, c　　　ウ　b　　　エ　c

解答22

📖教科書 **Ch16 Sec4 ❶**

　部外者に電子ファイルを閲覧されないようにするには，権限をもつ人だけが閲覧できるようファイルに**アクセス権を設定**することが有効です。**アクセス権を設定**することを**アクセス制御**といいます。

イ　電子的な時刻証明書です。電子データが，タイムスタンプを押された時点で存在していたことを証明することができます。

ウ　データの改ざんを検知するために利用する技術です。（Ch16 Sec6 ❶）

エ　システムや機器を冗長化する方法の1つです。（Ch11 Sec2 ❶）

正解　ア

解答23

📖教科書 **Ch16 Sec4 ❷**

　社内ネットワークの通信を**暗号化して公衆ネットワークに流し，遠隔地でも1つの社内ネットワークのように利用可能にする技術**をVPN（Virtual Private Network：仮想プライベートネットワーク）といいます（b）。通信のやり取りが**暗号化される**ため，**安全性の高い通信**が可能です。

　なお，**a**は**無線LANのアドホック接続**，**c**は**検疫ネットワーク**の説明であり，VPNの特徴ではありません。

正解　ウ（b）

問題24 R1秋-問59

複数の取引記録をまとめたデータを順次作成するときに,そのデータに直前のデータのハッシュ値を埋め込むことによって,データを相互に関連付け,取引記録を矛盾なく改ざんすることを困難にすることで,データの信頼性を高める技術はどれか。

ア　LPWA
イ　SDN
ウ　エッジコンピューティング
エ　ブロックチェーン

問題25 H30春-問92

a～cのうち,PCがウイルスに感染しないようにするための対策として,適切なものだけを全て挙げたものはどれか。

a　ソフトウェアに対するセキュリティパッチの適用
b　ハードディスクのストライピング
c　利用者に対するセキュリティ教育

ア　a　　　イ　a, b　　　ウ　a, c　　　エ　b, c

問題26 H31春-問87

情報セキュリティ対策を,技術的対策,人的対策及び物理的対策の三つに分類したとき,物理的対策の例として適切なものはどれか。

ア　PCの不正使用を防止するために,PCのログイン認証にバイオメトリクス認証を導入する。
イ　サーバに対する外部ネットワークからの不正侵入を防止するために,ファイアウォールを設置する。
ウ　セキュリティ管理者の不正や作業誤りを防止したり発見したりするために,セキュリティ管理者を複数名にして,互いの作業内容を相互チェックする。
エ　セキュリティ区画を設けて施錠し,鍵の貸出し管理を行って不正な立入りがないかどうかをチェックする。

解答 24

📖教科書 **Ch16 Sec4 ②**

　複数の取引のデータを順番に作成する際に，直前に取引したデータのハッシュ値を埋め込むことで，データ同士を関連づけ，改ざんを防ぐ技術を**ブロックチェーン**といいます。

- **ア**　「Low Power Wide Area」の略で，**少ない消費電力で広範囲の通信**が可能な無線通信方式です。(Ch15 Sec1 ❸)
- **イ**　「Software-Defined Networking」の略で，**物理的な構成の制約にとらわれず**，ネットワーク構成を管理しようという考え方です。(Ch15 Sec2 ❻)
- **ウ**　各端末に近いローカルな領域に設置されたエッジサーバで一部を分散処理し，通信量の削減などを図ることです。(Ch15 Sec1 ❸)

正解　エ

解答 25

📖教科書 **Ch16 Sec4 ❶, ②**

　プログラムの脆弱性が見つかった際に，**問題を修正するためのプログラム**を**セキュリティパッチ**といいます。ソフトウェアにセキュリティパッチを適用することは，ウイルスに感染しないようにするための対策として**有効です**(a)。

　ハードディスクのストライピングは，2台以上のハードディスクにデータを分散して書き込むことで，**データへのアクセスの高速化**を実現できるものです(Ch11 Sec2 ②)。ウイルスに対する対策にはなりません(b)。

　利用者に対するセキュリティ教育は，ウイルス感染につながる**行為を防止する**という意味で有効です(c)。

正解　ウ (a, c)

解答 26

📖教科書 **Ch16 Sec4 ❸**

　火災，地震，不審者の侵入などの**物理的な被害を防ぐために行う対策**を**物理的セキュリティ対策**といいます。セキュリティ区画を設け，不正な立入りがないかどうかチェックすること(**入退室管理**)は物理的対策に該当します。

- **ア, イ**　**技術的対策**の例です。
- **ウ**　**人的対策**の例です。

正解　エ

問題27　R2秋-問82

情報セキュリティの物理的対策として，取り扱う情報の重要性に応じて，オフィスなどの空間を物理的に区切り，オープンエリア，セキュリティエリア，受渡しエリアなどに分離することを何と呼ぶか。

ア　サニタイジング
イ　ソーシャルエンジニアリング
ウ　ゾーニング
エ　ハッキング

問題28　R1秋-問88

バイオメトリクス認証の例として，適切なものはどれか。

ア　本人の手の指の静脈の形で認証する。
イ　本人の電子証明書で認証する。
ウ　読みにくい文字列が写った画像から文字を正確に読み取れるかどうかで認証する。
エ　ワンタイムパスワードを用いて認証する。

Section 5　暗号化技術

問題29　H29秋-問66

公開鍵暗号方式と共通鍵暗号方式において，共通鍵暗号方式だけがもつ特徴として，適切なものはどれか。

ア　暗号化に使用する鍵を第三者に知られても，安全に通信ができる。
イ　個別に安全な通信を行う必要がある相手が複数であっても，鍵は一つでよい。
ウ　電子証明書によって，鍵の持ち主を確認できる。
エ　復号には，暗号化で使用した鍵と同一の鍵を用いる。

解答27　　教科書 Ch16 Sec4 ❸

取り扱う情報の重要度に応じて，空間を物理的に区切ることを**ゾーニング**といいます。
- ア　SQLインジェクションへの対策として，有害な文字列を無害な文字列に置き換えることです。
- イ　人の心理的な隙や不注意につけ込み，情報を不正に入手する手法です。（Ch16 Sec1 ❶）
- エ　コンピュータを熟知した者（ハッカー）がハードウェアやソフトウェアの解析，改良，改造，構築などを行うことです。

正解　ウ

解答28　　教科書 Ch16 Sec4 ❹

顔や指紋，虹彩などの**身体的特徴**や，筆跡などの**行動的特徴**を用いて利用者を**認証する方法**を**バイオメトリクス認証（生体認証）**といいます。**手の指の静脈の形**で認証するのは，バイオメトリクス認証の1つです。

正解　ア

解答29　　教科書 Ch16 Sec5 ❷

同じ鍵で暗号化と復号を行う仕組みを，**共通鍵暗号方式**といいます。共通鍵暗号方式では，データの送信者が**鍵を使ってデータを暗号化**し，送信します。受信者は受け取ったデータを**送信者と同じ鍵を使って復号**します。なお，**ア～ウ**は，すべて**公開鍵暗号方式**の特徴です。

正解　エ

問題30 H31春-問75

AさんはBさんだけに伝えたい内容を書いた電子メールを，公開鍵暗号方式を用いてBさんの鍵で暗号化してBさんに送った。この電子メールを復号するために必要な鍵はどれか。

ア　Aさんの公開鍵　　　イ　Aさんの秘密鍵
ウ　Bさんの公開鍵　　　エ　Bさんの秘密鍵

Section 6　ディジタル署名

問題31 R1秋-問85

電子メールの内容が改ざんされていないことの確認に利用するものはどれか。

ア　IMAP　　　　　　　　　イ　SMTP
ウ　情報セキュリティポリシ　エ　ディジタル署名

問題32 H30秋-問62

電子証明書を発行するときに生成した秘密鍵と公開鍵の鍵ペアのうち，秘密鍵が漏えいした場合の対処として，適切なものはどれか。

ア　使用していた鍵ペアによる電子証明書を再発行する。
イ　認証局に電子証明書の失効を申請する。
ウ　有効期限切れによる再発行時に，新しく生成した鍵ペアを使用する。
エ　漏えいしたのは秘密鍵だけなので，電子証明書をそのまま使用する。

解答30　　　　　　　　　　　　　　　教科書 Ch16 Sec5 ❸

　公開鍵を使って暗号化し，秘密鍵で復号する暗号方式を公開鍵暗号方式といいます。公開鍵と秘密鍵はペアになっており，公開鍵によって暗号化された暗号文はペアの秘密鍵でしか復号できません。よって，Bさんの公開鍵で暗号化したメールを復号するにはBさんの秘密鍵が必要です。

正解　エ

解答31　　　　　　　　　　　　　　　教科書 Ch16 Sec6 ❶

　公開鍵暗号方式の仕組みを応用し，改ざんとなりすましを検知できるようにした技術をディジタル署名といいます。
- ア　メールを受信するプロトコルです。（Ch15 Sec2 ❺）
- イ　メールを送信するプロトコルです。（Ch15 Sec2 ❺）
- ウ　企業や組織の情報セキュリティへの取り組み方を規定する文書です。（Ch16 Sec3 ❷）

正解　エ

解答32　　　　　　　　　　　　　　　教科書 Ch16 Sec6 ❷

　秘密鍵は本来，鍵を作成した本人がもっているはずのものなので，秘密鍵が漏えいすると，第三者になりすましなどをされるおそれがあります。そのため，ただちに認証局に電子証明書の失効を申請する必要があります。失効させた証明書は「証明書失効リスト（CRL）」に載ります。

正解　イ

MEMO

MEMO